ZHUANGPEISHI JIANZHU JIEGOU

TIXI YANJIU

装配式建筑结构体系研究

高　雄◎著

·成都·

图书在版编目(CIP)数据
装配式建筑结构体系研究 / 高雄著. -- 成都：成都电子科大出版社，2024. 8. -- ISBN 978-7-5770-1069-4
Ⅰ. TU3
中国国家版本馆CIP数据核字第20249X96V5号

装配式建筑结构体系研究
ZHUANGPEISHI JIANZHU JIEGOU TIXI YANJIU

高 雄 著

策划编辑 卢 莉
责任编辑 卢 莉
责任校对 雷晓丽
责任印制 段晓静

出版发行 电子科技大学出版社
成都市一环路东一段159号电子信息产业大厦九楼 邮编 610051
主 页 www.uestcp.com.cn
服务电话 028-83203399
邮购电话 028-83201495

印 刷 成都市火炬印务有限公司
成品尺寸 170mm×240mm
印 张 14.75
字 数 300千字
版 次 2024年8月第1版
印 次 2024年8月第1次印刷
书 号 ISBN 978-7-5770-1069-4
定 价 78.00元

前　言

大力发展装配式建筑是建筑行业的大势所趋，因为它符合绿色、循环与低碳的发展理念。它不仅是提升绿色和节能建筑水平的关键手段，还体现了新发展理念中的创新、协调、绿色、开放、共享精神。装配式建筑具有明显的优点，代表了现代建筑技术的发展趋势，有助于提高生产效率，保障施工安全和工程质量，提升建筑综合品质和性能，减少用工，缩短工期，降低资源能源消耗，以及减少建筑垃圾和扬尘等问题。因此，当前我国正积极推进装配式建筑。这一举措不仅有助于培育新兴产业，还有助于实现新型城镇化建设模式的转变。

装配式建筑是建筑行业的一项重大革新。大力推进装配式建筑不仅能够促进新型城镇化建设，还有助于生态文明建设和绿色循环低碳发展的实现。这一举措对于稳定经济增长、优化产业结构、改变生产方式和供给侧结构性改革都具有重要意义。同时，装配式建筑的发展将对建筑领域的可持续发展产生深远影响，有助于提高绿色建筑和节能建筑的水平，推动建筑行业朝着更加环保、高效、创新的方向迈进。这是一项革命性、根本性和全面性的举措，对我国建设事业具有重要意义。

本书以装配式建筑的概念、应用、意义等为指导，具体研究了装配式木结构、钢结构、混凝土结构体系，详细论述了其构件制作与结构特征，在此基础上对装配式木结构、钢结构、混凝土结构的施工进行论述，并进一步阐述了装配式建筑项目管理。本书可作为装配式建筑构件施工及安装企业的培训手册、操作规程手册和管理手册来使用，也可作为装配式混凝土建筑构件施工安装领域一线管理人员和技术人员的案头工具书。

在编写本书的过程中，作者翻阅了大量资料，在此对相关作者表示感谢，但由于能力所限，书中内容难免存在疏漏之处，特别是对有些专业方面的研究还不够全面、深入，对有些统计数据和资料的掌握也不够完整，难以准确、客观地反映装配式建筑体系发展的全貌，这需要在今后的工作中继续补充完善，也欢迎读者提出宝贵意见和建议。

目　录

第一章
装配式建筑概述

第一节　装配式建筑的基础理论

一、装配式建筑发展的重要意义

（一）建筑业转型升级的需要

中国建筑业面临着市场竞争激烈与利润下滑、高风险与资金压力增大、人才流失与老龄化等深层次问题，亟须转型和改革，以适应新的经济和环境要求。装配式建筑等现代化建筑方法可能成为解决这些问题的关键，有助于提高建筑业的效率、可持续性和创新性。

装配式建筑代表着建筑业工业化水平提升的关键机遇，是推动节能减排和建筑质量提升的重要途径。尽管我国在装配式建筑领域的相关配套措施尚不完善，但随着科技进步，这些挑战将逐步得到解决。国家政策也将不断调整，以适应发展的需要。因此，装配式建筑必定会成为未来建筑业的主要发展方向。这一转变将为建筑业带来更高效、可持续和更具创新性的未来前景。

（二）可持续发展的需求

在可持续发展战略的引领下，建设资源节约型、环境友好型社会已成为现代化建设的主要目标，国家对资源利用、能源消耗和环境保护等方面提出了更加严格的要求。建筑行业作为一个重要领域，承担着低碳环保、实现可持续发展的重要任务。这意味着建筑业需要积极采用绿色技术和可持续建筑方法，以满足国家对于资源和环境的更高要求，为未来社会的可持续发展作出贡献。

我国是目前世界上新建建筑量较大的国家，传统的建设方式对环境造成了严重的影响，包括施工过程中的扬尘、废水废料，以及巨额的能源消耗等问题。随着城市建设的不断加速，这些环境破坏问题逐渐加剧。此外，建筑建造和运行过程中的高能耗和资源材料消耗也是问题。因此，建筑业应该以降低能耗、减少废弃物排放、降低环境污染、实现环境保护和自然和谐共生为目标，使可持续发展成为未来建筑业的主要发展方向。因此，加速建筑业的转型将成为促进可持续发展的关键。

装配式建筑具有可持续性特点，它不仅可以提供防火、防虫、防潮和保温等功能，还具备环保和节能的特性。随着国家产业结构的调整以及建筑行业对绿色节能理念的推崇，装配式建筑受到越来越多的关注。作为建筑业生产方式的革新，装配式建筑符合可持续发展理念，是改变建筑业发展方式的有效途径，也是我国社会经济发展的客观要求。因此，加速推广和采用装配式建筑将有助于实现环保、高效和可持续的建筑行业发展目标。

（三）新型城镇化建设的需要

《国务院关于深入推进新型城镇化建设的若干意见》明确了对大型公共建筑和政府投资的各类建筑全面执行绿色建筑标准和认证，积极推广应用绿色新型建材、装配式建筑和钢结构建筑等先进技术和方法。这一规划反映了国家在城镇化发展中对环保、高效和可持续发展的要求，旨在推动城市建设向更加环保、高质量、美观的方向发展，并适应新的社会和环境需求。这些举措也表明，在新型城镇化进程中，绿色和创新的建筑方式将发挥重要作用，以促进城市的可持续发展。

随着城镇化建设速度的加快，传统建造方式已经无法满足现代建设发展所需的质量、安全和经济要求。预制整体式建筑结构体系符合国家对城镇化建设的要求和需求，因此，发展这一体系可以有效地推动建筑业从“高能耗建筑”向“绿色建筑”转变，加快建筑业的现代化发展步伐。这也将有助于迅速推动我国城镇化建设的进程，实现更高质量和可持续的城市发展。

二、装配式建筑的内涵及特征

（一）装配式建筑的内涵

集成房屋是一种预制装配式建筑的创新形式，它采用各种先进的轻型材料和冷压轻钢结构，将建筑的各个部分在工厂内进行预制制造。然后，这些构件被运输到施工现场，在那里通过可靠的连接方式进行组装，最终形成完整的建筑物。这种建筑方式具有多重优势，包括提供保温、防潮、抗震、节能、隔声、防虫和防火等功能。通过预制和装配的方式集成房屋不仅能够提高建筑质量和可靠性，还能够减少施工时间，降低对环境的影响，满足多样化的功能需求，是现代建筑领域的一项有潜力的创新技术。

装配式建筑在欧美及日本被称作产业化住宅或工业化住宅。其内涵主要包括以下三个方面。

①工业化生产：装配式建筑强调通过工业化生产方法来制造建筑构件和模块，这些构件和模块可以在工厂内大规模生产，实现标准化、精确度高和质量可控的生产过程。

②组装式施工：装配式建筑倡导将预制的构件和模块在施工现场进行组装，从而减少现场施工的时间和不确定性。这种施工方式通常更加高效，能够减少施工噪声和扬尘，同时提高施工安全性。

③可持续性和节能：装配式建筑强调使用环保材料和技术，以提高建筑的能源使用效率和可持续性。这包括采用更好的隔热、隔声材料，以及采用节能设备和技术，以降低建筑的能源消耗。

（二）装配式建筑的特征

1. 系统性和集成性

系统性和集成性指的是将不同部分或要素有机地整合在一起，以形成一个完整的系统或整体。这涉及将各个组成部分或要素协调、相互配合，以实现更高效、更协同的工作方式。系统性关注整个系统的整体性能和效率，而集成性强调各个组成部分的相互关联和互动，以实现更好的协同效应。这两个概念在许多领域，包括工程、科学、技术和管理等方面都具有重要意义，有助于优化和改进复杂系统的运作。

2. 设计标准化和组合多样化

设计标准化和组合多样化是两个相互关联的概念，旨在平衡产品或系统的一致性和多样性。设计标准化强调在产品或系统的设计中采用通用规范和标准，以确保一定程度的一致性、可维护性和互操作性，从而提高效率和降低成本。与此同时，组合多样化允许在标准化框架内灵活地组合和变化，以满足市场的多样化需求，促进创新和个性化定制。这两者的结合可以实现在稳定的基础上灵活应对多样化的需求，从而在满足标准化要求的同时满足市场的差异化需求。

3. 生产工厂化

生产工厂化是指将生产过程中的各个环节和步骤，以工厂作业方式进行组织和管理，以提高生产效率、降低成本、提升质量控制，并实现标准化和规模化生产。这种方法强调使用现代化的生产设备、自动化技术和精确的流程控制，将生产从传统的手工制作转变为高度机械化和工程化的方式，适用于各种工业领域，包括制造业、建筑业、食品加工业等，有助于提高产品生产效率和一致性，从而满足不断增长的市场需求。

4. 施工装配化和装修一体化

施工装配化和装修一体化是现代建筑领域的创新方法，强调将建筑的施工和装修过程有机地结合在一起，以实现更高效、更快速、更一致的建筑项目交付。施工装配化强调使用预制构件和模块，将建筑在工厂内预制完成，然后在施工现场进行组装，以节省时间和资源。与此同时，装修一体化意味着将室内装修和建筑施工过程融为一体，以提高装修质量、节省时间和减少浪费。这两种方法的结合可以实现建筑项目的全生命周期一体化管理，提供更具竞争力的解决方案，同时降低成本并提高客户满意度。

5. 管理信息化和应用智能化

管理信息化和应用智能化是现代企业和组织在信息技术领域的关键策略。它们强调在管理和运营中利用先进的信息技术和智能化工具来提高效率、创新性和竞争力。管理信息化涵盖了数据收集、存储、分析和共享，使决策者能够更好地了解组织内外的情况，优化资源分配，提高决策的准确性和速度。应用智能化则侧重在业务和工作流程中引入人工智能、自动化、物联网等技术，以实现自动化任务，优化生产过程，提供更个性化的服务。这两者的结合可以为组织带来更高的效率、更好的客户体验和更大的创新潜力，有助于适应快速变化的市场和业务环境，实现可持续发展和竞争优势。因此，管理信息化和应用智能化已经成为现代组织不可或缺的战略，引领着未来商业和管理的发展方向。

（三）装配式建筑的分类

建筑作为人们满足特定空间需求的产物，根据其用途的不同可以分为住宅、商业、机关、学校、工厂厂房等多种类型。同时，根据建筑的高度和结构特点，建筑可分为低层、多层、中高层、高层和超高层等不同类别。在现代建筑领域，装配式建筑是一种创新的建造方式，它首先通过工厂生产所需的建筑构件，然后将这些构件在施工现场进行组装，以实现整个建筑的快速、高效建造。这种方法在提高建筑质量、节省时间和资源方面具有显著优势，因此在建筑行业中受到越来越多的关注和应用。

每种类型的装配式建筑都有其特点和适用场景，可以根据具体项目的需求来选择合适的建筑构件材料和装配方式，以满足不同的功能和设计要求。这种分类方法有助于推动更广泛的装配式建筑应用，并促进建筑行业的可持续发展。由于建筑结构对材料的要求较高，按建筑构件的材料来对装配式建筑进行分类也就是按结构分类。

1. 预制装配式混凝土结构（也称为“PC结构”）

PC结构适用于各种建筑类型，从住宅到商业和工业建筑，具有出色的结构稳定性和抗震性能，是推动现代建筑领域发展的创新技术之一，有助于建成高效、可持续的建筑项目。

（1）剪力墙结构

剪力墙结构是一种常见的建筑结构形式，它通过在建筑物的垂直平面上设置坚固的墙体，以承受水平力（如风荷载或地震力）的作用，从而提高建筑物的稳定性和抗震性能。这些墙体通常位于建筑物的外围或内部，作为结构支撑，可以有效地减少建筑物的侧向位移，保护建筑和其内部设施的安全。剪力墙结构在高层建筑和地震多发地区的建筑中应用广泛，是确保建筑物安全和稳定性的关键因素之一。

（2）框架结构

框架结构是一种常见的建筑结构形式，它通过使用水平和垂直构件（梁和柱）来构建建筑物的骨架，以支撑建筑物的重量和承受各种外部力，如风荷载和地震力。这种结构形式具有高度的稳定性和可塑性，使得建筑物可以在不同形状和尺寸之间进行灵活设计，并适用于从住宅到商业和工业建筑等建筑类型中。框架结构的设计和施工要求精确，但它在建筑领域中广泛应用，是许多现代建筑的基本结构类型之一。

2. 预制集装箱式结构

预制集装箱式结构是一种创新的建筑方式，它将集装箱的模块化设计与预制技术相结合，创建出可移动、灵活和可定制的建筑。这些结构在工厂中完成预制，然后可以轻松地运输到不同地点，组装成建筑物，例如住宅、办公空间、商店或用作其他用途。预制集装箱式结构具有快速建造、可重复使用、成本低、效益高和可持续性等优势，适用于快速建设需求和变化多样的场景，是现代建筑领域的一项创新技术。

3. 预制装配式钢结构（也称为“PS结构”）

PS结构适用于各种建筑类型（从工业厂房到商业和住宅建筑），具有出色的结构稳定性和抗风抗震性能。它还有助于减少施工现场对环境的影响，是现代建筑领域的一项创新技术，有助于建成高效、可持续的建筑项目。

（1）全钢（型钢）结构

全钢结构，也称为“型钢结构”，是一种建筑结构形式，它完全由钢材构成，包括梁、柱、横梁和框架等组件。这种结构类型具有高强度、耐久性和稳定性等特点，能够承受重大荷载，因此广泛应用于工业厂房、高层建筑、桥梁和其他工程项目中。全钢结构的设计和制造通常受到严格的质量控制，以确保结构的安全性和可靠性，同时也有助于快速建设和减少施工时间。这种结构形式在现代建筑领域中具有重要地位，为各种建筑提供了坚固的骨架。

（2）轻钢结构

轻钢结构是一种建筑结构形式，它使用轻质金属材料（通常是轻钢）来构建建筑的骨架，包括梁、柱、框架和墙体等构件。这种结构类型具有重量轻、强度高、施工速度快等特点，适用于各种建筑类型，包括住宅、商业建筑、办公楼和工业厂房。轻钢结构不仅具有出色的抗震性能，还能够实现高度的定制化和可持续性，促进了现代建筑领域的创新和高效建设。

4. 木结构

木结构是一种古老而又广泛应用的建筑结构形式，它使用木材作为主要构建材料，包括木梁、木柱、木框架和木墙等构件。木结构具有轻量化、可再生、自然美观等特点，适用于各种建筑类型，包括从传统的民居和农舍到现代的住宅、商业建筑和文化建筑。除了在建筑领域有着悠久的历史外，木结构也因其可持续性和环保性而备受青睐，是现代建筑领域注重可持续发展的一种重要选择。

三、装配式建筑的特点

装配式建筑的特点包括：建筑构件在工厂内预制，然后在施工现场进行组装，从而实现高度的工业化生产和施工，节省时间和资源；构件标准化和严格控制质量，提高了建筑质量和构件规格的一致性；可以快速适应不同建筑需求，具有灵活性和定制性；降低了施工过程中的噪声、粉尘和废弃物，减少了对环境的影响；有助于提高建筑的能源效率和可持续性，是现代建筑领域的创新方法。

相比于传统建筑及其建造方式，装配式建筑具有以下突出优势。

（一）保护环境、减少污染

保护环境和减少污染是关乎全球可持续发展和生存质量的重要目标。为实现这一目标，需要采取一系列措施，包括减少化石燃料的使用，提高能源效率，促进可再生能源的使用，改善废物管理，控制空气和水污染，保护生态系统和生物多样性，等等。通过采用环保技术和可持续的生产和消费方式，人们可以减少对自然资源的过度消耗和对环境的破坏，以确保子孙后代能够继续享受清洁的空气、水和自然环境。这是一个全球性的挑战，需要国际社会的协作和共同努力来实现。

装配式建筑对于保护环境和减少污染具有多重益处。

①减少施工噪声污染：装配式建筑的构件在工厂中预制，减少了现场施工中的噪声污染，有利于提高周围居民的生活质量。

②降低粉尘和固体废弃物污染：装配式建筑的构件在工厂内制造，减少了施工现场的粉尘和固体废弃物，减少了现场的材料切割和处理活动。

③提高能源效率：装配式建筑通常采用节能设计和材料，具有更好的能源效率，有助于减少能源消耗和碳排放。

④精确的资源管理：装配式建筑的生产和施工过程经过严格的资源管理，减少了浪费，优化了材料和资源的使用。

⑤减少光污染：装配式建筑通常采用先进的照明技术，可以更好地控制光污染，减少不必要的光线向周围环境辐射。

综上所述，装配式建筑通过工厂预制、资源管理、节能设计等方式，有助于减少环境污染，降低对周围环境的不利影响，是推动可持续建筑和环保发展的一种有力方式。

（二）建筑品质高

建筑变革不仅在于建筑外观的改变，更在于整个建筑行业的转型，促进建筑质量的不断提高，为未来的建筑发展创造新的可能性。

（1）在装配式建筑中，设计的精细化和协同化至关重要。由于构件在工厂内预制，一旦设计不合格或存在问题，可能需要重新制作构件，不仅会导致时间和资源浪费，还可能延误整个项目。因此，装配式建筑强调设计阶段的深入、细致，以确保构件的精确度和质量。此外，协同化设计有助于各个设计团队之间的协作，确保各个构件在装配时无缝连接，提高建筑整体品质和性能。这种设计方式不仅可以提高建筑的质量，还可以提高工程效率，为可持续建筑提供了更可行的解决方案。

（2）由于构件在工厂中精确制造，可以实现毫米级别的精度，这大大提高了建筑的准确性和一致性。与现场施工相比，装配式建筑更容易保障高质量的外观和结构件的细节，确保了建筑外观的完美和结构的稳定性。此外，装配式建筑还可以减少施工中的误差和调整工作，提高了施工效率和建筑的总体质量。这种高精度对于一些对建筑外观和性能要求极高的项目，如瓷砖贴面，尤为重要。它确实在建筑行业中推动了精度标准的提高。

（3）工厂制作的装配式建筑构件可以在关键环节中提高建筑质量和控制水平，从而提高整体建筑的性能和耐久性。模具的严密组装、更好的振捣效果以及计算机控制的精确养护都有助于确保混凝土的质量和强度，这对于建筑的长期可靠性和维护至关重要。这也凸显了装配式建筑在提高施工质量和建筑性能方面的优势。

（4）“三明治板”作为一种装配式建筑外墙保温的创新建造方式，在提高安全性和可靠性方面有显著优势。其独特结构包括50 mm以上厚的钢筋混凝土外叶板，可以有效防止外保温层的脱落，提高了外墙保温系统的稳定性和耐久性。这种方法特别适用于高层建筑，可以有效减少外墙保温层脱落和火灾事故发生的风险，为建筑安全性提供了更可靠的解决方案。这对于现代建筑行业的安全性和可持续性发展至关重要。

（5）装配式建筑的集成化和一体化设计和施工过程可以大幅减少建筑项目中的质量隐患。通过将建筑、结构和装饰等多个方面融合为一个协调的整体，可以提高设计和施工的一致性，减少了各个构件之间的不匹配和误差。这有助于确保建筑的整体质量和性能，降低了建筑工程中可能出现的质量问题和维修成本，同时提高了工程的效率和可持续性。这种集成化和一体化的方法为建筑行业带来了新的质量控制和管理方式，有助于提高建筑质量和客户满意度。

（6）装配式建筑在实现建筑自动化和智能化方面扮演着重要的角色。自动化和智能化的应用可以减少对人工劳动的依赖，降低人为风险，从而提高工程质量。通过使用先进的技术，如机器人、传感器、自动控制系统等，可以实现施工、监测和管理的自动化，确保工程的准确性和一致性。这不仅可以提高效率，还可以降低建筑中的风险和成本，有助于推动建筑行业向更智能、可持续的方向发展。

（三）装配式建筑形式多样

传统建筑在造型上主要受限于模板搭设的复杂性，尤其是对于造型复杂的建筑项目。与传统建筑不同，装配式建筑在设计和生产过程中更具灵活性，可以根据建筑的造型需求进行结构构件的定制设计和制造。此外，装配式建筑还可以与多种结构形式进行组合和装配施工，如与钢结构相结合，创造出多样化的建筑形式。这种灵活性不仅使设计师能够更好地实现创新的建筑造型，还能为建筑行业提供更多的可能性，可以实现复杂的结构和造型，如薄壳结构或板壳结构，从而促进建筑领域的进步。

装配式建筑可以根据选定的户型和结构形式进行模块化设计和制造，这种模块化的特性使其在大规模的标准化建设中表现出色。通过预先设计和制造标准化的模块，可以显著提高生产效率和施工速度。这对于需要大量相似结构的建筑项目来说尤为重要，可以更高效、更快速地满足造型和使用要求，同时降低项目成本。这种灵活性和高效率使装配式建筑成为适用于各种规模和类型的建筑项目的优先选择。

（四）减少施工过程中的安全隐患

装配式建筑在减少施工过程中的安全隐患方面具有显著优势。

①工厂生产安全：装配式建筑中的构件通常在受控的工厂环境中制造，避

免了施工现场的许多潜在危险。工厂内的生产过程更容易监控和管理，减少了事故的发生概率。

②减少高空作业：传统建筑施工中常涉及高空作业，这是一个潜在的危险因素。在装配式建筑中，大部分构件在地面或低空装配完成，减少了高空施工的需求，从而减少了高空作业带来的安全隐患。

③减少施工现场混乱：传统建筑现场常常因为存在大量的人员、设备和材料而显得混乱，这增加了发生事故的风险。装配式建筑现场需要的人员和材料数量较少，使施工现场更为整洁和安全。

④质量控制：装配式建筑的生产过程通常在严格的质量控制下进行，减少了由于材料和施工质量不合格而导致的安全问题。

总的来说，装配式建筑的工程流程更容易控制，减少了潜在的安全隐患，有助于提高施工过程的安全性。这对于建筑行业的安全管理和工作人员的人身安全非常重要。

（五）节省劳动力并改善劳动条件

1. 节省劳动力

预制率越高，工厂生产过程自动化程度越高，连接节点的设计越简单和可靠，节省劳动力就越明显。这不仅降低了施工成本，还减少了工地上的人员数量，有助于提高工地的安全性和整洁度。这也符合现代建筑业追求的效率和可持续性的要求。

（1）高预制率意味着更多的构件在工厂内制造，减少了施工现场的模板搭设和拆卸工作，从而显著减少了相关的人工劳动力需求。工厂模具的可重复使用也减少了工厂内组模和拆模的人工，使这些工序更加高效。此外，高预制率还减少了搭建脚手架的工作量，因为许多构件可以在地面或低空装配，减少了高空作业的需求。这一系列的优势使高预制率成为提高施工效率、降低人工成本以及提高工程安全性的关键因素。

（2）在装配式建筑中，工厂内的钢筋加工和构件制作生产线的自动化程度对劳动力节省具有关键影响。高度自动化的生产线可以大幅减少人工需求，尤其是在生产叠合板、双皮板、无保温墙板和梁柱板一体化墙板等构件时。然而，如果生产线的自动化程度不高，节省人工的效果可能不明显。

（3）在装配式建筑的设计和规划阶段，连接节点的简化和优化，可以帮助降低人工成本，提高施工效率。这也是一些装配式建筑采用模块化和标准化连接设计的原因，可以减少复杂性并实现更高的施工效率。

在装配式建筑的实际应用中，需要在设计、工艺和施工规划等方面综合考虑这些因素，以最大程度地发挥节省劳动力的优势。同时，随着技术的不断进步和经验的积累，装配式建筑的生产工艺和施工方法也将不断改进，节省劳动力的潜力可能会进一步提高。

2. 改变建筑从业者的构成

装配式建筑的推广和应用将改变建筑从业者的构成。传统的建筑行业通常需要大量的现场工人，包括砌砖工、泥水工、木工等。然而，装配式建筑更依赖于工厂制造和自动化生产，这意味着需要更多的工程技术人员、生产工程师、机器操作员和质量控制专家，以确保产品质量和装配过程的顺利进行。因此，装配式建筑有望减少建筑施工现场对劳动力的需求，而增加在工厂和设计阶段工作的专业人员数量。这种变化将对建筑行业的人才培养和教育提出新的要求，也可能吸引更多的工程技术人员进入建筑领域。

3. 改善工作环境

装配式建筑的推广可以改善建筑工作环境。传统建筑工地通常面临噪声、扬尘、废料堆积等环境问题，对工人的健康和安全构成风险。相比之下，装配式建筑的大部分制造工作发生在工厂内，工人可以在更清洁、安静和受控的环境中工作，减少了与现场建设相关的不适和危险。这种改善的工作环境有助于吸引更多的人才进入建筑行业，提高工作满意度，同时也有助于提高施工质量和效率。此外，装配式建筑还减少了建筑现场的垃圾和废料，对环境造成的污染也相对较少，有利于创建更加可持续和友好的工作环境。

（六）节约材料

1. 装配式建筑节约材料分析

相对于传统建筑现场浇筑需要大量的木质和其他模具材料，装配式建筑通常采用更持久和可重复使用的模具，如钢制模具或模台来制造构件。这不仅减少了木材等资源的消耗，还减少了废弃物的产生。这一做法符合绿色建筑和可持续发展的理念，有助于减少建筑行业对自然资源的依赖，降低了建筑活动对环境的不利影响。

在现浇混凝土建筑中，混凝土的运输和浇筑过程中确实存在一定的损耗，包括浆料残留和用水冲洗罐车等。这些损耗不仅会浪费资源，还可能导致环境污染。相比之下，装配式建筑通常在工厂内进行混凝土构件的制造，可以更精确地控制材料的用量和质量，减少浪费。此外，由于装配式建筑的构件是预制的，运输和安装过程中也较少出现混凝土浆料挂壁的问题，进一步减少了浪费。这不仅有助于节省成本，还有利于环境保护和可持续发展。

装配式建筑的精细化和集成化有助于减少材料的消耗。相比于传统建筑，装配式建筑通常需要较少的脚手架和临时支撑结构，减少了脚手架材料的使用，减少了资源的浪费。此外，装配式建筑的精细设计和集成施工也可以降低墙体、保温、装饰等方面的材料和能源消耗。而且，装配式建筑通常会要求更高的施工质量，不容易进行墙壁凿洞等破坏性操作，这也鼓励了集约化装修，减少了装修过程中的材料浪费。不同的装配式建筑项目可能会有不同的节约材料比例，但总体来说，装配式建筑在资源和能源利用上更加高效，符合可持续发展的理念。

2. 装配式建筑增加材料分析

装配式建筑也有增加材料的地方，具体分析如下。

（1）夹芯保温墙是一种重要的建筑保温技术，它在提供良好的保温性能的同时，也提高了建筑的结构强度和耐久性。虽然夹芯保温墙板中包含了额外的钢筋混凝土外叶板和拉结件，但这些增加的材料可以提高外墙的防火性能、抗风压性能和耐久性，从而提高了建筑的整体质量和安全性。此外，夹芯保温墙的施工方式通常更加精确和可控，减少了保温层表面挂网刮薄浆的问题，提高了施工质量。虽然夹芯保温墙可能在一定程度上增加了材料成本，但它带来的安全性、可靠性和耐久性方面的提升通常是值得的，特别是在一些特殊应用场景或对建筑性能有较高要求的情况下。因此，将这种增加材料成本的措施作为提高建筑安全性和性能的必要举措是合理的。

（2）在现代建筑设计中，越来越多的项目采用可拆卸的管线系统或在结构中预留管线更换通道，以提高管线的可维护性。这种方法可以确保在管线需要更换或维修时，不必拆除整个楼板或结构，从而降低维护的难度和成本。

采用管线埋设方式，需要在设计和施工阶段进行综合考虑，以平衡结构强度、管线维护和成本等因素，以确保建筑的长期性能和可持续性。

（3）在可持续建筑的背景下，考虑到建筑的长期性能，通常会更加重视质量控制和材料的使用寿命。虽然蒸汽养护会增加一定的能源消耗，但如果它能够确保混凝土的质量，减少维护和修复成本，以及减少建筑结构的更换频率，那么从长远来看，它可能是一种具有可持续性的选择。

（4）在传统的施工中，连接部位可能需要采用更多的现场焊接或其他方式来加固，这同样会增加材料和劳动成本。因此，装配式建筑通过在工厂中精确制造和预装连接元素，可以更好地控制和保证结构的质量和性能，从而减少了现场加固的需要。

（5）在装配式建筑中，确保足够的混凝土保护层对于结构的耐久性和安全性非常重要。如果混凝土保护层不足，可能导致钢筋锈蚀和结构受损，从而影响建筑的性能和寿命。因此，在设计和制造阶段，需要考虑连接部位的几何形状和尺寸，以确保充足的混凝土保护层。

对于不使用套筒或浆锚连接的构件，可以更容易地满足混凝土保护层的要求，因为它们不涉及类似的附加元素。因此，在装配式建筑中，设计师和工程师需要根据具体的构件和连接方式来考虑保护层的问题，以确保结构的质量和安全。

四、装配式混凝土结构的相关理论

（一）装配式混凝土结构的概念

装配式混凝土结构是一种建筑结构系统，其核心概念是在工厂环境中预制混凝土构件，然后将这些构件运输到现场并通过可靠的连接方式组装起来，形成完整的建筑物。这种方法具有高度的工业化和模块化特点，能够大幅提高建筑施工的效率、质量和可控性，同时也有助于减少施工现场的材料浪费和对环境的影响，促进了可持续建筑的发展。

（二）装配式混凝土结构的特点

1. 设计标准化

装配式建筑的核心理念之一是通过标准化的构件设计和模数设置来实现高度的产业化。通过精心设计的标准构件，可以大幅减少生产过程中的变异性，提高构件的一致性和互换性，从而实现规格少但组合多的灵活性。这种标准化设计有助于提高装配式建筑生产线的效率，降低成本，同时也为建筑项目的定制化提供了空间，为产业化发展奠定了基础。

2. 构件工厂化

装配式建筑将传统的建筑施工现场拆分成多个工厂制作构件的环节，这种分拆不仅改善了作业环境，减少了现场施工中的噪声、粉尘等污染，还大幅提高了施工效率。通过在工厂生产构件，可以更好地控制质量，减少变异性，从而提高建筑的整体质量和一致性。这种工厂化生产方式也有助于提高工程的时间和成本效益，是现代建筑行业的重要发展方向。

3. 施工装配化

装配式建筑的核心理念之一是将建筑施工过程工业化，将大部分工作从现场转移到工厂，然后在施工现场进行组装。这种方式极大地减少了现场湿作业的需要，减少了现场作业人数，提高了工程的效率和质量。通过在工厂预制构件，可以在受控的环境中进行生产，减少了天气等外部因素对施工的影响，同时也更容易进行质量控制和管理。这种工业化的生产方法有助于缩短工程周期，降低成本，是现代建筑行业的一项重要革新。

4. 装修一体化

装配式建筑的一个重要特点是将各种专业工程提前在工厂进行穿插和预制，这包括水电、暖通、消防、装修等方面。通过在工厂内精确安装这些专业工程，可以避免施工现场后期的随意打凿和交叉作业，减少了时间浪费和资源浪费，不仅提高了施工效率，还有助于确保施工质量和安全。这种先进的施工方式有助于加快工程进度，减少了施工期间的资源浪费，是现代建筑行业的一项创新。

5. 管理信息化

装配式建筑的信息化应用是现代建筑业管理的一项关键创新。通过利用BIM、物联网、云端服务、5D虚拟建造技术等先进的信息技术，装配式建筑实现了高度可视化的管理水平。这些技术不仅有助于更好地规划和协调建筑项目，还能够有效地满足质量、工期、安全和经济等方面的要求。装配式建筑的信息化应用提高了建筑行业的管理效率，促进了建筑工程的顺利进行，是现代建筑行业不可或缺的一部分。

（三）装配式混凝土结构的分类

1. 装配式混凝土框架结构

装配式混凝土框架结构是一种现代建筑结构系统，其主要特点是在工厂预制混凝土构件，然后将这些构件运输到施工现场进行组装。这种结构系统通常包括柱子、梁、楼板等构件，它们的设计和制造都经过精密的工程计算和质量控制。装配式混凝土框架结构具有高强度、高稳定性和高耐久性的特点，能够承受各种荷载和环境条件。这种结构系统在建筑工程中越来越受欢迎，因为它能够提高施工效率、降低施工成本，并且具有较长的使用寿命，符合现代建筑行业可持续性和高品质、高标准的要求。

2. 装配式混凝土剪力墙结构

装配式混凝土剪力墙结构是一种现代建筑结构系统，其主要特点是在工厂预制混凝土剪力墙构件，然后将这些构件运输到施工现场进行组装。这种结构系统通常包括具有较大横向抗力的混凝土墙体，用于承受地震、风荷载等外部力的作用。装配式混凝土剪力墙结构具有高强度、高刚度和良好的抗震性能，能够有效地保护建筑物和其内部设施。这种结构系统在地震活跃地区和高层建筑中得到了广泛应用，可以提供更高的安全性和结构稳定性。它也符合现代建筑要求的高质量和可持续性发展要求。

3. 装配式混凝土框架-现浇剪力墙结构

装配式混凝土框架-现浇剪力墙结构是一种现代建筑结构体系，它将预制混凝土框架与现场浇筑的混凝土剪力墙相结合。在这种结构中，建筑的主要承载框架构件通常在工厂预制，然后运输到施工现场进行组装，而剪力墙部分则在现场浇筑。这两种结构的组合充分发挥了预制和现浇两种建筑方法的优势，具有较高的承载能力和抗震性能，同时也提供了更快的施工速度和更好的质量控制。这种结构适用于各种建筑类型，特别是高层建筑和大跨度结构。

第二节　发展装配式建筑的意义及未来趋势

一、发展装配式建筑的意义

（一）是落实党中央、国务院决策部署的重要举措

近年来，我国高度重视装配式建筑的发展。2013年，多个部委联合印发了《绿色建筑行动方案》，明确了大力发展装配式建筑，尤其是钢结构等装配式建筑的重要性。新建公共建筑原则上采用钢结构，以提高建筑质量和效率。此外，2020年，住房和城乡建设部编制了《钢结构住宅主要构件尺寸指南》，旨在加强设计要求、规范构件选型，提升装配式建筑构件的标准化水平。同时，推动装配式装修发展，致力于打造装配式建筑产业基地，以提高建筑行业的建造水平和可持续发展性。这些举措有助于满足人们对高品质建筑的需求，促进了装配式建筑技术的应用与发展。国务院于2021年印发的《2030年前碳达峰行动方案》和住房和城乡建设部于2022年发布的《“十四五”建筑业发展规划》都指出了发展装配式建筑的重要性。这些政策文件都强调要推广绿色低碳建材和绿色建造方式，加速新型建筑工业化进程，大力发展装配式建筑，特别是推广钢结构住宅，以减少碳排放和资源浪费。此外，政府还鼓励建材循环利用，强化绿色设计和施工管理，以提高建筑行业的环保水平。发展装配式建筑不仅有助于实现碳达峰目标，还能够促进建筑业的智能化和标准化发展，提高综合效益，符合国家的发展方向和可持续发展的要求。因此，发展装配式建筑是对政策部署的有力响应。

（二）是促进建设领域节能、节材、减排、降耗的有力抓手

传统的现浇建筑方式通常伴随着资源和能源的浪费、建筑垃圾大量排放、环境污染等问题。改变建筑行业粗放的建造方式，实施装配式建筑，是一个可行的解决方案。装配式建筑采用工厂化生产，可以大幅度减少建筑垃圾的产

生，提高资源和能源的利用效率。此外，还可以减少现场施工过程中的扬尘和噪声污染，改善施工环境，有助于减少对周围社区的不利影响。

与传统的现浇建筑方式相比，装配式建筑不仅在资源和能源的利用效率上具有明显的优势，而且减少了环境污染。减少木材模板、减少抹灰水泥砂浆、减少施工用水和用电，以及大幅减少建筑垃圾排放，这些都反映了装配式建筑在资源和能源消耗方面的显著优势。同时，减少碳排放和环境污染对改善城市环境和提高建筑质量都起到了积极作用。装配式建筑的发展不仅有助于提高建筑产业的可持续性，还有助于推动生态文明建设和减少自然资源的压力。这对于我国乃至全球的可持续发展都具有重要意义。

装配式建筑具有节能、环保、高效等特点，不仅可以提高建筑效率，还有望减少资源浪费和环境污染。这不仅可以缓解当前经济下行的压力，同时也能为我国建筑业的创新和改革提供重要的发展方向。这一趋势符合我国经济的转型和可持续发展的需要，具有积极的意义。

（1）可催生众多新型产业。装配式建筑的广泛应用需要更多的定制化部件和先进的生产设备，这将创造新的市场需求，推动产业链条向纵深和广度方向发展。同时，为了支持装配式建筑的设计、管理和施工，信息技术、智能制造和物流管理等领域也将得到进一步发展和应用，从而催生新兴产业，提高就业机会，促进产业升级和转型。这一过程将有助于经济结构的优化和可持续发展。

（2）拉动投资。随着装配式建筑市场的扩大，建设装配式建筑工厂和生产线、研发新技术和设备、培训专业人才等将需要大量资金投入。此外，支持装配式建筑的基础设施建设、物流运输、信息技术和智能制造等领域也将吸引更多的投资。这些投资将不仅有助于推动装配式建筑产业的发展，还将创造就业机会、提高经济效益，为经济增长注入新的动力。

（3）提升消费需求。装配式建筑的推广和普及将鼓励更多人购买和使用这种类型的建筑，从而促进建筑材料、家居装饰、智能化设备等相关产业的需求增长。同时，装配式建筑所具备的节能、环保、智能化等优势也会吸引更多的消费者选择这种类型的住宅或商业用途建筑，进一步促进相关市场的需求扩大。这将有助于提高消费水平，推动消费需求增长，对经济的稳定和可持续增长产生积极影响。

（4）带动地方经济发展。装配式建筑的兴起将推动相关产业的发展，包括建筑材料制造、装配式构件生产、物流运输、智能设备制造等，这些产业将在地方经济中发挥重要作用。此外，装配式建筑的推广也能吸引更多的资金进入地方，促进基础设施建设和房地产市场的发展，提升地方的经济活力。地方政府可以通过支持和引导装配式建筑产业的发展，推动当地产业升级和增加就业，助推地方经济健康发展。

（三）是带动技术进步、提高生产效率的有效途径

近年来，我国经济发展方式已经由粗放型向科技进步和创新驱动型转变，但建筑业作为一个关键领域，仍然存在劳动力不足、传统施工方式低效等问题。发展装配式建筑可以借助科技进步，提高建筑工程的质量和效率，减轻对劳动力的依赖。这不仅有助于缓解劳动力短缺问题，还能够提高建筑行业的科技含量，推动整个行业向更先进、高效的方向发展。此外，装配式建筑的推广还将促进相关产业链的发展，为我国经济结构调整提供新的增长点。

装配式建筑的优点不仅在于其能提高生产效率，更在于其能够充分利用工厂化生产、机械化施工、材料标准化等优势，从根本上降低建筑过程中的资源浪费和环境污染。此外，装配式建筑减少了现场湿作业和现场用工数量，不仅可以提高建筑质量，也有助于改善建筑工人的工作环境，减轻劳动强度，进一步推动建筑产业的现代化发展。这种现代化生产方式将为建筑业的可持续发展注入新的活力。

（四）是实现“一带一路”倡议的重要路径

中国加入世界贸易组织后，建筑业不仅在国内市场崭露头角，还积极参与国际市场竞争。在全球经济一体化的趋势下，中国建筑业需要主动参与国际分工，扩大国际市场份额，提高国际竞争力。特别是在“一带一路”倡议下，采用装配式建筑方式，可以更好地满足国际市场的需求，提升核心竞争力，利用全球建筑市场资源，促进中国建筑业的更大发展。这对于中国建筑业在国际舞台上发挥更重要作用具有重要的意义。

装配式建筑的兴起将深刻改变建筑行业的竞争格局。它不仅融合了工业化生产和建筑过程，还倚重信息化技术、新材料、新设备等创新要素，强调科技进步和管理模式的创新，提高了企业的核心竞争力。通过采用工程总承包方式，装配式建筑企业能够更好地整合资源，引入先进的设计理念，打造产业集聚，从而提升企业实力。这有助于企业在国际市场上取得竞争优势，扩大海外市场份额。同时，这也有助于带动国产设备和材料的出口，使我国建筑业在全球经济竞争中占据有利地位。装配式建筑的发展不仅是产业升级的需要，也是我国建筑业融入全球市场竞争的战略选择。

（五）是全面提升住房质量和品质的必由之路

发展装配式建筑是全面提升住房质量和品质的必由之路。通过工厂化生产、标准化设计、精细化装配，装配式建筑能够确保建筑结构的精确度和稳定

性，减少施工质量隐患，提高建筑的抗震、抗风、保温、隔音等性能。同时，装配式建筑还可以更好地控制材料用量和施工过程，减少建筑污染和垃圾，有利于改善室内空气质量和居住环境。通过提高施工效率和质量，装配式建筑有望为广大居民提供更加安全、舒适、便捷的住房，推动住房市场朝着高品质、高标准的方向发展。这将有力地提升人民群众的生活品质，满足人民群众对美好生活的向往和期待。

二、装配式建筑的发展趋势与方向

装配式建筑积极应用可再生能源、智能控制系统、节能材料等绿色能源和先进技术，可以减少能源消耗、降低碳排放，实现建筑的可持续发展，满足未来建筑业对高效、智能、环保的需求，推动建筑业向更加先进、可持续的方向发展。

（一）评价标准从预制装配率向工业化率转变

装配式建筑的评价标准应该从过去主要关注预制装配率，逐渐向工业化率转变。虽然预制装配率是衡量装配式建筑的一个重要指标，但更重要的是要考虑整个建筑生产过程的工业化水平，包括设计、生产、运输、安装等各个环节的工业化程度，以及采用的先进技术、自动化设备和数字化管理等因素。通过全面提高工业化水平，装配式建筑可以更好地实现高效、质量可控、节能环保的目标，从而真正实现建筑业的升级和创新。因此，工业化率应成为评价装配式建筑发展的新标准。

（二）促进建筑工业化程度的进一步提升

新型装配式建筑结构技术的引入和发展将进一步促进建筑工业化程度的提升。这些技术包括先进的预制构件制造、智能化设计与生产、数字化工艺控制等。通过引入这些技术，建筑业可以更好地实现规模化生产、生产线自动化、质量可控、生产过程数字化管理等，从而加快推进建筑工业化发展，降低建筑成本，缩短工期，减少资源浪费，推动建筑行业向更加现代化、高效率、绿色可持续的方向发展，并进一步提升建筑行业的整体水平，促进城市可持续发展。

（三）从简单的预制构件装配向全方位装配发展

装配式建筑将不断发展演进，从简单的预制构件装配逐渐向全方位装配迈进，包括更广泛的部位和系统的装配，如水电暖通、内饰装修等，以实现更全面的工程整体装配。这将促使建筑行业更加注重全过程的标准化设计、生产和施工，以提高整体质量、效率和可持续性，满足不断变化的市场需求，推动建筑领域向更加现代化和创新化的方向发展。这一发展趋势也将引领装配式建筑进一步走向全球市场，成为全球建筑业的重要发展方向。

（四）从以结构为主的预制装配向全专业装配发展

装配式建筑不断发展变化，从以结构为主的预制装配发展为全专业装配。这意味着装配式建筑不能局限于建筑结构的预制，还可用于水电暖通、内饰装修、智能系统等的装配。这一趋势将要求建筑行业各个专业领域更加密切地协作，以实现全面的工程整体装配，提高整体工程质量、效率和可持续性。这也将推动装配式建筑朝着更加多样化和综合化的方向发展，满足不断增长的市场需求，为建筑行业带来更大的创新和发展机遇。

（五）助推新型建筑工业化发展

建筑材料的不断创新和工程装备的升级将成为推动新型建筑工业化发展的重要动力。高性能混凝土、复合材料和智能材料等新材料的应用，将提高建筑结构的强度、耐久性和智能化水平。同时，先进的工程装备，如自动化施工机器人、智能监测设备和3D打印技术，将提高施工效率、减少人工劳动，实现工程的精准度和可控性。这两者的结合将为新型建筑工业化发展打开更广阔的前景，加速推动建筑行业迈向高效、智能和可持续的发展道路。

（六）高附加值构配件及异形构件将成为装配式建筑市场的主流产品

高附加值的构配件和异形构件预计将成为装配式建筑市场的主要产品。这些构件不仅在设计上更加多样化和个性化，还具备更高的技术含量和性能要求。通过精密制造和先进工艺，这些构件可以满足各种建筑项目的特殊需求，提供更高的质量标准和可持续使用性。因此，它们将在装配式建筑领域占据重要地位，推动市场向更高附加值的方向发展。

（七）装配式超低能耗建筑是未来建筑的发展方向

装配式超低能耗建筑是未来建筑发展的关键方向之一。这种建筑类型将综合运用先进的隔热材料、高效的能源系统、智能化控制技术等，以最小的能源消耗实现最大的舒适度和环保性能。装配式建筑在设计和施工中具备更高的精确性，可以更好地保障建筑的密封性和隔热性能，从而显著降低能源消耗。未来，装配式超低能耗建筑将成为可持续建筑的主流，为应对气候变化和能源危机提供了有力的解决方案。

装配式建筑的前景十分光明，它不仅能够满足大众对高品质、高性能建筑的需求，还具备环保、节能、可持续发展等多重优势。通过技术创新和提高产品质量，装配式建筑行业可以在建筑市场上具有更大的竞争优势。此外，政府也正在积极支持装配式建筑的发展，以促进供给侧结构性改革，解决建筑材料和用工供需不平衡等问题。因此，装配式建筑有望成为未来建筑行业的主要发展方向，为建设更加现代化、环保、高效的城市和社会作出贡献。

三、推动装配式建筑发展的措施

装配式建筑企业应加强自身管理，确保产品质量和施工安全，以树立行业的良好形象。

（一）强化顶层设计，规范评价标准

为了推动装配式建筑的发展，我们需要进一步强化顶层设计，制定明确的发展规划和政策方向，为行业提供战略指导。同时，需要规范评价标准，确保装配式建筑的质量和性能得到有效监管和控制。这些措施将有助于推动装配式建筑行业的健康发展，促进其在建筑领域的更广泛应用。

（二）规范装配式建筑标准体系，有序衔接国家行业标准与团体标准

为了确保装配式建筑的质量和性能，需要建立一个完善的标准体系，将国家行业标准与团体标准有序衔接起来。通过规范标准体系，可以统一行业标准，提高产品和工程的质量，促进装配式建筑的健康发展，同时也为行业提供更清晰的指导和参考。这将有助于推动装配式建筑在建筑领域的更广泛应用。

（三）通过装配式示范工程引领创新技术的推广和应用

通过装配式示范工程，可以在实际工程中充分展示创新的技术和方法，引领这些技术的推广和应用。这些示范工程可以成为技术创新的“试验田”，验证各种创新理念和工程实践，从而为整个装配式建筑行业提供宝贵的经验和教训。这将有助于提高技术水平，同时也提供了更多的参考案例，鼓励更多的企业和项目采用装配式建筑技术，推动行业向前发展。

（四）研发多品种构件及部品部件，满足建筑产品个性化、多样化需求

研发多品种的构件和部品部件是为了满足建筑产品个性化和多样化的需求。不同项目和客户可能有不同的要求，因此拥有多样化的构件和部品部件可

以更好地满足市场的需求。这种多样性有助于提高建筑产品的灵活性，使其能更好地满足不同场景下的需求，促进装配式建筑的广泛应用。同时，通过不断研发创新，也能提高产品的性能和质量，进一步推动装配式建筑的发展。

（五）集行业之力解决突出问题，助力行业健康发展

集合整个行业的力量来解决突出问题，是助力行业健康发展的关键举措。只有各方通力合作，共同应对行业面临的挑战，才能够推动装配式建筑行业朝着更加可持续和健康的方向发展。通过合作，可以加强标准化、规范化，提高质量和安全水平，降低成本，推动技术创新，以及解决行业内的其他关键问题，为行业的长期繁荣和可持续发展作出贡献。

第二章

装配式木结构体系

第一节　装配式木结构建筑基础理论

一、装配式木结构建筑基本知识

装配式木结构建筑是一种环保、高效和质量可控的建筑方法，正在越来越多地应用于各种建筑项目中。它代表了现代建筑行业的一种趋势，旨在提高建筑效率，降低能源消耗，减少对自然资源的依赖。

（一）装配式木结构组件

装配式木结构组件是指在木结构建筑中使用的预制部件，这些部件通常在工厂中生产，并在现场进行组装。这些组件包括木质墙板、横梁、柱子、楼板、屋顶框架等，它们在工厂中按照精确的规格和设计要求制造，通常采用木材、胶合板或其他木质材料进行生产。这些预制组件的使用可以提高建筑施工速度、保障质量控制和提高建筑的环保性能，因此在装配式木结构建筑中得到了广泛应用。

（二）装配式木结构建筑的优点

第一，木结构房屋因其优异的保温性能而在能源效率方面具有明显的优势。木材的绝热性质使其在保持温度稳定方面表现良好，有助于减少取暖和冷却的能源消耗。此外，木材可以再生，有助于减少资源消耗和对环境的影响。同时，木结构的建造过程也通常更为环保，减少了对大气和水质的污染。这些因素使木结构建筑在可持续性和节能方面成为不错的选择。

第二，木材的灵活性使建筑师和设计师可以更容易地实现各种个性化的设计需求，无论是在内部空间布局上还是在外观设计上，设计师都有可发挥的空间。此外，木结构的轻量化特性使其在墙体、地板和天花板方面相对较薄，从而增加了室内可用空间。同时，木结构允许将基础设施嵌入结构内部，提高了空间的有效利用，也使得建筑更为整洁和美观。这种设计上的灵活性和空间的高效利用使木结构成为满足不同需求的理想选择。

第三，防火安全。尽管木材是可燃材料，但在火灾发生时，木材表面会形成一层焦炭层，这层焦炭层可以起到保护内部木材的作用，延缓火势蔓延，从而维持木结构的强度和完整性。相对于钢梁等金属材料而言，木结构建筑在火灾中通常能够保持更长时间的结构稳定性。现代木结构建筑通常会采用阻燃材料，如石膏板，用于内墙和天花板等部位，以提高防火性能。在易燃区域，也会采用特殊的防火措施，如使用双层石膏板，以确保防火安全。这些措施能够使木结构建筑在满足国家建筑规范的同时，提供更高的防火性能，从而保护建筑和居住者的安全。

第四，在木结构建筑中，可以使用各种隔音材料（如隔音板、隔音绝缘材料、双层石膏板等），来减少声音传播。此外，墙体和地板的自然空腔可以用隔音材料填充，以进一步提高隔音性能。

（三）装配式木结构建筑的不足

装配式木结构建筑具有许多优点，如节能、环保、设计灵活等，但也存在一些局限。

①结构高度限制：木结构在高层建筑中的应用受到一定的高度限制。由于木材的自重和抗风性能，通常不适合用于建造超高层建筑。

②防火要求：木结构建筑需要满足严格的防火要求。虽然木材在火中能形成一层焦炭层，但长时间的大火仍可能对结构造成破坏。因此，需要采用阻燃材料和合适的防火设计来确保防火安全。

③湿度和腐朽：木材对湿度非常敏感，如果未正确保护和维护，可能会导致腐朽问题。因此，在湿度较高的地区或地下室等潮湿环境中使用木结构时需要格外谨慎。

④抗震性能：木结构在地震区域的抗震性能需要特别考虑。虽然木结构具有一定的抗震性能，但需要采取适当的加固措施来提高其抗震性能。

⑤声音传播：木结构建筑可能会在声音传播方面存在一些不足，特别是在多户住宅或商业建筑中。需要采用隔声材料和专门的设计来减少声音传播。

总之，装配式木结构建筑具有许多优点，但也具有一些局限性，以确保其在不同场景下的安全性和性能。在设计和施工过程中，需要考虑当地的建筑法规和环境条件，以充分发挥木结构的优势并解决潜在的问题。

（四）木结构建筑简介

木结构是人类最早采用的建筑方式。

1. 西方古代木结构建筑

西方古代木结构建筑在建筑史上具有丰富而多样的传统，包括希腊、罗马、中世纪欧洲等不同历史时期和文化背景下的建筑风格。希腊古典建筑以多柱式和柱廊为特征，使用大理石和石材创造了许多著名的神庙和城市建筑，如雅典卫城的帕特农神庙。罗马古典建筑受到希腊建筑的影响，发展出拱门、圆形建筑和大规模公共建筑，如斗兽场和古罗马浴场。

中世纪欧洲的木结构建筑在城市和乡村广泛存在，教堂和城堡是其中的杰出代表。这些建筑采用了复杂的木质桁架和拱顶结构，如巴黎圣母院和诺曼底的蒙特圣米歇尔。中世纪也见证了哥特式建筑的兴起，其特点是建有高大的尖顶和华丽的玻璃花窗，如巴黎圣母院和威斯敏斯特教堂。

2. 东方古代木结构建筑

东方古代木结构建筑是东方文化的瑰宝，代表着中国、日本和韩国等国家的建筑传统。我国的木结构建筑具有悠久的历史，建筑类型多样，如我国古代的宫殿、寺庙、园林和民居。紫禁城是我国最著名的宫殿建筑，它以宏伟的规模和复杂、精巧的木结构而闻名于世。此外，我国的寺庙建筑，如少林寺和大明寺，采用了复杂的木质梁柱结构，展示了我国古代木建筑的精湛工艺。

日本的木结构建筑则以其简洁、优雅和和谐的设计而著称。日本的古代寺庙、城堡和茶室都采用了木结构，并强调与自然环境的融合。日本的京都和奈良地区有许多保存完好的古建筑，如清水寺和东大寺，它们展示了日本木建筑的独特之处。

韩国也有许多古代木结构建筑，如宫殿、寺庙和汉墓。其中，首尔的景福宫和庆州的奇梁阁都是杰出的木建筑代表作品。

3. 现代木结构装配式建筑

（1）国外的情况

19世纪以后，木结构建筑的主导地位在许多地方被钢结构和钢筋混凝土结构所取代，特别是在多层和高层建筑中。然而，木结构建筑并没有被淘汰，它经历了转型和改进，逐渐融入了现代建筑领域。

在一些木材资源丰富的地区，如北美和澳大利亚，低层木结构住宅依然占有很大的市场份额，并且制品、组件和部件的工业化程度相当高。在这些地方，木结构建筑的工艺也得到了改进，采用非线性技术和数控机床，实现了自动化和智能化生产。

欧洲和日本等地也保留了许多采用木结构建造的别墅和建筑项目，以展现木结构的独特魅力。在北美，一些多层建筑，包括商场、写字楼和酒店等，也开始采用木结构建造，尤其是在使用装配式木结构的情况下。木结构还被用于设计曲线造型的建筑、大跨度结构和高层建筑，证明了其在现代建筑中的灵活性和多功能性。

（2）我国的情况

在我国，木结构建筑曾经在历史上占有重要地位，但近几十年来，随着城市化和现代化建设的快速发展，传统的木结构建筑逐渐减少，主要原因包括木材资源稀缺、建造成本相对较高以及混凝土和钢结构的广泛应用。

然而，近年来，随着可持续发展观念和环保意识的增强，以及对建筑质量和舒适性的追求，木结构建筑重新受到关注。在一些地区和特定项目中，现代木结构建筑开始崭露头角，得到了政府和业界的支持。木结构建筑被认为具有环保、能源效益、舒适性好等优势，逐渐成为我国建筑领域的一股新兴力量。

我国整体建筑市场中，虽然木结构建筑所占份额相对较小，但在特定领域，如别墅、度假村、文化建筑中，木结构建筑已经取得了一些成功的实践案例。未来，随着技术的进步、政策的支持和市场的认可，木结构建筑有望在我国继续发展，为可持续建筑和生态环保建设贡献更多可能性。

二、装配式木结构材料

（一）木材

考虑到木材易受腐朽、虫害等影响，需要采取相应的防腐措施，确保建筑结构木材的长期稳定性和耐久性。科学地选择和处理木材，可以保证装配式木结构建筑的安全性、耐久性和性能表现。

1. 方木和原木

方木是指经过切割和加工后，形状呈正方形或矩形的木材。方木经过锯切和加工，可以获得平整的四边形木材，适用于建筑结构和其他木工工程。方木在建筑中常被用于梁、柱、框架等结构元件的制造。

原木则是指将树木直接采伐后未经过切割或加工的木材。原木保持了树木的自然形态，通常有不规则的形状和粗糙的表面。原木通常需要经过加工和切割才能用于建筑或其他用途。在木材加工行业，原木经过锯切、刨削和干燥等处理，最终可变成适用于建筑、家具、地板等领域的木材产品。

2. 规格材

规格材是指宽度、高度按规定尺寸加工后的木材。

3. 木基结构板、结构复合材和工字形木搁栅

①木基结构板（wood-based structural panel）

木基结构板是一种由木材颗粒、纤维或薄片经过高温压缩和胶合而成的板材。常见的木基结构板包括胶合板、纤维板、刨花板等。这些结构板材在木结构建筑中用于制造墙体、屋顶、地板、梁和柱等结构部件。它们具有高强度、稳定性和抗弯性能，适用于各种装配式木结构建筑。

②结构复合材（engineered wood products）

结构复合材是通过将多个木材层或木材元件胶合在一起制成的材料。常见的结构复合材包括胶合木梁、木结构胶合材（laminated veneer lumber，LVL）、木筋板（I-Joists）等。这些材料具有较高的强度和稳定性，可用于制造梁、悬挑、屋顶结构等，在大跨度和大荷载的木结构建筑中得到了广泛应用。

③工字形木搁栅（open web wood joists）

工字形木搁栅是一种木制的开放式梁或搁栅结构，具有工字形状的截面。它们通常由纵向木筋和横向木筋组成，中间留有空隙，用于容纳管道、电线和其他设施。工字形木搁栅常用于屋顶、地板和楼板的支撑结构中，提供了较大的跨度能力和灵活的布局选项。

4. 胶合木层板

胶合木层板的原料通常不限于一种木材，而可以使用多种木材品种，具体选择取决于生产商和项目需求。虽然针叶松可能是其中一种原料，但也可能包括其他木材品种。

①针叶松木材：针叶松是一种常见的木材品种，具有良好的强度和稳定性。它通常用于制造胶合木层板的一部分。

②桉树木材：桉树木材具有较高的强度和良好的耐久性，常用于胶合木层板的生产。

③落叶松木材：落叶松是另一种常用的木材品种，特别是在北美地区，常用于胶合木层板的生产。

④杉木材：杉木材通常用于胶合木层板的制造，具有较好的强度和耐用性。

⑤其他木材：胶合木层板的原料还可以是其他木材品种，根据地区和生产商的不同，可以使用不同种类的木材。

需要注意的是，胶合木层板的制造通常涉及多层木材的胶合，不同木材品种的组合可以改变层板的性能和用途。原材料的选择、组合通常取决于制造商的生产要求和对产品设计要求。同时，胶合木层板的原材料选择要考虑环保和可持续发展的要求，确保木材的供应可持续。

5. 木材含水率

木材的含水率是一个重要的参数，它对于木材在不同用途中的性能和稳定性都有影响。通常，木材的含水率会根据具体用途和要求而有所不同。以下是一些常见的木材含水率要求。

①室内家具和装饰材料：用于室内家具和装饰的木材，通常要求含水率较低，一般为8%～12%。这可以防止木材因含水率过高而变形或开裂。

②建筑结构用木材：用于建筑结构的木材需要较低的含水率，一般为12%以下。这有助于确保建筑结构的稳定性和强度。

③木制地板：木地板的含水率通常要求在8%～10%，以防止地板因湿度变化而膨胀或缩小。

④户外用途：用于户外的木材通常需要较低的含水率，以防止腐烂和分解。含水率要求可以根据具体的户外环境和用途而有所不同。

⑤木制工艺品和艺术品：木制工艺品和艺术品通常需要较低的含水率，以确保作品的稳定性和可保存性。

木材的含水率会受到周围环境的湿度和温度影响，因此在不同季节和地点可能会有所变化。为了满足特定用途的要求，木材通常需要在制造和使用过程中进行干燥或湿润处理，以控制其含水率。木材含水率通常使用专用的含水率计或湿度计进行测量。根据具体用途和要求，选择合适的木材含水率是确保木材性能和质量的关键。

（二）钢材与金属连接件

1. 钢材

装配式木结构建筑的承重构件、组件和部品连接所使用的钢材需要符合国家标准的相关规定。具体来说，不同类型的钢材，需要满足《碳素结构钢》和《低合金高强度结构钢》的有关要求。这些标准对钢材的化学成分、力学性能、热处理性能等方面做了规定，以确保钢材的质量和性能达到建筑结构的要求，保证装配式木结构建筑的安全和稳定。

2. 螺钉

装配式木结构建筑中使用的螺钉的材料性能必须符合国家标准《紧固件机械性能》以及其他相关的国家标准中的规定和要求。这些标准对螺钉的机械性能、抗拉强度、抗剪强度、耐腐蚀性等方面有明确的要求，确保螺钉的质量和性能达到建筑结构的需要，以保障装配式木结构建筑的稳定性和安全性。

3. 防腐

在装配式木结构建筑中，金属连接件、螺钉等物件与木材接触，因此需要进行防腐处理或者选用不锈钢产品，以确保它们在使用过程中不会受到腐蚀。特别是与防腐木材直接接触的部件，需要特别注意避免防腐剂的腐蚀，从而保障装配式木结构建筑的持久性和安全性。这一措施有助于延长构件和连接件的使用寿命，提高建筑木结构的可靠性。

4. 防火

在装配式木结构建筑中，对外露的金属连接件可以采取涂刷防火涂料等防火措施，以提高其防火性能。防火涂料的涂刷工艺应符合设计要求或相关规范的要求，确保金属连接件在火灾发生时能够有效地延缓火势蔓延，增加建筑的防火安全性。这一措施对于装配式木结构建筑的防火设计和施工具有重要意义，有助于保护人员的生命安全和财产安全。

（三）结构用胶

装配式木结构建筑中承重结构使用的胶必须满足结合部位的强度和耐久性要求，确保其胶合强度不低于木材顺纹抗剪和横纹抗拉的强度，以保证结构的稳定和安全性。此外，结构用胶的耐水性和耐久性也应与结构的用途和使用年限相适应，同时要符合环境保护的要求，以确保装配式木结构建筑在长期使用过程中能够保持稳定性和耐久性，满足建筑的性能要求。

装配式木结构建筑的承重结构可以使用酶类胶、氨基塑料缩聚胶黏剂或单组分聚氨酯胶黏剂进行胶合。这些胶黏剂应当符合现行国家标准《胶合木结构技术规范》的相关规定，以确保承重结构的胶合质量和性能达到要求，从而保障建筑的结构稳定性和安全性。选择合适的胶黏剂是装配式木结构建筑质量控制的关键之一。

第二节　木结构的设计与构件制作

一、木结构设计

（一）木结构建筑设计

1. 适用建筑范围

装配式木结构建筑可用于各种建筑类型，包括住宅、商业建筑、工业建筑、学校、医疗设施等。其灵活性和多样性使其适用于不同类型和规模的建筑项目，从独立住宅到大型多层建筑和特殊用途建筑。这种建筑方式可以根据项目需求进行定制化设计，同时满足建筑的结构、隔热、防火、声音隔离等方面的要求，因此在各种建筑中都有较大的应用潜力。

2. 适用建筑风格

装配式木结构建筑适用于多种建筑风格，包括但不限于现代风格、传统风格、乡村风格、北欧风格、工业风格等。其灵活性和可定制性使其能够融入不同的建筑设计理念和风格要求。从现代极简主义的设计到古典复古的建筑外观，装配式木结构可以满足各种风格的建筑需求，为建筑师和设计师提供更多的自由创作空间。这种多样性使其成为适应不同建筑风格的理想选择。

3. 建筑设计基本要求

装配式木结构建筑的设计应满足以下基本要求。①结构合理：保证建筑的结构稳定性和安全性，符合建筑设计规范和标准。②空间布局合理：满足建筑功能需求，合理分配室内空间，保证居住的舒适性。③防火性能：采用防火材料和设计措施，确保建筑的防火安全性。④节能性能：采用有效的节能设计，包括保温、隔热、通风、采光等方面，降低能耗。⑤环保性能：选择环保材料，减少环境污染，符合可持续发展原则。⑥施工可行性：考虑装配式施工的特点，确保设计能够顺利实施。⑦满足相关法规和规范的要求，保证建筑的质量和安全。综合考虑这些要求，可以实现装配式木结构建筑的高质量、高效率、环保和安全建设。

4. 平面设计

平面布置和尺寸需要满足以下几点要求：

（1）结构受力的要求；

（2）预制构件的要求；

（3）各系统集成化的要求。

5. 立面设计

（1）应符合建筑类型和使用功能要求，建筑高度、层高和室内净高需要符合标准化模数。

（2）应遵循“少规格、多组合”原则，并根据木结构建造方式的特点实现立面的个性化和多样化。

（3）尽量采用坡屋面，屋面坡度宜为1∶3～1∶4。屋檐四周出挑宽度不宜小于600 mm。

（4）外墙面凸出物（如窗台、阳台等）应做好防水。

（5）立面设计宜规则、均匀，不宜有较大的外挑和内收。

（6）烟囱、风道等高出屋面的构筑物应做好与屋面的连接，保证安全。

（7）木构件底部与室外地坪高差应大于或等于30 mm；在易遭虫害地区，木构件底部与室外地坪高差应大于或等于450 mm。

6. 外围护结构设计

（1）装配式木结构建筑的外围护结构多样化，有预制木墙板、原木墙、轻型木质组合墙体、正交胶合木墙体和与玻璃结合等多种类型。外围护结构应根据建筑的使用功能和艺术风格来进行合理选用，以满足设计要求并保证建筑的外观美观、结构稳定和功能完善。不同类型的外围护结构具有各自的特点和适用场景，可以根据具体需求进行灵活配置，以实现装配式木结构建筑的设计目标。

（2）装配式木结构建筑强调标准化和工业化生产，外墙围护结构的材料应具备标准化特性，以满足快速装配和施工的需要，从而提高建筑的施工效率和质量。因此，选材和设计应当兼顾多个因素，确保外墙围护结构在各方面性能上都能够达到要求。

（3）集成构件的应用，可以更好地确保外围护系统在各个方面都能够满足建筑的需求，提高建筑的性能和质量。这种集成化的设计和施工方式也有助于提高建筑的施工效率和减少施工周期。

（4）原木墙体的最下层构件与砌体或混凝土接触的位置也应设置防水构造，以有效地阻止水的渗透和损害。这些防水措施有助于保护建筑外围护结构，确保其防水性能和耐久性。

（5）组合墙体单元的接缝和门窗洞口等防水薄弱部位宜采用材料防水与构造防水相结合的做法。

①墙板水平接缝宜采用高低缝或企口缝构造。

②墙板竖缝可采用平口或槽口构造。

③当板缝空腔设置导水管排水时，板缝内侧应增设气密条密封构造。

（6）当外围护结构采用预制墙板时，应满足以下要求。

①外挂墙板应采用合理的连接节点并与主体结构进行可靠连接。

②支承外挂墙板的结构构件应具有足够的承载力和刚度。

③外挂墙板之间的接缝应符合防水、隔声的要求，并应符合变形协调的要求。

（7）建筑的外门窗也应符合国家标准的气密性要求，以提高整体的气密性能，确保室内环境的舒适度和保障能源效益。这些措施有助于提高装配式木结构建筑的能效性能。

（8）烟囱、风道、排气管等高出屋面的构筑物与屋面结构之间需要建立可靠的连接，以确保其稳固性和安全性。此外，还应采取防水、排水措施，以防止雨水渗漏；采取防火隔热措施，以降低火灾风险；采取抗风构造措施，以应对强风等自然因素的影响。这些措施有助于确保烟囱、风道和排气管等构筑物与屋面的连接处具备必要的安全性和功能性。

（9）外围护结构的构造层应与屋面通风层相衔接，以确保建筑的整体通风系统正常运行。通常由防漏层、防水层或隔气层、底层架空层以及外墙空气层等组成。这些层次的合理构造有助于防止雨水渗漏、保持室内外空气的质量和温度、提供防火和隔热功能，从而维护建筑结构的健康和安全。

（10）围护结构组件的地面材料在选择时应符合耐久性的要求，以确保长期使用过程中不容易受到损坏或磨损。同时，这些材料也应具备易于清洁和维护的特性，以减少日常维护工作的难度和维护成本。地面材料的选用应考虑其耐磨、抗污染、防滑等性能，以确保围护结构组件地面的安全和美观。

7. 集成化设计

（1）为了提高集成度、制作与施工精度以及安装效率，需要进行四个系统的集成化设计。通过综合考虑各系统之间的相互作用和依赖关系，设计出能够高效协同工作的整体方案。同时，采用先进的技术和工艺，确保制作、施工和安装过程的精度和效率达到最优水平，从而实现系统集成化的目标。

（2）装配式木结构建筑部件及部品设计应严格遵循标准化和系列化原则，以确保产品之间的兼容性和互换性，并在满足建筑功能的前提下，不断提高其通用性。通过统一规格、尺寸和接口，实现部件之间的无缝连接和组合，从而简化设计、制造和施工过程，提高建筑结构的灵活性和可维护性，为装配式木结构建筑的推广和应用打下坚实基础。

（3）在装配式木结构建筑中，部品与主体结构的连接应当稳固牢靠、构造简单且安装方便。特别是连接处需要采取有效的防水和防火构造措施，以确保建筑结构的安全性和耐久性。同时，连接设计应考虑保温隔热材料的连续性和气密性，以提高建筑的能效性能。这些设计旨在保证装配式木结构建筑在各种环境条件下的可靠性和功能性，为其长期使用和维护提供可靠保障。

（4）墙体部品的水平拆分位置应设在楼层标高处，以便在拆装过程中便于处理连接及构造细节。而竖向拆分位置则宜根据建筑单元的开间和进深尺寸进行划分，以确保拆分后的部件尺寸与建筑结构相适应，并且便于运输和安装。这样的设计能够有效地优化墙体部品的拆装流程，提高施工效率和准确性，同时保证建筑结构的稳固性和整体性。

（5）楼板部品的拆分位置宜根据建筑单元的开间和进深尺寸进行划分，以确保拆分后的部件尺寸与建筑结构相适应，同时便于运输和安装。此外，楼板部品的设计应充分考虑结构安全、防火以及隔声等要求，确保建筑在使用过程中的安全性和舒适性。特别是对于卫生间和厨房下的楼板部品，还应满足防水、防潮的要求，以防止水汽渗透和漏水现象，从而保障建筑结构的完整性和耐久性。这样的设计考虑了各种功能性和安全性要求，为楼板部品的使用提供了全面的保障。

（6）隔墙部品的设计应根据建筑单元的开间和进深尺寸进行划分，以确保部件尺寸与建筑结构相适应，并方便运输和安装。墙体与主体结构必须稳固连接，同时满足不同功能房间的隔声和防火要求。特别是用于厨房和卫生间等潮湿房间的隔墙，应满足防水和防潮要求，保护墙体结构的完整性。设备、电器或管道等物品与隔墙的连接必须牢固可靠。隔墙部品之间的接缝应采用构造防水和材料防水相结合的措施，以确保墙体的防水性能。这样的设计考虑了各种功能性和安全性要求，为隔墙部品的使用提供了全面的保障。

（7）在预留部位周围设置防水密封材料、防火涂料或防火板，并在必要时采用隔音材料进行隔声处理，确保预留部位与结构之间的安全性和功能性。这样的措施能够有效保护预制木结构组件的完整性和性能，提高建筑的安全性和舒适性。

8. 装修设计

（1）建立建筑与室内装修系统的模数网格系统，可以实现结构、管线和装修的高度协调与一体化。这样的设计方法能够有效提高施工效率，降低成本，并保证建筑结构和室内装修之间的无缝衔接，从而为用户提供安全、舒适、功能完善的室内环境。

（2）室内装修的主要标准构配件宜采用工业化产品，以确保产品质量和施工效率。对于部分非标准构配件，可以在现场安装时统一处理，减少施工现场的湿作业，并提高施工质量和安全性。这种做法不仅有利于规范化施工流程，降低施工成本，还可以缩短施工周期，提高装修效率，从而更好地满足用户的需求。

（3）室内装修内隔墙材料选型应符合下列规定。

①建筑法规标准：符合国家建筑法规标准的相关要求，包括但不限于防火、隔声、环保等方面的规定。

②安全性能：材料必须具备良好的防火性能，符合建筑防火要求，确保在火灾情况下能够有效隔离火灾或防止火势蔓延。

③隔声性能：应具备良好的隔声性能，确保房间内外的声音互不干扰，提供良好的居住和工作环境。

④环保要求：材料必须符合国家环保标准，避免释放有害气体，确保室内空气质量。

⑤耐久性和稳定性：材料应具有较强的耐久性和稳定性，确保长期使用不会出现变形、开裂等问题，延长使用寿命。

⑥施工便利性：材料应易于安装、拆卸和调整，提高施工效率，降低施工成本。

⑦经济性：在满足以上要求的前提下，尽可能选择经济实用的材料，控制装修成本。

（4）纸面石膏板具有轻质、易施工、阻燃等优点，适用于轻型木结构和胶合木结构房屋的室内墙面装修。其表面光滑平整，可直接进行涂刷、贴瓷砖等装饰处理，使得室内墙面的整体效果更为美观。此外，纸面石膏板还具有一定的隔声和隔热性能，能够提升房屋的舒适度。因此，在选择室内墙面覆面材料时，纸面石膏板是一种常见且合适的选择，能够满足房屋装修的需求。

（5）厨房间墙面面层应选择不燃材料，以确保使用过程中的安全性。常见的不燃材料包括金属、瓷砖、玻璃等。这些材料具有良好的防火性能，能够有效防止火灾的蔓延，并且易于清洁，符合厨房卫生要求。

（6）装修设计应符合下列规定。

①装饰材料的质量和性能也应符合相关的安全标准和环保要求，以保障使用者的健康和安全。综合考虑工厂预制和现场装配的要求，选择合适的装饰材料对于保证装修质量和施工效率至关重要。

②通过合理设计不同装饰材料之间的连接，可以确保装修结构的稳固性、美观性和耐用性，提升装修质量和使用体验。

③工业化产品具有生产工艺标准化、质量稳定、规格统一等特点，能够保证装修施工的质量和效率。采用工业化产品可以减少现场加工和调整的工作量，提高装修的一致性和规范性，同时降低施工成本和时间。常见的工业化产品包括吊顶、墙板、地板、门窗等装饰材料和结构配件。通过选择合适的工业化产品，可以有效提升室内装修的品质和竞争力，满足用户对装修质量和效率的需求。

④减少施工现场的湿作业是提高施工效率、保证施工质量以及改善工作环境的重要举措。湿作业通常指的是使用水泥、砂浆等液态材料进行的施工过程，可能会产生粉尘、污染和湿气等问题，影响工人的健康和施工进度。

（7）在建筑装修材料和设备需要与预制构件连接时，应充分考虑按不同组件间的连接设计进行装饰材料之间的连接。为确保预制构件的完整性与结构安全，应采用预留埋件的安装方式；若采用其他安装固定方式，必须保证不影响预制构件的完整性与结构安全。

9. 防护设计

（1）预制木结构组件在机械加工工序完成后应进行防腐处理，避免在现场再次切割或钻孔，以确保防腐效果。装配式木结构建筑应在干作业环境下施工，预制木结构组件在制作、运输、施工和使用过程中应采取防水、防火措施。外墙板接缝、门窗洞口等防水薄弱部位除采用防水材料外，还需结合防水构造措施进行保护。施工前应对建筑基础及周边进行除虫处理，确保施工环境卫生与安全。

（2）除严寒和寒冷地区外，都需要控制蚁害。预防措施包括对原木墙体靠近基础部位的外表面采用含防白蚁药剂的漆进行处理，处理高度应大于等于

300 mm。此外，露天结构、内排水桁架的支座节点处以及檩条、搁栅、柱等木构件直接与砌体和混凝土接触的部位也应进行药剂处理，以防止蚁害发生。

10. 设备与管线系统设计

设备与管线系统设计在建筑工程中至关重要，它涉及建筑内部各种设备的布置和管道系统的设计，会直接影响建筑物的功能性、安全性和舒适性。以下是设备与管线系统设计中应考虑的关键因素。

①设备布置：确定各种设备的布置位置，包括空调系统、通风设备、供暖设备、水泵、电梯等，确保其布置合理，方便维护和使用。

②管线走向：设计管线系统的走向，包括给排水管道、暖通空调管道、电气管道等，确保其布置合理、管线通畅，减少管道长度和弯头数量，提高系统效率。

③管线直径：根据设备需要的流量和压力确定管线的直径，在确保满足设备运行要求的同时，尽量减少能耗和降低成本。

④管道材料：选择适当的管道材料，包括金属管道、塑料管道等，考虑其耐腐蚀性、耐压性和耐热性等特性，确保管道系统安全可靠。

⑤防火防水：对于暖通空调管道、给排水管道等系统，需要考虑防火和防水措施，采取合适的防火隔离措施和防水处理，确保建筑的安全性。

⑥通风设计：设计通风系统，包括新风、排风、送风等，确保室内空气质量良好，满足建筑物内部的通风需求。

⑦能源节约：设计设备与管线系统时，应考虑采用节能技术和设备，如高效水泵、节能灯具等，减少能源消耗，降低运行成本。

⑧维护便利：确保设备与管线系统的设计能够方便维护和检修，包括合理设置检修口、清洁口等，减少维护和维修的难度和成本。

通过合理设计设备与管线系统，可以提高建筑物的功能性、安全性和舒适性，满足用户的需求，同时降低建筑物的运行成本。

（二）木结构结构设计

1. 结构设计的一般规定

（1）结构体系要求

结构体系在建筑工程中扮演着至关重要的角色，它不仅影响建筑物的稳定性和安全性，还直接关系到建筑物的使用功能和空间布局。以下是结构体系设计的一些基本要求。

①稳定性：结构体系必须具备良好的稳定性，能够承受各种荷载和外力作用，确保建筑物在使用期间不发生倾斜、变形或倒塌等现象。

②安全性：结构体系的设计必须符合国家建筑法规和相关标准要求，保证建筑物在地震、风灾等自然灾害或人为事故中具有足够的抗灾能力，确保人员和财产的安全。

③经济性：结构体系设计应尽可能简洁、高效，以最小的材料投入和工程成本实现最佳的结构性能，降低建筑成本，提高投资回报率。

④适应性：结构体系应能够适应不同建筑类型和用途的需求，包括住宅、商业、工业等各种类型的建筑，同时能够适应不同地质条件和气候环境的影响。

⑤灵活性：结构体系应具有一定的灵活性和可调性，以满足建筑物内部空间布局的需求，并能够适应建筑物功能的变化和扩展。

⑥美观性：结构体系设计应考虑建筑物外观的美观性和内部空间的舒适性，避免不必要的结构柱和墙体等影响建筑物的美观性和使用功能。

⑦可持续性：结构体系设计应考虑建筑物的生命周期，采用可再生材料、节能技术和环保设计，降低对自然资源的消耗，减少对环境的影响。

综上所述，结构体系设计需要综合考虑稳定性、安全性、经济性、适应性、灵活性、美观性和可持续性等多个方面的要求，以确保建筑物的整体性能达到最佳水平。

（2）抗震验算

在装配式木结构建筑的抗震设计中，针对纯木结构，在进行多遇地震验算时，建议采用阻尼比为0.03，而在进行罕遇地震验算时，可取阻尼比为0.05。对于装配式木混合结构，可采用位能等效原则计算结构阻尼比。这些阻尼比值的选择有助于确保结构在地震作用下具有合适的阻尼特性，提高建筑的抗震性能。

（3）结构布置

装配式木结构的整体布置应连续、均匀，避免抗侧力结构在竖向出现侧向刚度和承载力的突变。这意味着在设计装配式木结构时，应确保结构布置的连续性和均匀性，避免出现在竖向上的结构突变。合理设计结构布局、梁柱连接等，可以保持结构的稳定性和均匀性，有利于提高整体结构的抗侧力性能，确保建筑在受到侧向荷载作用时具有良好的稳定性和承载能力。

（4）考虑不利影响

在装配式木结构的结构设计中，应采取有效措施减小木材因干缩、蠕变而产生的不均匀变形、受力偏心、应力集中或其他不利影响，并应考虑不同材料的温度变化、基础差异沉降等非荷载效应的不利影响。这包括：充分了解所选用的木材特性，设计合理的结构连接方式以确保连接稳固，采用预应力或补偿措施减小木材的形变，以及合理分配荷载以避免应力集中，等等。同时，还需考虑到温度变化和基础沉降等因素，通过综合设计和施工控制，确保装配式木结构的稳定性、安全性和持久性。

（5）整体性保证

装配式木结构建筑构件的连接至关重要，应保证结构的整体性，确保连接节点的强度不低于被连接构件的强度。连接节点设计应该明确受力，构造可靠，满足承载力、延性和耐久性等要求。当连接节点需要具备抗震功能时，应考虑特殊设计和材料选用，以提高结构的抗震性能和安全性。因此，在装配式木结构建筑设计过程中，连接节点的设计和施工应受到充分重视，确保连接的稳固可靠，从而保证整体结构的安全性和可靠性。

（6）施工验算

①预制组件在翻转、运输、吊运和安装等短暂设计状况下应进行施工验算。在验算时，需要将预制组件的自重标准值乘以动力放大系数，以获得等效静力荷载标准值。在运输和吊装过程中，建议采用动力系数为1.5；而在翻转和安装过程中就位、临时固定时，动力系数可取1.2。这些施工验算措施有助于确保预制组件在短暂设计状况下的安全性和稳定性，以及避免可能的意外损坏或事故发生。

②预制木构件和预制木结构组件的安全吊装至关重要，因此应进行吊环强度验算和合理设计吊点位置。吊环强度验算旨在确保吊环能够承受吊装过程中的荷载，并保证其不会发生破坏或变形。同时，吊点位置的设计应考虑构件的结构特点、重心位置以及吊装过程中的稳定性和安全性，避免发生不平衡或翻转等意外情况。综合考虑吊环强度和吊点位置设计，能够有效确保预制木构件和预制木结构组件在吊装过程中的安全性和稳定性，避免发生意外事故，保障施工人员和设备的安全。

2. 结构分析

（1）结构体系和结构形式的选择应当根据项目特点进行，充分考虑组件单元拆分的便利性、组件制作的可重复性以及运输和吊装的可行性。通过综合考虑项目的要求和条件，选择适合的结构体系和结构形式，能够有效提高施工效率，降低成本，确保工程质量，从而保障项目的顺利进行和成功完成。

（2）结构计算模型的选择应当根据结构的实际情况确定，确保所选取的模型能够准确反映结构中各构件的实际受力状态。连接节点的假定应符合结构实际节点的受力状况，以保证模型的真实性和准确性。分析模型的计算结果应经过充分的分析和判断，确认其合理和有效后才用于工程设计。在进行结构分析时，应根据连接节点的性能和连接构造方式确定结构的整体计算模型。可选用空间杆系、空间杆-墙板元及其他组合有限元等计算模型，以满足工程设计的要求，并确保结构安全可靠。

（3）对于体型复杂、结构布置复杂以及特别不规则结构和严重不规则结构的多层装配式木结构建筑，建议采用至少两种不同的结构分析软件进行整体计算。这样的做法有助于验证计算结果的准确性和可靠性，同时可以排除不同软件算法和模型的偏差，提高对结构受力的理解，确保建筑的安全性和稳定性。

（4）装配式木结构的内力计算可采用弹性分析方法。在进行分析时，可以根据楼板平面内的整体刚度情况假定楼板平面内的刚性。如果有措施保证楼板平面内的整体刚度，那么可以假定楼板平面内为无限刚性，否则应考虑楼板平面内变形的影响。这意味着在进行内力计算时，需要根据实际情况来确定楼板平面的刚度，以确保分析结果的准确性和可靠性。

（5）当装配式木结构建筑的结构形式采用梁柱-支撑结构或梁柱-剪力墙结构时，一般不建议采用单跨框架体系。这是因为梁柱-支撑结构或梁柱-剪力墙结构能够有效地承担建筑物的荷载，并提供足够的稳定性和抗侧力。在这种情况下，引入单跨框架体系可能会导致结构系统的复杂化，增加工程成本，同时也可能引入潜在的结构安全隐患。因此，在选择结构形式时，应根据建筑的具体要求和结构工程师的建议，选择最适合的结构形式，以确保建筑物的安全、经济和实用。

（6）按弹性方法计算的风荷载或多遇地震标准值作用下的楼层，层间位移角应符合下列规定。

①楼层层间位移角限值：层间位移角的限值应根据当地建筑设计规范或相关标准来确定。通常情况下，这个限值是指楼层相对于下方楼层的最大水平位移角。

②合适的限值选择：位移角限值的选择应综合考虑结构的使用性能、建筑安全、结构材料和施工成本等因素。一般来说，这个限值应保证结构在多遇地震或风荷载作用下的安全性能，同时又要尽可能地满足建筑的功能和美学需求。

③参考标准和规范：层间位移角的限值应符合当地建筑设计规范或相关标准的要求，并且在结构设计中严格遵循这些要求，以确保建筑物的结构安全性和稳定性。

总之，应根据当地的建筑设计规范和标准，确定楼层层间位移角的限值，确保结构在受到风荷载或多遇地震标准值作用下，能够满足安全性能的需求。

（7）在装配式木结构中，针对抗侧力构件受到的剪力，对于柔性楼盖和屋盖，宜采用面积分配法进行合理分配；而对于刚性楼盖和屋盖，则宜采用抗侧力构件等效刚度的比例进行分配。这样的分配方法能够更好地考虑结构的柔性或刚性特点，确保抗侧力构件在受力过程中能够发挥最佳的作用，提高结构的整体稳定性和抗侧力能力。

3. 组件设计

装配式木结构建筑的组件主要包括预制梁、柱、板式组件和空间组件等，组件设计时需要确定集成方式。集成方式主要有两种：一种是散件装配，即在施工现场将散件组装为整体构件再进行安装；另一种是在工厂内完成组件的装配，将整体组件运输到现场直接安装。这些集成方式根据项目要求、施工条件和成本进行选择，以确保装配过程的高效性和质量，从而实现装配式木结构建筑的快速、安全、经济建造。

集成方式的选择需要根据组件尺寸是否符合运输和吊装条件来确定。为了实现自动化制作，组件的基本单元需要规格化。在安装单元的选择方面，可以根据现场情况和吊装条件采用以下组合方式：采用运输单元作为安装单元，即将整体组件运输到现场直接安装；也可以在现场对运输单元进行组装后作为安装单元，以适应现场实际情况；还可以综合采用上述两种方式，以充分利用各自的优势，实现装配过程的高效性。

提前在工厂进行板材的切割和加工，可以保证封闭部位的质量和精度，使连接件部位的封闭更加均匀、牢固。

（1）梁柱构件设计

梁柱构件的设计在装配式木结构建筑中至关重要。设计时需要考虑结构的承载能力、刚度、稳定性以及与其他构件的连接方式等因素。梁柱的尺寸、截面形状、材料选取以及连接方式都需要符合相关的建筑设计规范和标准，同时考虑到装配化生产的特点，应确保构件的标准化和规格化，以提高制造效率和施工质量。另外，还需考虑施工和运输过程中的便利性和安全性，确保梁柱能够在施工现场快速、准确地安装。

（2）墙体、楼盖、屋盖设计

墙体、楼盖和屋盖设计在装配式木结构建筑中起着至关重要的作用。墙体设计应考虑承载结构荷载、提供隔热、隔声和防火性能，以及与其他构件的连接方式。墙体的选择可以根据建筑功能和设计要求采用预制墙板或其他形式的墙体构件，以确保施工效率和质量。楼盖和屋盖设计需要充分考虑跨度、荷载承载能力、横向稳定性等因素，采用适当的梁、板材料和连接方式，同时考虑保温、防水、防火等要求。在整体设计过程中，需要综合考虑结构安全性、建筑功能、施工工艺和成本等因素，确保墙体、楼盖和屋盖的设计满足建筑需求，同时符合相关的建筑设计规范和标准，以确保建筑结构的稳定性、安全性和可靠性。

（3）其他组件设计

除了墙体、楼盖和屋盖之外，装配式木结构建筑还涉及其他重要组件的设计，这些组件包括预制梁、柱、板式组件和空间组件等。预制梁和柱作为建筑结构的主要承重构件，其设计需要考虑承载能力、稳定性和与其他构件的连接方式。板式组件用于构建楼板、隔墙等，其设计需要考虑荷载承载能力、防火性能、隔声性能等因素。空间组件则用于构建特殊功能空间，如厨房、卫生间等，其设计需要兼顾空间利用率、功能性和结构稳定性。在设计这些组件时，需要综合考虑结构设计规范、建筑功能要求、施工工艺和成本控制等因素，以确保其满足建筑需求并符合相关标准和规范，从而保证整个装配式木结构建筑的安全性、稳定性和可靠性。

4. 吊点设计

吊点设计在装配式木结构建筑的施工过程中至关重要。吊点的合理设计会直接影响预制构件的安全吊装以及整体施工的顺利进行。在进行吊点设计时，需要考虑以下几个关键因素：首先是预制构件的重量和尺寸，应确保吊点能够承受预制构件的重量并且能够稳固地进行吊装；其次是吊装位置的选择，需要根据建筑结构和施工现场的具体情况确定吊点的位置，确保预制构件能够准确地被吊装到预定位置；再次，吊点的布置需要考虑构件的平衡性和稳定性，避免在吊装过程中发生倾斜或者摇摆的情况；最后，吊点的选材和连接方式也需要符合相关的安全标准和规范，确保吊装过程中不发生意外事故。综上所述，吊点设计需要综合考虑预制构件的重量、尺寸、吊装位置以及安全性要求，以确保装配式木结构建筑的安全吊装和施工顺利进行。

（三）各种木结构类型的设计

1. 轻型木结构设计

轻型木结构建筑的墙体、楼盖和屋盖通常由规格材墙骨柱和结构或非结构覆面板材通过栓钉等连接组合而成，形成围护结构以安装固定外墙饰面、楼板饰面以及屋面材料。结构覆面板材在剪力墙和楼盖中起着重要的结构抗侧力作用。承重墙将竖向荷载传递到基础，同时可以设计为剪力墙以抵抗侧向荷载。屋盖和楼盖不仅能承受竖向荷载，还能将侧向荷载传递到剪力墙。这些构造特点使得轻型木结构能够适应并实现不同程度的预制化要求，为建筑提供结构稳定性和施工效率的保障。

轻型木结构的设计方法主要有构造设计法和工程设计法两种。

（1）构造设计法

构造设计法是指在建筑设计过程中，通过系统地考虑结构的功能、形式、材料和施工工艺等因素，从而确定最优的结构方案和构造细节的方法。这一方法注重将建筑的结构与其功能需求、设计意图和美学要求相结合，同时充分考虑材料的可用性、施工的可行性以及结构的经济性和可持续性等方面。构造设计法的目标是实现建筑结构的高效性、安全性、舒适性和美观性，为建筑提供稳定可靠的支撑结构，同时体现设计师对于结构形式和细节的精心设计和把控。

（2）工程设计法

工程设计法是指在建筑工程设计过程中，采用科学的方法和技术，结合工程实践和经验，以解决具体工程问题为目的的设计方法。这一方法注重对工程项目的整体性、系统性和可操作性的考虑，通过科学的分析、计算和论证，确定最佳的设计方案，确保工程的质量、安全和经济。工程设计法涵盖了工程各个阶段的设计工作，包括前期调研、方案设计、施工图设计等，旨在为工程项目的实施提供科学依据和技术支持，确保工程的顺利实施和预期效果的达成。

2. 胶合木结构

胶合木结构，又称“层板胶合木结构”，是一种采用层板胶合木制作的单层或多层建筑结构，其承重构件主要以胶合木制成。胶合木是通过将厚度不大于45 mm的木板层叠并采用胶合剂加压而制成的木制品。由于胶合木不受天然木材尺寸的限制，因此可以制作成满足建筑和结构要求的各种尺寸的构件，使其成为一种灵活且具有优异性能的建筑材料。

（1）胶合木结构桁架

胶合木结构桁架是一种利用胶合木构件组装而成的桁架结构，通常由胶合木梁和桁构件组成。这种结构具有较高的强度和稳定性，同时又具备轻质、易加工和环保等优点，适用于在各种建筑和结构工程中作为支撑和承重结构。其设计和制造可根据具体工程要求进行优化，从而满足各种建筑设计和结构需求。

（2）胶合钢木桁架

胶合钢木桁架是一种结合了胶合木和钢材的桁架结构，通常由胶合木梁和钢材构件组装而成。这种结构融合了胶合木的轻质、易加工和环保等优点，以及钢材的高强度和耐腐蚀性等特点，具有较高的结构强度和稳定性。胶合钢木桁架适用于在各种建筑和结构工程中作为支撑和承重结构，其设计和制造可根据具体工程要求进行优化，提供灵活、可靠的解决方案。

（3）方木原木结构

方木原木结构的主要形式包括穿斗式木结构、抬梁式木结构、井干式木结构、平顶式木结构，以及现代木结构广泛采用的框架剪力墙结构和梁柱式木结构。这些结构形式在木结构建筑中具有不同的应用场景和特点，能够满足不同的设计要求和施工需求。此外，方木原木结构还常被用作楼盖或屋盖，在其他材料结构（如混凝土结构、砌体结构和钢结构）中组合使用，形成混合结构，以实现更加灵活多样的建筑设计和结构构造。

原木结构是一种木结构体系，采用规格及形状统一的方木和圆形实木或承压木构件叠合制作而成，集承重体系与围护结构于一体。在方木原木结构中，地震作用或风荷载所引起的剪力应由柱、剪力墙、楼盖和屋盖共同承担，以保证结构的整体稳定性和安全性。这种结构体系具有较好的承载能力和抗震性能，适用于各种建筑项目的结构设计和施工实践。方木原木结构设计应符合下列要求。

①结构稳定性：确保结构在承受风荷载和地震等外部力作用下保持稳定。

②构件强度：方木原木结构的构件应具备足够的强度和刚度，以满足承载要求，并保证结构的安全性和可靠性。

③连接可靠性：各构件之间的连接应合理，确保连接牢固可靠，不易发生脱落或破坏。

④防火性能：考虑结构的防火性能，采取相应的防火措施，确保在火灾发生时有足够的防火性能。

⑤抗震性能：考虑结构的抗震设计要求，采取合适的抗震措施，确保结构在地震作用下具备良好的抗震性能。

⑥施工可行性：结构设计应考虑施工的可行性和便利性，合理安排构件的制作和安装过程，提高施工效率。

⑦环境友好：考虑材料的环保性和可持续性，选择符合环保标准的木材和建筑材料，减少对环境的影响。

（4）墙体设计

墙体设计在方木原木结构中具有关键作用。设计应根据建筑功能、结构要求和环境条件选择适当的墙体厚度、材料和结构形式。墙体应具备良好的承载能力、抗震性能和隔热隔声性能，同时要考虑建筑的美观性和节能性。在设计过程中，需要充分考虑墙体与其他结构部件的连接方式和密封性，确保整体结构的稳定性和完整性。

（5）木栏杆设计

木栏杆设计是在建筑或景观中常见的一种装饰性和功能性元素，应根据使用场所和设计风格选择合适的木材种类、形状和尺寸。设计时需要考虑栏杆的承载能力、稳定性和安全性，确保其符合相关建筑规范和安全标准，同时注重栏杆的美观性和舒适度，结合建筑整体风格和环境特点，精心设计栏杆的造型、纹理和装饰图案，营造出具有特色和品位的空间氛围。

（四）木结构连接设计

1. 连接设计的一般规定

（1）工厂预制的组件内部连接至关重要，其设计应符合强度和刚度的要求，以确保组件在使用过程中能够承受预期的荷载并保持稳定。同时，组件间的连接质量应符合加工制作工厂的质量检验要求，确保连接的牢固性和稳定性，以及整体结构的完整性和安全性。这样可以有效提高预制组件的质量和性能，保障工程项目的施工质量和使用安全。

（2）预制组件间的连接可根据结构材料、结构体系和受力部位采用不同的连接形式。

预制组件间的连接是建筑结构中至关重要的一环，其设计应根据结构材料、结构体系和受力部位的不同，采用不同的连接形式。这意味着在连接设计中，需要综合考虑材料的特性、结构体系的要求以及受力部位的工作环境等因素。例如，对于不同的结构材料，如木材、钢材或混凝土，可能需要采用不同的连接方式来确保连接的牢固性和稳定性。同时，结构体系的不同也会影响连接形式的选择。此外，考虑到受力部位的特殊要求，如受拉、受压或受剪等，连接形式也需要相应地进行调整和设计。因此，合理选择连接形式，可以有效地保证预制组件间的连接质量，提高整体结构的稳定性和安全性。

（3）预制木结构组件与其他结构之间的连接至关重要，通常需要采用锚栓或螺栓进行连接。在进行螺栓或锚栓的设计时，应根据结构的具体情况进行计算，并考虑风荷载和地震作用引起的侧向力，以及风荷载引起的上拔力。在计算时，上部结构产生的水平力和上拔力应乘以1.2作为放大系数。特别需要注意的是，当存在上拔力时，连接应采用金属连接件来确保连接的牢固性和稳定性。合理的计算和设计，可以确保连接部位的强度和稳定性，提高整体结构的安全性和可靠性。

（4）建筑部品之间、建筑部品与主体结构之间以及建筑部品与木结构组件之间的连接至关重要。这些连接应确保稳固牢靠，同时构造简单且安装方便。在连接处，必须采取防水、防潮和防火的构造措施，以保证整体结构的安全性和耐久性。此外，连接处还应符合保温隔热材料的连续性及气密性要求，以确保建筑的保温性能和能源效率。合理的设计和施工，可以确保连接部位的质量和稳定性，提高建筑的整体品质和使用寿命。

2. 木组件之间连接节点的设计

（1）木组件与木组件之间的连接方式包括钉连接、螺栓连接、销钉连接、齿板连接、金属连接件连接或榫卯连接等。在预制次梁与主梁、木梁与木柱之间的连接中，通常采用钢插板、钢夹板和螺栓进行连接。这些连接方式能够确保连接的牢固性和稳定性，从而保障整体结构的安全性和可靠性。合理选择和设计连接方式，可以有效提高木结构建筑的施工效率和质量水平。

（2）钉连接和螺栓连接可采用双剪连接或单剪连接方式。在进行钉连接时，若所采用的圆钉有效长度小于其直径的4倍，则不应考虑圆钉的抗剪承载力。这一规定是为了确保连接的可靠性和安全性，避免因圆钉长度不足而导致连接部位的脆弱性和不稳定性。严格遵守相关规范和标准，可以有效提高连接结构的抗剪性能，保障木结构建筑的结构安全和稳定性。

（3）处于腐蚀环境、潮湿或有冷凝水环境的木桁架不宜采用齿板连接，因为这些环境可能会导致齿板连接的腐蚀和损坏，降低连接的稳定性和可靠性。另外，齿板连接也不适合用于传递压力，其设计主要用于承受剪切力。因此，在选择连接方式时，需要根据实际环境条件和结构要求合理选择，确保连接的安全性和可靠性。

（4）整体连接的设计旨在确保结构的稳定性和安全性，防止在使用过程中发生构件错位或位移，从而保障建筑的整体性和结构的稳定性。合适的连接方式和设计，可以有效地将预制单元固定在一起，确保建筑结构的可靠性和耐久性。

3. 木组件与其他结构连接的设计

（1）水平连接木组件与其他结构时，必须满足内力传递的要求，并进行强度验算。

（2）木组件与其他结构的竖向连接，除了需要满足组件间内力传递的要求外，还必须符合被连接组件在长期作用下的变形协调要求。

（3）木组件与其他结构宜采用销轴类紧固件进行连接。在连接过程中，应在混凝土中设置预埋件。此外，连接锚栓应进行防腐处理，以确保连接的持久性和稳固性。

（4）木组件与混凝土结构的连接锚栓应进行防腐处理，以确保连接的持久性和稳固性。连接锚栓还应能够承担由侧向力引起的全部基底水平剪力，以确保连接的安全可靠。

（5）轻型木结构的螺栓直径不得小于12 mm，间距不应大于2.0 m，埋入深度不应小于螺栓直径的25倍。在地梁板的两端，即距离端部100～300 mm处，应各设一个螺栓，以确保连接的稳固性和安全性。

（6）当木组件的上拔力大于重力荷载代表值的0.65时，预制剪力墙两侧边界构件需要进行层间连接或抗拔锚固件连接。在进行连接设计时，应按照承受全部上拔力的要求进行设计，以确保连接的牢固性和安全性。

（7）当木屋盖和木楼盖作为混凝土或砌体墙体的侧向支撑时，应采用锚固连接件直接将墙体与木屋盖、楼盖连接。在设计中，锚固连接件的承载力应按照墙体传递的水平荷载计算，且锚固连接沿墙体方向的抗剪承载力不应小于3.0 kN/m。

（8）装配式木结构的墙体应支撑在混凝土基础或砌体基础顶面的混凝土梁上。因此，混凝土基础或梁顶面的砂浆应平整，且倾斜度不应大于0.2%。这样的平整度和倾斜度要求有助于确保墙体的稳定支撑和垂直性。

（9）木组件与钢结构宜采用销轴类紧固件进行连接。在使用剪板连接时，紧固件应采用螺栓或木螺钉，而剪板应选用可锻铸铁制作。对于剪板的构造要求和抗剪承载力计算，应符合现行国家标准《胶合木结构技术规范》的规定。

4. 其他连接的设计

（1）外围护结构的预制墙板应采用合理的连接节点，确保与主体结构进行可靠连接。支撑外挂墙板的结构构件应具有足够的承载力和刚度。为此，外挂墙板与主体结构宜采用柔性连接，连接节点应具备足够的承载力和适应主体结构变形的能力。同时，必须采取可靠的防腐、防锈和防火措施，确保连接的耐久性和安全性。

（2）轻型木结构地梁板与基础的连接锚栓应进行防腐处理，以确保连接的耐久性。同时，连接锚栓应承担由侧向力引起的全部基底水平剪力，确保连接的稳固性和安全性。

地梁板应采用经加压、防腐处理的规格材，其截面尺寸应与墙骨相同。地梁板与混凝土基础或圈梁的连接应采用预埋螺栓、化学锚栓或植筋锚固。具体要求包括：螺栓直径不应小于12 mm，间距不应大于2.0 m，埋深不应小于300 mm，螺母下应设直径不小于50 mm的垫圈；在每块地梁板两端和每片剪力墙端部均应有螺栓锚固，端距不应大于300 mm，钻孔孔径可比螺栓直径大1毫米至2 mm；地梁板与基础顶的接触面间应设防潮层，防潮层可选用厚度不小于0.2 mm的聚乙烯薄膜，存在的缝隙需用密封材料填满，以确保连接的牢固性和防潮性。

二、木结构构件制作

（一）木结构预制构件

装配式木结构建筑的构件大多在工厂生产线上预制，包括构件预制、板块式预制、模块化预制和移动木结构。这种预制构件生产线具有诸多优点：易于实现产品质量的统一管理，确保加工精度、施工质量及稳定性；构件可以统筹下料，有效地提高了材料的利用率，减少了废料的产生；工厂预制完成后，现场直接吊装组合能够大大减少现场施工时间、现场施工受气候条件的影响和降低劳动力成本。

1. 构件预制

构件预制是指在工厂生产线上提前制造建筑构件的过程。构件预制可以实现对构件生产过程的精细控制，确保产品质量的一致性和稳定性。这种方法能够提高施工效率，减少现场施工时间，同时也能够降低施工现场的人力成本和材料浪费，从而有效地优化建筑施工流程。

2. 板块式预制

板块式预制是指在工厂中提前制造建筑板块的过程。这种方法将建筑板块分成标准化的模块，然后在工厂内进行预制加工。板块式预制可以有效地控制建筑板块的质量和尺寸，确保产品的一致性和稳定性。此外，板块式预制还能够提高施工效率，减少现场施工时间，降低人力成本和材料浪费，同时也有利于减少对施工现场环境的污染。

（1）开放式板块

开放式板块预制中，板块的设计和结构呈现出开放式的特征，通常用于创造更加灵活和开放的空间布局。这种预制方法允许板块之间的连接方式更加灵活，可以根据具体需求进行调整和组合。开放式板块预制不仅可以提高施工效率，减少现场施工时间和成本，同时还能够满足不同空间的需求，创造出更具创新性和个性化的建筑设计。

（2）封闭式板块

封闭式板块预制中，板块的设计和结构呈现出封闭式的特征，通常用于创造更加封闭和隔离的空间布局。这种预制方法限制了板块之间的连接方式，使其更加密闭。封闭式板块预制通常适用于需要隔离或保护的区域，例如隔声墙、隔热墙或防火墙等。这种方法同样能够提高施工效率，减少现场施工时间和成本，同时也能够确保空间的隔离性和安全性。

3. 模块化预制

模块化预制中，建筑构件被制造成标准化的模块，在工厂中进行预制加工。这些模块可以是整体的房间单元，也可以是特定功能的组件，如厨房、卫生间等。模块化预制的优点在于可以通过标准化的生产线大规模生产模块，并在现场快速组装，从而节省施工时间和人力成本。此外，模块化预制还能够提高建筑质量和一致性，并降低材料浪费。这种方法适用于各种建筑类型，尤其是需要快速建造和高质量要求的项目。

4. 移动木结构制造

移动木结构是一种特殊类型的建筑结构，具有可移动或可拆卸的特性。这种结构通常采用轻质的木材构件，并且设计上考虑了便于移动或拆卸的特点。移动木结构可以被用于各种临时或可变用途的场合，例如临时建筑、移动住宅、露营设施等，具有灵活性高、安装方便、可重复使用等优点，同时也能够体现可持续发展和环保的理念。

（二）制作工艺与生产线

移动木结构的制作工艺和生产线通常与传统建筑预制工艺有所不同，因为它需要考虑结构的可移动性和轻量化。以下是制作工艺和生产线的一般流程。

①设计和规划：设计团队根据项目需求和功能设计移动木结构的结构和外观。

②材料选择和准备：根据设计要求，选择适合的木材和其他材料。木材需要经过预处理，如防腐处理或防火处理，以提高结构的耐久性和安全性。

③制造构件：利用木工机械设备，将木材切割、成型和加工成所需的构件，如墙板、地板、屋顶等。这些构件通常是在工厂中进行批量生产。

④组装模块：将预制的构件组装成模块化的部件或整体结构。包括组装墙体、地板、屋顶等，以及安装门窗和内部设备。

⑤质量控制：在生产线上进行质量控制，确保每个模块或部件的质量符合标准要求。质量控制包括检查尺寸、结构强度、防火性能等方面。

⑥测试和调整：对组装好的移动木结构进行测试，确保其符合安全和功能要求，并根据测试结果进行必要的调整和改进。

⑦运输和安装：将制作好的移动木结构运输到目的地，并进行安装。这涉及使用吊车或其他设备将结构部件吊装到预定位置，并进行最后的连接和固定。

总的来说，移动木结构的制作工艺和生产线需要综合考虑结构的可移动性、轻量化和耐久性等因素，以确保最终产品的质量和性能达到设计要求。

（三）构件验收

构件验收是移动木结构制作过程中的重要环节，用于确保所生产的构件质量符合设计要求和标准。验收过程一般包括以下步骤。

①外观检查：对构件的外观进行检查，包括表面平整度、颜色一致性、有无开裂、破损或变形等情况。

②尺寸检查：测量构件的尺寸，包括长度、宽度、厚度等，确保其与设计图纸上的规格一致。

③材料检查：对构件所使用的材料进行检查，确保其符合设计要求，并且进行了必要的防腐、防火处理等。

④结构强度检查：对构件的结构强度进行检查，可以通过非破坏性测试或者其他测试方法来验证其承载能力。

⑤功能性检查：对有特定功能要求的构件，还需要进行功能性检查，确保其功能正常并符合设计要求。

⑥记录和归档：将验收结果记录在验收报告中，包括构件的检查情况、不合格项的处理情况等，并进行归档保存。

⑦返工或修复：如发现构件存在质量问题或不符合要求，需要及时进行返工或修复，直至达到设计要求为止。

⑧最终验收：在所有构件完成制作并通过验收后，进行最终的整体验收，确保整体结构质量和性能符合要求。

严格执行构件验收可以确保移动木结构的质量和安全性，同时也有助于提高生产效率和降低施工风险。

（四）运输与储存

1. 运输

木结构组件和部品运输应符合以下要求。

①包装保护：所有木结构组件和部品在运输前应进行适当的包装，以防止在运输过程中受到损坏或污染。

②固定：在运输过程中，木结构组件和部品应该进行充分固定，以防止在运输过程中发生滑动、倾斜或碰撞而造成损坏。

③适当承载：运输工具（如货车、集装箱等）应该具备足够的承载能力，以满足木结构组件和部品的重量和尺寸要求，确保运输安全。

④防潮防晒：木结构组件和部品在运输过程中应该避免暴露在雨水、阳光等环境条件下，应采取适当的防潮和防晒措施。

⑤避免震动：尽量避免在运输过程中出现大幅度的震动或振动，以减少对木结构组件和部品的影响。

⑥合规证明：按照相关法规和标准的要求，木结构组件和部品的运输应该符合相应的合规性要求，并具备必要的运输证明文件。

⑦特殊要求：如果木结构组件和部品有特殊的运输要求，如长尺寸、重量大、易碎等，应该根据实际情况采取额外的保护措施和运输安排。

在运输过程中应确保木结构组件和部品符合上述要求，可以有效保障木结构组件和部品的质量和完整性，确保将其安全运抵目的地。

2. 储存

预制木结构组件的储存应满足下列要求。

①防潮防湿：预制木结构组件在储存过程中应避免暴露在潮湿的环境中，防止木材吸湿或发霉。最好将木结构组件储存在干燥通风的场所。

②避免直接接触地面：预制木结构组件不应直接接触地面，可采用木托架或其他隔离措施，以防止吸湿和接触地面污染。

③避免阳光暴晒：预制木结构组件储存时应避免暴露在直射阳光下，以防止木材因长时间暴晒而受损。

④保持通风：储存区域应保持良好的通风，有助于木材保持干燥，减少吸湿和发霉的可能性。

⑤定期检查：定期检查预制木结构组件的储存状态，确保木材质量不受影

响，如发现问题应及时处理。

⑥防火防盗：对于贵重的预制木结构组件，应采取必要的防火和防盗措施，保证其安全。

⑦按时使用：在储存预制木结构组件时，应尽量按照预定的时间安排使用，避免长时间放置而导致木材老化或变形。

遵守以上规定，可以有效地保护预制木结构组件的质量和完整性，确保其在使用前能够保持良好的状态。

第三节　木结构安装施工与验收

一、木结构安装施工

（一）安装准备

装配式木结构构件安装准备工作包括以下内容。

①施工区域清理：在安装前，需要对施工区域进行清理，确保场地整洁、平整，无障碍物和垃圾，以便安全、顺利地进行安装作业。

②测量和标定：在安装前，需要进行施工区域的测量和标定，确定木结构的准确位置和尺寸，以确保安装的精确性。

③准备工具和设备：确保所需的工具和设备齐全，包括但不限于吊装设备、搬运工具、电动工具等，以便进行安装作业。

④安全防护措施：在安装前，必须确保施工现场的安全防护措施到位，包括安全帽、安全带、防滑鞋等个人防护装备，以及警示标志、警戒线等安全警示设施。

⑤材料准备：确保所有安装所需的木结构构件、连接件、固定件等材料准备充分，并按照施工计划进行组织和摆放。

⑥人员组织和培训：对施工人员进行组织和培训，确保他们了解施工任务、安全注意事项和操作要求，以保证施工质量和安全。

⑦协调沟通：与设计人员、施工人员、监理人员等相关人员进行协调沟通，使其明确施工计划、任务分工，了解沟通渠道，以确保施工顺利进行。

（二）安装要点

1. 吊点设计

吊点设计是指在安装木结构的过程中确定吊装点。该设计需要考虑木结构构件的重量、形状、重心位置等因素，以确定合适的吊装点位置和吊装方式。通常，吊装点设计应确保吊装点能够均匀受力，避免造成构件变形或损坏，同时要考虑到安全性和稳定性，选择可靠的吊装设备和配件，确保吊装过程平稳顺利进行。

2. **吊装要求**

吊装要求是指在安装木结构构件时对吊装操作的具体要求。这些要求通常包括以下几个方面。

①吊装计划：在进行吊装作业前，必须制定详细的吊装计划，包括确定吊装点、吊装设备和配备人员等，确保吊装操作的顺利进行。

②吊装设备：根据木结构构件的重量和尺寸，选择合适的吊装设备，如吊车、起重机等，并确保吊装设备的工作状态良好、稳定可靠。

③吊装点设计：吊装点的设计应考虑木结构构件的重心位置、重量分布等因素，选择合适的吊点位置和方式，确保吊装过程中构件受力均匀、稳定安全。

④安全措施：在吊装过程中必须严格遵守相关的安全规定和操作规程，如佩戴安全帽、使用安全带、设置警示标志等，确保吊装操作的安全。

⑤施工人员：吊装作业需要经过专业培训的吊装人员进行操作，确保吊装过程中操作准确、有序，避免事故发生。

⑥沟通协调：吊装过程中，吊装指挥员、操作人员、监理人员等相关人员之间需要密切协作、沟通，确保吊装作业按计划进行。

⑦质量验收：吊装完成后，需要对吊装的木结构构件进行质量验收，确保构件安装正确、稳固可靠，符合设计要求和安全标准。

严格遵守吊装要求，可以确保木结构构件安全、高效地安装，保障施工过程的顺利进行和施工质量的提升。

（5）在安装水平组件时，必须仔细核对支撑位置连接件的坐标，以确保其准确性和稳固性。同时，与金属、砖、石、混凝土等其他材料的结合部位，应采取相应的防潮、防腐措施，以防止水分和腐蚀物对连接件的影响，保障结构的稳定性和耐久性。

（6）在安装柱与柱之间的主梁构件时，必须对柱的垂直度进行检测。除了检测梁两端柱子的垂直度变化外，还应检测相邻各柱因梁连接影响而产生的垂直度变化。这样做可以确保整体结构的稳定性和准确性，避免因垂直度问题而导致的安装错误或结构不稳定。

（7）桁架可以逐榀吊装到位，也可以按间距要求在地面先用永久性支撑或临时支撑将多榀桁架组合成数榀后一起吊装。这种灵活的安装方式能够根据具体情况进行选择，既可以提高施工效率，又能保证安全性和准确性。

3. **临时支撑**

临时支撑是在建筑施工过程中临时设置的支撑结构，用于支撑和保持建筑构件的稳定性和安全性。在木结构建筑中，临时支撑通常用于支撑梁、柱、墙体等构件，在施工期间起到支撑、固定和保护的作用。临时支撑的设置需要根据具体的施工情况和建筑结构的特点进行设计和安排，确保支撑结构稳固可靠，能够承受施工期间的各种荷载和作用力，同时保障施工人员和周围环境的安全。一旦施工完成，临时支撑会被拆除或替换为永久性支撑结构。

4. **螺栓连接**

（1）螺栓应安装在预先钻好的孔中。孔的尺寸应适当，既不能太小也不能太大。如果孔洞太小，需要重新对木构件进行钻孔，这可能导致木构件开裂，而这种开裂会显著降低螺栓的抗剪承载力；相反，如果孔洞太大，会导致在销槽内产生不均匀的压力。通常情况下，预钻孔的直径比螺栓直径大0.8～1.0 mm，螺栓的直径不应超过25 mm。这样的安装方法能够确保螺栓的稳固性和抗剪承载力，从而保证连接的安全可靠。

（2）连接件和被连接件上的螺栓孔必须处于相同的中心轴线上，这样才能确保螺栓在紧固时均匀地受力，从而保证连接的牢固性和稳定性。如果螺栓孔不同心，会导致螺栓在紧固时受力不均，最终导致连接部位的松动、损坏甚至断裂，从而影响整体结构的安全性和稳定性。因此，在螺栓连接中，保持连接件与被连接件上的螺栓孔同心是非常重要的。

（3）在预留多个螺栓钻孔时，最好在将被连接构件临时固定后进行一次贯通施钻。这样可以确保螺栓的孔位准确且对齐。在安装螺栓时，应当逐步拧紧，确保各被连接构件之间紧密接触，但在拧紧时应避免将金属垫板嵌入胶合木构件中，以免损坏构件或影响连接的强度和稳定性。通过以上步骤，可以确保螺栓连接的牢固性和安全性，以及减少对木结构构件的损坏。

（4）在螺栓连接中，垫板的尺寸通常只需要满足构造要求，而无须对木材横纹的局部受压承载力进行验算。这是因为垫板的主要作用是分散螺栓连接部位的应力，并提供均匀的支撑面，从而增加连接的稳定性和承载能力。通常情况下，根据设计规范或结构要求，垫板的尺寸会被规定为足够大以确保连接的可靠性，而不需要对木材横纹的局部受压承载力进行额外的验算。然而，在特殊情况下，如果设计中需要考虑木材横纹的局部受压承载力，那么在选择垫板尺寸时可能需要进行相应的验算和考虑。

5. **其他注意事项**

（1）预制木构件的设计是基于特定的结构要求和工程规范，任何未经允许的改动都可能破坏构件的完整性，导致结构强度和稳定性的降低，甚至造成严重的安全隐患。

（2）在装配式木结构的现场安装过程中，必须采取一系列措施来预防预制木构件以及建筑附件、吊件等的破损、遗失或污染，以保证安装的顺利进行和质量的可控性。

（三）防火要点

（1）防火涂层施工。木构件防火涂层施工可在木结构工程安装完成后进行。在施工之前，必须确保木材的含水率低于15%，以确保涂层的附着性和效果。此外，木构件表面应清洁且无油性物质污染，以保证防火涂层的附着力和稳定性。在施工过程中，应确保木构件表面的涂层均匀无遗漏，以达到有效的防火效果。同时，木材的厚度应符合设计规定，以保证防火涂层的厚度和保护效果。严格遵守以上施工要求，可以确保木构件的防火涂层施工质量和效果达到设计要求，从而提高建筑的防火安全性。

（2）设置防火墙。防火墙的设置和构造应按设计规定进行施工。对于砖砌防火墙，其厚度以及烟道、烟囱的壁厚度不得小于240 mm。金属烟囱应该外包覆有不小于70 mm厚的矿棉保护层或具有耐火不低于1.00 h的防火板覆盖。烟囱与木构件之间的净距不得小于120 mm，并且应该保持良好的通风条件。当烟囱穿越楼层时，其间隙应该使用不燃材料进行封闭。在砌体砌筑时，砂浆需要饱满，而清水墙需要仔细勾缝，以确保防火墙的完整性和稳固性。遵循以上规定可以确保防火墙的有效性和可靠性，提高建筑的防火安全性。

（3）设置防火隔断。当楼盖、楼梯、顶棚以及墙体内存在的空腔的最小边长超过25 mm，并且贯通的竖向高度超过3 m，或者贯通的水平长度超过20 m时，应该设置防火隔断。此外，天花板、屋顶空间以及未占用的阁楼空间形成的隐蔽空间面积超过300 m^2，或者长边长度超过20 m时，也应该设置防火隔断。对于这些隐蔽空间，应该分隔成面积不超过300 m^2且长边长度不超过20 m的小区域。

（4）安装符合现行国家标准。木结构房屋的内部装饰、电器设备的安装等，必须符合现行国家标准《建筑内部装修设计防火规范》的相关规定，以确保木结构房屋的内部装修具有良好的防火性能，减少火灾发生和扩散的可能性。由于木结构房屋的火灾通常由其他工种施工的防火缺失所致，因此房屋装修必须严格遵守防火规范要求。这包括但不限于选择防火等级符合要求的装饰材料、合理布置电器设备、设置防火隔墙等措施，以确保整个建筑的防火安全性。

遵守以上相关规范要求，可以有效地减少木结构房屋火灾的发生，并最大程度地保护人员的生命财产安全。

二、工程验收

工程验收是指在工程完成后，由相关部门或专业人员对工程项目进行检查、评估和确认，以确保其符合设计要求、施工标准和相关法规要求。在木结构工程中，工程验收是确保工程质量和安全性的重要环节，验收通常包括以下内容。

①结构安全验收：对木结构的承重构件、连接部位、抗风抗震等方面进行检查，确保结构安全可靠。

②防火验收：检查木结构的防火设计和防火措施是否符合相关标准和规定，确保建筑的防火安全性。

③建筑外观验收：对建筑外观进行检查，包括外墙装饰、油漆涂装等，确保外观质量满足设计要求。

④室内装修验收：对室内装修、电器设备等进行检查，确保装修质量和安全性。

⑤设备设施验收：对木结构建筑所配备的设备设施进行检查，确保其功能正常、安全可靠。

⑥环境验收：对周边环境进行检查，确保工程施工对环境没有不良影响。

⑦文件资料验收：对工程图纸、施工记录、验收报告等文件资料进行审核，确保完备性和准确性。

通过工程验收，可以评估工程质量是否达到设计要求和国家标准要求，及时发现和解决存在的问题，保障木结构工程的安全性、稳定性和可靠性。

第三章

装配式混凝土结构体系

第一节　装配式混凝土框架结构

我国装配式混凝土框架结构的设计重点是预制构件之间的连接和节点区钢筋的布置。通常情况下，梁和柱均采用预制的方式制作，而框架柱竖向受力钢筋则采用套筒灌浆技术进行连接，节点区域则采用装配现浇的方式。这种装配方式使得预制构件具有规整、易于运输的特点。通过精心设计和安排预制构件之间的连接以及节点区钢筋的布置，可以确保装配式框架结构的安全性、稳定性和可靠性，为工程施工提供便利。

一、装配式混凝土框架结构的特点及适用范围

混凝土框架结构具有计算理论成熟、布置灵活等特点，能够满足不同的建筑功能需求，因此在多层、高层建筑中得到了广泛应用。框架结构的构件易于实现规模化和标准化生产，且连接节点简单、种类少，连接可靠性易于保证。因此，装配式混凝土框架结构的等同现浇设计理念较易实现，适用于追求工程质量、节约时间和人力成本的项目。

装配式混凝土框架结构的单个构件重量相对较小，这使得吊装变得更加方便，也降低了现场对施工起重设备的起重量要求。由于构件重量较轻，可以根据具体情况确定预制方案，灵活性较高。此外，结合外墙板、内墙板、预制楼板或预制叠合楼板的使用，装配式混凝土框架结构可以实现较高的预制率，进一步提高了施工效率。由于具有以上优点，装配式混凝土框架结构在实际工程中具有较大的应用前景，特别是在追求快速施工、节约成本和提高质量的项目中表现突出。

目前，国内研究和应用的装配式混凝土框架结构，根据构件的预制率及连接形式，大致有以下几种制作方法。

（1）竖向构件（框架柱）采用现浇方式，而水平构件（梁、板、楼梯等）则采用预制构件或预制叠合构件的做法，是早期装配式混凝土框架结构常见的构件预制及连接形式。这种做法既利用了现浇构件的灵活性和适应性，又充分发挥了预制构件的工厂化生产优势，以达到加快施工速度、降低成本、提高质量的目的。

（2）竖向构件和水平构件均采用预制的方式。通过梁柱后浇节点区进行整体连接的构件预制及连接形式已被纳入《装配式混凝土结构技术规程》中，成为当前装配式混凝土框架结构设计的常用做法。这种做法既充分利用了预制构件的工厂化生产优势，又通过后浇节点区的整体连接方式确保了结构的稳定性和安全性。同时，这种构件预制及连接形式还能够有效提高施工效率，降低成本，是现代建筑工程中被广泛应用的一种技术方案。

（3）竖向构件和水平构件均采用预制的方式。梁和柱内预埋型钢通过螺栓连接或焊接，在节点区后浇混凝土，形成整体结构。这种构件预制及连接方式充分利用了预制构件的工厂化生产优势，同时通过节点区的后浇混凝土确保了结构的稳定性和安全性。这种整体结构的设计既能够满足建筑工程对结构强度和稳定性的要求，又能够提高施工效率，降低成本，是当前装配式混凝土框架结构设计中常见的做法。

（4）采用钢支撑或耗能减震装置替代部分剪力墙，实现高层框架结构构件的全部预制装配化，构建了装配式混凝土框架-钢支撑结构体系。这种结构体系不仅提高了整体结构的抗震性能，还进一步推进了装配式框架结构在高层建筑中的应用，使得装配式混凝土框架结构在更高的高度范围内具备了可行性和适用性。

（5）梁柱节点区域和周边部分构件采用整体预制的方式，在梁柱构件应力较小处连接。这种做法的优点在于将框架结构施工中最复杂的节点部分在工厂预制，避免了节点区各个方向钢筋交叉避让的问题。然而，这种方法对预制构件的精度要求较高，因为需要确保在现场组装时能够准确连接。另外，由于整体预制构件的尺寸较大，运输和吊装也相对困难，需要进行细致的计划和施工安排。

上述各类装配式混凝土框架结构的外围护结构通常采用预制混凝土外挂墙板，这些墙板能够快速、高效地覆盖建筑外围，并且具有良好的隔热、隔声和防水性能。梁和板则通常采用叠合构件，这种构件能够充分利用预制技术，提高施工效率和结构的稳定性。而楼梯、空调板、女儿墙等部件则采用预制构件，通过工厂预制，减少了现场施工工序，提高了施工效率，并且保证了构件质量的一致性和稳定性。这些预制构件的采用，使得装配式混凝土框架结构在外围护和内部构件的施工中能够更快速、更高效地完成。

二、装配式混凝土框架结构的构件拆分

与传统的现浇混凝土结构设计相比，在装配式混凝土结构设计中需要增加一道设计流程——构件的深化设计。构件的深化设计是装配式建筑设计的关键环节，包括构件的拆分设计、构件的拼装连接设计及构件的加工深化设计。对这些方面的深化设计，可以确保构件在工厂预制和现场安装过程中的顺利进行，从而提高施工效率和结构的稳定性，推动装配式建筑技术的发展和应用。

装配式混凝土框架结构的构件拆分设计主要是针对柱、梁、楼板、外墙板及楼梯等构件。在进行构件的拆分设计时，需要确定预制构件的使用范围及预制构件的拆分形式。为了满足工业化建造的要求，预制构件的拆分应考虑预制构件的制作、运输、安装各环节对预制构件拆分设计的限制。此外，还应遵循受力合理、连接简单、施工方便、少规格、多组合的原则，选择适宜的预制构件尺寸和重量。通过尽可能缩小构件规格和减少连接节点种类，预制构件更易于加工、堆放、运输及安装，从而保证工程质量，控制建造成本。

（一）柱的拆分

在装配式混凝土框架结构中，柱的拆分设计是关键的一环。在进行柱的拆分设计时，需要考虑预制构件的制作、运输、安装等环节对柱拆分设计的限制，并遵循受力合理、连接简单、施工方便、少规格、多组合的原则。合理的拆分设计可以选择适宜的柱预制构件尺寸和重量，尽可能缩小构件规格和减少连接节点种类，使柱预制构件易于加工、堆放、运输及安装，保证工程质量，控制建造成本。

（二）梁的拆分

在装配式混凝土框架结构中，梁的拆分设计也是至关重要的。梁的拆分设计需要考虑预制构件的制作、运输、安装等环节对梁拆分设计限制，并遵循受力合理、连接简单、施工方便、少规格、多组合的原则。合理的拆分设计可以选择适宜的梁预制构件尺寸和重量，尽可能缩小构件规格和减少连接节点种类，使梁预制构件易于加工、堆放、运输及安装，从而保证工程质量，控制建造成本。

（三）楼板的拆分

在装配式混凝土框架结构中，楼板的拆分设计也具有重要意义。楼板的拆分设计需要综合考虑预制构件的制作、运输、安装等环节对其设计的影响，并严格遵循受力合理、连接简单、施工方便、少规格、多组合的原则。合理的拆

分设计可以选择适宜的楼板预制构件尺寸和重量，最大限度地缩小构件规格和减少连接节点种类，从而使楼板预制构件易于加工、堆放、运输和安装，以确保工程质量，降低建造成本。

（四）外挂墙板的拆分

在装配式混凝土框架结构中，外挂墙板的拆分设计也是至关重要的。在进行外挂墙板的拆分设计时，需要考虑预制构件的制作、运输、安装等环节对其设计限制，亲遵循受力合理、连接简单、施工方便、少规格、多组合的原则。合理的拆分设计可以选择适宜的外挂墙板预制构件尺寸和重量，尽可能缩小构件规格和减少连接节点种类，使外挂墙板预制构件易于加工、堆放、运输及安装，以确保工程质量，控制建造成本。

（五）楼梯的拆分

在装配式混凝土框架结构中，楼梯的拆分设计也是非常关键的一步。楼梯的拆分设计需要综合考虑预制构件的制作、运输、安装等环节对其设计的影响，同时也需要遵循受力合理、连接简单、施工方便、少规格、多组合的原则。合理的拆分设计可以选择适宜的楼梯预制构件尺寸和重量，最大限度地缩小构件规格和减少连接节点种类，从而使楼梯预制构件易于加工、堆放、运输和安装，以确保工程质量，降低建造成本。

预制楼梯板宜采用一端为固定铰一端为滑动铰的方式连接，其转动及滑动变形能力要满足结构层间变形的要求，且预制楼梯端部在支承构件上的最小搁置长度应符合表3-1的要求。

表3-1 预制楼梯板在支承构件上的最小搁置长度

抗震设防烈度	7度	8度
最小搁置长度/mm	100	100

三、装配式混凝土框架结构的设计要点

装配式混凝土框架结构的设计要点主要包括预制柱、梁柱、主次梁、预制板与梁、预制板与预制板等关键连接部位的设计。精心设计这些连接，确保其牢固可靠、承载能力优良，可以实现结构的整体稳定性和安全性。同时，考虑施工和拆卸的便利性，合理选择连接方式和节点设计，可以满足装配式混凝土框架结构的设计和施工要求。

（一）预制柱的连接

1. 预制柱的接合面

预制柱的结合面是设计装配式混凝土框架结构时需要特别关注的重要部分。这些结合面需要确保平整、垂直，并具有足够的精度和平整度，以确保与其他构件的连接牢固可靠。在设计预制柱的结合面时，需要考虑施工和拆除的便利性，同时采用适当的连接方式和节点设计，以确保结构的稳定性和安全性。

2. 预制柱的钢筋连接与锚固

预制柱纵向钢筋采用套筒灌浆连接技术，特别适用于装配式混凝土框架结构。该技术的应用能够确保预制柱之间的连接牢固可靠，有利于提高结构的整体稳定性和承载能力。套筒灌浆连接技术作为装配式混凝土框架结构的关键技术之一，对于确保结构的安全性和可靠性具有重要意义。

套筒灌浆连接接头要求灌浆料具有较高的抗压强度，以确保连接的牢固性和稳定性。此外，套筒本身需要具有较大的刚度和较小的变形能力，以适应结构的荷载要求和变形情况。根据《钢筋套筒灌浆连接应用技术规程》的规定，套筒主要分为全灌浆套筒和半灌浆套筒两种类型。全灌浆套筒的两端均采用套筒灌浆连接，而半灌浆套筒的一端采用套筒灌浆连接，另一端则采用机械连接方式，以满足不同结构设计的需求。其中，套筒灌浆连接端用于钢筋锚固的深度（L_0）不宜小于8倍钢筋直径的要求。

为了方便预制柱纵向受力钢筋的连接和节点区钢筋的布置，通常建议采用较大直径的钢筋和较大截面的柱子。这样可以减少钢筋的数量，并增加钢筋之间的间距，有利于施工和构件的连接。一般来说，预制柱的纵向受力钢筋直径不宜小于20 mm，柱子的矩形截面宽度或圆柱直径不宜小于400 mm，并且不应小于同一方向框架梁的宽度的1.5倍。这样的设计能够确保预制柱具有足够的承载能力和稳定性，满足结构设计的要求。

当预制柱纵向受力钢筋在柱底采用套筒灌浆连接时，套筒连接区域柱截面的刚度和承载力较大，可能导致柱的塑性铰向上移至套筒连接区域以上。因此，在套筒连接区域以上的高度范围内，建议加密柱箍筋，以增加柱的抗弯和抗剪能力。通常建议在套筒上端附近的500 mm高度范围内加密柱箍筋，并确保套筒上端第一道箍筋距离套筒顶部不超过50 mm。这样的设计能够有效地控制柱的变形和提高结构的整体稳定性。

在预制柱叠合梁框架结构中，柱底接缝宜设置在楼面标高处，接缝的厚度一般取20 mm，并采用灌浆料填实。柱底接缝的灌浆工作可与套筒灌浆同时进行，而柱底键槽的形式应设计为便于排出气体的结构，以确保灌浆料填缝时气体能够顺利排出。对于后浇节点区混凝土的表面处理，应设置粗糙面，这样能够增加与灌浆层的黏结力及摩擦系数，提高连接的牢固性。此外，柱的纵向受力钢筋应贯穿后浇节点区连接，以确保连接的可靠性和稳定性。

（二）梁柱的连接

合适的连接方式能够确保梁与柱之间的有效受力传递和结构的整体稳定性，同时也要考虑施工过程中的便捷性和节点的可靠性，以确保节点区域的质量和安全性。

在设计装配式混凝土结构时，必须充分考虑施工装配的可行性。这意味着需要合理确定梁、柱的截面尺寸以及钢筋的布置方式。推荐采用较粗直径、较大间距的钢筋布置，以减少在节点区内锚固时可能发生的位置冲突。此外，如果主梁的钢筋数量较少，将有助于提高节点的装配效率，并能保证施工质量。合理的设计和施工策略能够确保装配过程顺利进行，达到预期的结构性能和质量标准。

节点区施工时，应注意合理安排节点区箍筋，控制节点区钢筋的位置。

采用预制柱及叠合梁的框架节点，梁纵向受力钢筋可伸入后浇节点区内锚固或连接，也可伸至节点区外后浇段内连接。

1. 框架中间层中节点

框架结构的中间层节点是结构中的关键连接部位，连接梁、柱、楼板等构件，承担着梁与梁、梁与柱、梁与楼板之间的受力传递作用。在设计时，需要特别关注中间层节点的构造和连接方式，确保其满足结构强度、稳定性和刚度等要求。同时，为了便于施工和装配，中间层节点的设计也应考虑连接方式的便利性和施工的可操作性。

2. 框架顶层中节点

框架结构的顶层中节点也是结构中至关重要的连接部位，连接梁、柱、楼板等构件，承担着梁与梁、梁与柱、梁与楼板之间的受力传递作用。在设计时，需要特别关注顶层中节点的构造和连接方式，以确保其满足结构的强度、稳定性和刚度等要求。此外，顶层中节点的设计也应考虑施工和装配的便利性，采用合适的连接方式和施工工艺，以确保结构的安全性和可靠性。梁、柱和其他纵向受力钢筋的锚固应符合下列规定。

（1）在框架结构中，柱通常需要伸出屋面一段距离，并在伸出段内锚固柱纵向受力钢筋，以确保结构的稳定性和承载能力。这种设计可以增加柱与梁之间的连接强度，提高整体结构的抗震性能。为此，柱的伸出段长度应不小于500 mm，并在伸出段内设置箍筋，以限制柱纵向受力钢筋的偏移和变形。此外，柱纵向钢筋宜采用锚固板进行锚固，锚固长度应不小于40倍的纵向受力钢筋直径，以确保钢筋的牢固连接。梁上部纵向受力钢筋也应采用相同的锚固板进行固定，以保证梁与柱之间的连接稳固可靠。

（2）在框架结构中，柱外侧纵向受力钢筋可以与梁上部纵向受力钢筋在后浇节点区搭接，以增强柱与梁之间连接的承载能力。这种设计符合《混凝土结构设计规范》（GB 50010—2010）中的相关规定，可以确保结构的安全性和稳定性。同时，柱内侧纵向受力钢筋宜采用锚固板进行锚固，以确保钢筋的连接牢固，提高整体结构的抗震性能。这样的构造设计可以有效地提高框架结构的承载能力和抗震性能，保障建筑物的使用安全。

3. 预制柱叠合梁框架节点区

预制柱叠合梁框架节点区是连接柱和梁的关键部位，需要综合考虑结构的受力性能、施工工艺的可行性和节点连接的可靠性。在设计中，应确保节点区能够承受框架结构的荷载，同时考虑预制构件的制作、运输和安装过程中的限制，采用可靠的连接方式，并加强防水防潮处理，以保证节点区域的长期稳定性和结构的整体安全性。

（三）主次梁的连接

1. 后浇段连接

后浇段连接在装配式混凝土结构中具有至关重要的作用，它是将预制构件与后浇混凝土部分连接在一起的关键环节。这种连接不仅要求牢固可靠，还必须满足设计要求和施工规范的要求。在设计阶段，需要充分考虑连接方式的选择以及连接部位的结构设计，确保连接具有足够的强度和稳定性。在施工过程中，需要严格控制混凝土的配比和浇筑工艺，保证连接部位的质量和密实度。此外，还需要对连接部位进行严格的质量检查和验收，确保连接的质量达到设计要求，并能够满足结构的使用和安全要求。

2. 挑耳连接

挑耳连接是一种常见的预制混凝土结构连接方式，通常用于连接预制柱与预制梁之间的节点。在挑耳连接中，预制梁的端部会延伸出挑耳，而预制柱则在相应位置留有对应形状的凹口。在施工时，预制梁的挑耳会与预制柱的凹口相契合，然后通过钢筋和混凝土的浇筑，形成连接。这种连接方式简单、可靠，具有一定的抗震性能。然而，挑耳连接也存在一定的局限性，例如连接面积相对较小，可能影响连接的强度和稳定性，因此在设计和施工过程中需要特别注意挑耳连接的设计尺寸和施工质量，以确保连接的安全可靠。

（四）预制板与梁的连接

1. 预制板与边梁的连接

预制板与边梁的连接是装配式混凝土结构中的关键连接之一。通常情况下，预制板的端部会预留连接部件，而边梁则会设计相应的连接槽或凹口以容纳这些连接部件。在施工过程中，预制板的连接部件要与边梁的连接槽或凹口相契合，然后通过钢筋和混凝土的浇筑，形成连接。这种连接方式简单可靠，能够有效地传递荷载并确保结构的整体稳定性。然而，在设计和施工过程中需要注意连接部件的设计尺寸和材料选用，以及连接的质量控制，以确保连接的牢固性和可靠性，同时满足下列要求。

（1）附加钢筋面积不应小于受力方向跨中板底钢筋面积的1/3。

（2）附加钢筋直径不宜小于8 mm，间距不宜大于250 mm。

（3）附加钢筋是为了增强混凝土构件的承载能力或控制裂缝而设置的额外钢筋。在设计和施工中，附加钢筋的伸入长度需要根据不同的受力情况进行合理的确定，以确保连接的可靠性和结构的安全性。

（4）垂直于附加钢筋的方向应布置横向分布的附加钢筋，在搭接范围内不宜少于3根，且钢筋直径不宜小于6 mm，间距不宜大于250 mm。

在单向叠合板内，如果分布钢筋伸入支承梁的后浇混凝土中，必须符合以下要求；若叠合板底部的分布钢筋不伸入支承梁的后浇混凝土中，则应在靠近预制板顶面的后浇混凝土叠合层中设置板底连接纵筋。这些纵筋的截面积不应小于预制板内的同向分布钢筋面积，且其间距不宜超过600 mm。在板的后浇混凝土叠合层内，这些纵筋的锚固长度不得小于附加钢筋直径的15倍。而在支承梁内，这些纵筋的锚固长度也应不小于附加钢筋直径的15倍，并且最好将它们延伸至支承梁中心线以上。

2. 预制板与中梁的连接

预制板与中梁的连接是装配式混凝土结构设计中的重要环节。在进行这种连接时，需要注意以下几个方面。

①连接方式：预制板与中梁可以采用焊接、螺栓连接或混凝土浇筑连接等方式。选择合适的连接方式需要考虑结构设计要求、施工条件和连接性能等因素。

②连接材料：连接材料应具有足够的强度和耐久性，能够满足设计要求并确保连接的可靠性。常用的连接材料包括钢筋、螺栓、焊条等。

③连接位置：连接位置应按照设计要求准确确定，确保预制板与中梁之间的连接符合结构设计的要求，并能够承受预制板的荷载。

④连接预埋件：在预制板制作过程中，需要预留连接预埋件或连接孔，以便后续进行连接操作。连接预埋件的布置应符合设计要求，位置准确，尺寸合适。

⑤施工工艺：连接施工过程需要严格按照施工图纸和设计要求进行，确保连接操作的准确性和连接质量。在连接过程中，应注意控制连接材料的使用量、连接紧固力度和连接效果，确保连接牢固可靠。

合理的连接设计和施工操作可以确保预制板与中梁之间的连接符合结构设计要求，提高结构的整体性能和安全性。

（五）预制板与预制板的连接

1. 单向预制板

单向预制板是一种常用于建筑结构中的预制构件，通常用于楼板、墙板等部位的构造。其特点是在一个方向上具有较大的跨度，而在另一个方向上相对较窄。这种预制板通常在工厂内预制完成，具有一定的标准化和规模化生产优势，能够提高施工效率、降低施工成本，并且具有较好的质量控制能力。在现场施工时，单向预制板可以通过吊装等方式进行安装，从而快速完成建筑结构的组装。

2. 双向预制板

双向预制板是一种常见的预制构件，通常用于建筑结构中的楼板、屋顶等部位。与单向预制板相比，双向预制板在两个方向上都具有较大的跨度，因此具有更广泛的应用范围和更大的承载能力。这种预制板在工厂内预制完成后，可以直接运输到现场进行安装，节省了现场浇筑混凝土的时间和人力成本，提高了施工效率。双向预制板的生产具有一定的标准化和规模化优势，能够保证产品质量和施工安全。在现场施工时，双向预制板通常通过吊装等方式进行安装，完成建筑结构的组装。

（六）其他连接

1. 叠合阳台板

叠合阳台板是一种常见的建筑构件，通常用于建筑结构中的阳台部位。它由预制混凝土板和支撑结构组成，具有叠合、结构简单、安装便捷等特点。这种构件在工厂内预制完成后，可以直接运输到现场进行安装，节省了现场浇筑混凝土的时间和人力成本，提高了施工效率。叠合阳台板的生产具有一定的标准化和规模化优势，能够保证产品质量和施工安全。在现场施工时，叠合阳台板通常通过吊装等方式进行安装，完成建筑结构的组装，为建筑物提供了美观、实用的阳台空间。

2. 预制混凝土空调板

预制混凝土空调板是一种用于建筑物中安装空调设备的构件。它通常由预制混凝土板制成，具有固定的尺寸和结构，能够承载和支撑安装在其上的空调设备。这种构件在工厂内预制完成后，可以直接运输到现场进行安装，节省了现场浇筑混凝土的时间和人力成本，提高了施工效率。预制混凝土空调板的设计通常考虑了空调设备的重量和安装要求，以确保其承载能力和稳定性。在现场施工时，预制混凝土空调板通常通过吊装等方式进行安装，为建筑物提供安全可靠的空调设备安装平台。

第二节 装配式混凝土剪力墙结构

一、装配式混凝土剪力墙基础

工程中常用的装配式混凝土剪力墙结构根据竖向构件的预制化程度可分为全部或部分预制剪力墙结构、装配整体式双面叠合混凝土剪力墙结构、内浇外挂剪力墙结构三种。全部或部分预制剪力墙结构中，整个剪力墙或其部分在工厂预制，然后运输到现场进行组装；装配整体式双面叠合混凝土剪力墙结构中，双面剪力墙墙板在工厂预制，然后通过装配的方式组合成剪力墙；内浇外挂剪力墙结构中，主体剪力墙在现场浇筑，而外挂的剪力墙面板则是在工厂预制后固定在主体剪力墙表面。

（一）全部或部分预制剪力墙结构

全部或部分预制剪力墙结构是一种装配式混凝土结构，其中整个剪力墙或其部分在工厂预制完成。这种预制剪力墙块通常在工厂内进行混凝土浇筑、养护和钢筋安装，然后运输到现场，并通过专用设备进行安装和连接。这种结构方式可以显著减少施工现场的施工时间，并提高施工质量和准确性。

（二）装配整体式双面叠合混凝土剪力墙结构

装配整体式双面叠合混凝土剪力墙结构是一种装配式混凝土结构，其特点是将预制的双面混凝土剪力墙板在工厂预先组合成整体结构，形成一个立体的剪力墙系统。这种结构通过双面混凝土墙板之间的连接保障剪力墙的强度和稳定性，同时可以减少施工现场的施工时间和人工成本。这种结构方式适用于对施工时间和质量要求较高的建筑项目。

（三）内浇外挂剪力墙结构

内浇外挂剪力墙结构是一种装配式混凝土结构，其特点是在建筑物内部预制混凝土剪力墙构件，并在外部墙面挂置或安装预制的混凝土或钢筋混凝土剪力墙面板。这种结构通过内部和外部的混凝土剪力墙共同实现结构的抗震性能和稳定性能，具有施工简便、工期短、质量可控等优点。内浇外挂剪力墙结构适用于需要提高建筑整体抗震性能的高层建筑和重要工程项目。

二、装配式混凝土剪力墙结构的特点及适用范围

国外对装配式混凝土剪力墙建筑的研究、试验和经验相对较少，工程应用也相对较少。在国内，装配式混凝土剪力墙结构却备受青睐，主要因为其具有无梁柱外露、楼板可直接支撑在墙上、房间墙面和天花板平整等优势。近年来，随着我国建筑行业对高品质、高效率的需求不断增加，装配式混凝土剪力墙结构在住宅、宾馆等建筑中得到了广泛应用，成为我国普遍采用的一种装配式结构体系。

由于对装配式混凝土剪力墙建筑的研究、试验和经验相对较少，国内对装配式混凝土剪力墙结构的规定比较慎重。考虑到预制墙中竖向接缝对剪力墙刚度有一定影响，行业标准《装配式混凝土结构技术规程》规定的适用高度低于现浇剪力墙结构：在8度（0.3 g）及以下抗震设防烈度地区，对比同级别抗震设防烈度的现浇剪力墙结构，最大适用高度通常降低10 m，当预制剪力墙底部承担总剪力超过80%时，建筑适用高度降低20 m。

与装配式框架结构相比，装配式剪力墙结构的连接方式更为复杂，需要考虑连接面积大、钢筋直径小、钢筋间距小等因素，这会导致在施工过程中很难对连接节点的灌浆作业进行全过程的质量监控。因此，在装配式剪力墙结构设计中，建议采用部分预制、部分现浇的方式，将现浇剪力墙作为装配式剪力墙结构的“第二道防线”，以提高结构的稳定性和安全性。

钢筋套筒灌浆连接技术虽然比较成熟，但由于成本较高且施工要求较严格，因此在工程中不常采用，工程中常采用竖向分布钢筋等效连接技术，如螺旋箍筋约束浆锚搭接连接技术、金属波纹管浆锚搭接连接技术等。需要注意的是，直接承受动力荷载的构件的纵向钢筋不应采用浆锚搭接技术连接；对于结构中的重要部位，如抗震等级为一级的剪力墙以及抗震等级为二、三级的底部加强部位的剪力墙，剪力墙的边缘构件不宜采用浆锚搭接技术连接；此外，直径大于18 mm的纵向钢筋也不宜采用浆锚搭接技术连接。

约束浆锚搭接连接是一种通过在竖向构件下段范围内预留出竖向孔洞的方式，将下部预留的钢筋插入预留孔道后，在孔道内注入微膨胀高强灌浆料而形成的连接方式。在构件制作过程中，通过在墙板内插入预埋专用螺旋棒，并在混凝土初凝后旋转取出，使预留孔道内侧留有螺纹状粗糙面。此外，在孔道周围设置附加横向约束螺旋箍筋，可以形成构件的竖向孔洞。螺旋箍筋的保护层厚度不应小于15 mm，螺旋箍筋之间的净距不宜小于25 mm，螺旋箍筋下端距预制混凝土底面的净距不应大于25 mm，并且螺旋箍筋的开始位置与结束位置应有水平段，长度不小于一圈半。

约束浆锚搭接连接由于螺旋箍的存在，有效降低了钢筋的搭接长度，同时连接部位钢筋的强度没有增加，不会影响塑性铰。然而，这种连接方式也存在一些缺点。首先，由于预埋螺旋棒必须在混凝土初凝后取出，其取出时间及操作难以控制，可能导致构件的成孔质量难以保证；其次，如果孔壁出现局部混凝土损伤，将对连接的质量造成影响，这也是一个需要注意的问题。

金属波纹管浆锚搭接连接的工艺包括在混凝土墙板内预留金属波纹管，下部预留钢筋插入金属波纹管后在孔道内注入微膨胀高强灌浆料。在此过程中，金属波纹管的混凝土保护层厚度一般不小于50 mm，而预埋金属波纹管的直线段长度应比浆锚钢筋长度长30 mm。此外，预埋金属波纹管的内径应大于浆锚钢筋直径，且直径差距不应小于15 mm，以确保连接的稳固性和可靠性。

三、装配式混凝土剪力墙结构的构件拆分

装配式混凝土剪力墙结构的构件拆分通常采用边缘构件现浇和非边缘构件预制的方式。边缘构件在建筑外围靠近墙体的部分通过现场浇筑实现，而非边缘构件则在工厂内预制完成。这种拆分方式能够充分利用现场与工厂的优势，确保施工效率和结构稳定性，并通过合适的连接方式确保构件之间的紧密衔接，从而实现整体的高质量装配。

（一）对建筑平面的要求

为实现装配式混凝土剪力墙结构的构件拆分，建筑设计应当考虑平面的简单、规则和对称性。此外，建筑的质量和刚度分布应该均匀，避免出现过大的长宽比、高宽比以及局部突出或凹入，平面尺寸限值见表3-2所列。特别是应尽量避免设计短小的墙体，而南北侧墙体、东西山墙则应采用一字形的墙体布置。对于北侧的楼梯间、电梯间以及其他局部凹凸处，则可以考虑采用现浇墙体来满足装配式混凝土剪力墙结构的需要。户型设计时宜做突出墙面设计，不宜将阳台、厨房、卫生间等凹入主体结构范围内。

表3-2　平面尺寸限值

装配整体式剪力墙结构	非抗震地区	抗震设防烈度		
		6度	7度	8度
长宽比	≤6.0	≤6.0	≤6.0	≤5.0
高宽比	≤6.0	≤6.0	≤6.0	≤5.0

平面不规则、凹凸感较强的建筑，往往会导致剪力墙的拆分出现较为困难的转角短墙。即使强行进行短墙的拆分，也会降低装配式建筑的施工效率。因此，建筑设计时应尽量避免采用平面不规则、凹凸感较强的布局形式，以确保剪力墙结构的施工顺利进行。

（二）对结构布置的要求

装配式混凝土剪力墙结构的布置应当规则且连续，以避免层间侧向刚度突变，从而确保结构的稳定性和抗震性能。在厨房、卫生间等开关插座、管线集中的地方，应尽量布置填充墙，这有利于管线施工的进行。如果管线无法避开混凝土墙体，建议将管线布置在混凝土墙体现浇部位，并尽量避开墙体的边缘构件位置，以免影响墙体的连接和施工质量。

剪力墙门窗洞口宜上下对齐、成列布置，以形成明确的墙肢和连梁。在预制混凝土剪力墙的拆分过程中，需考虑带有洞口的单体构件的整体性，避免出现悬臂窗上梁或窗下墙的情况。建议按照剪力墙洞口居中布置的原则进行剪力墙的拆分，且洞口两侧的墙肢宽度不应小于200 mm，洞口上方连梁的高度不宜小于250 mm。

（三）对构件拆分的要求

预制混凝土剪力墙拆分的尺寸需要权衡生产、运输和吊装成本。整体预制剪力墙可以提高生产和组装效率，但运输大型构件和选择适合的塔吊可能增加额外成本；相反，将剪力墙拆分为多块小构件可以降低对运输和塔吊选择的要求，但可能增加生产费用、连接处理工作和降低组装效率。因此，在决定剪力墙拆分尺寸时，需要综合考虑各种因素，以选择最经济和有效的方案。

根据工程实践经验，预制混凝土剪力墙宜拆分为一字形构件，这有助于简化模具、降低制作成本并保证构件质量。单个剪力墙的重量宜控制在5 t以内，即预制长度不超过4 m，以便于构件的生产、运输与安装。在拆分剪力墙时，应考虑塔吊的位置，避免较重的构件出现在塔吊的最大回转半径处，以确保施工的安全和高效。

四、装配式混凝土剪力墙结构的设计要点

装配式混凝土剪力墙结构的设计要点主要包括预制剪力墙、预制剪力墙的连接以及预制剪力墙与连梁的连接等。

（一）预制剪力墙

（1）在预制剪力墙的设计中，如果截面厚度不小于140 mm，建议配置双排

双向分布的钢筋网。此外，剪力墙水平和竖向分布筋的最小配筋率不应低于0.15%。这些配筋有助于确保剪力墙的强度和稳定性，以满足设计要求并保证结构的安全性。

（2）在预制剪力墙的设计中，如果需要开洞，建议在连梁处预埋套管。洞口上下截面的有效高度不应小于梁高的1/3，且不宜小于200 mm。同时，对于被洞口削弱的连梁截面，需要进行承载力验算。在洞口处应配置补强纵向钢筋和箍筋，补强纵向钢筋的直径不应小于12 mm。这些措施有助于确保连梁的结构安全性和稳定性，以适应洞口的存在。

（3）在预制剪力墙中，如果存在边长小于800 mm的洞口，并且在整体结构计算中不考虑其影响，应当沿洞口周边配置补强钢筋。这些补强钢筋的直径不应小于12 mm，截面面积也不应小于同方向被洞口截断的钢筋面积。这些钢筋自孔洞边角算起，伸入墙内的长度，在非抗震设计时不应小于la，在抗震设计时不应小于laE。这些措施有助于弥补洞口的影响，确保预制剪力墙的结构稳定性和安全性。

（4）预制剪力墙的顶部和底部与后浇混凝土的结合面应当设置粗糙面，以增加结合力。侧面与后浇混凝土的结合面优先考虑做成粗糙面，也可以设置键槽。键槽的深度不宜小于20 mm，宽度不宜小于深度的3倍且不宜大于深度的10倍。键槽可以贯通整个截面，如果不贯通，则槽口距离截面边缘不宜小于20 mm。键槽之间的间距宜与键槽宽度相等，键槽端部斜面的倾角不宜大于30°。当选择设置粗糙面时，粗糙面的面积不宜小于结合面的80%。预制剪力墙端部的底面、顶面以及侧面的粗糙面凹凸深度不应小于6 mm，以确保良好的结合效果。

（5）当采用套筒灌浆连接时，自套筒底部至套筒顶部并向上延伸300 mm的范围内，预制剪力墙的水平分布筋应加密，加密区水平分布筋的最大间距及最小直径应符合表3-3的规定，套筒上端第一道水平分布钢筋距离套筒顶部不应大于50 mm。

表3-3 加密区水平分布钢筋的要求

抗震等级	最大间距/mm	最小直径/mm
一、二级	100	8
三、四级	150	8

（6）为加强预制剪力墙的边缘，形成边框，以保证墙板在形成整体结构之前的刚度、延性及承载力，应适当加强边缘配筋。对于端部无边缘构件的预制剪力墙，建议在端部配置2根直径不小于12 mm的竖向构造钢筋，沿该钢筋竖向

应配置拉筋，拉筋直径不宜小于6 mm，且间距不宜大于250 mm。这样的设计能够增强端部的受力性能，提高整体结构的稳定性和承载能力。

（7）当外墙采用预制夹心墙板时，需要注意以下几点：外叶墙板的厚度不应小于50 mm，夹层的厚度不宜大于120 mm，以确保墙体具有足够的结构强度和稳定性。同时，外叶墙板与内叶墙板之间需要有可靠的连接，以保证墙体整体性能。预制夹心外墙板作为承重墙板时，一般外叶墙板仅承受荷载，通过拉结件的作用传递到内叶墙板上，而内叶墙板则按照剪力墙进行设计，以满足墙体的承载和抗震要求。

内外叶墙板拉结件的性能对于建筑的安全性至关重要，必须满足多项要求。首先，它们必须在内叶板和外叶板中锚固牢固，确保在荷载作用下不会被拉出，同时具备足够的强度，在荷载作用下不能被拉断或剪断；其次，拉结件还需要具备足够的刚度，以防止在荷载作用下发生过大变形，导致外叶板位移；再次，为了减小热桥效应，拉结件的导热系数应尽量小；最后，拉结件还应具有耐久性、防腐蚀性和防火性能，以确保能长期可靠地使用，并且需要考虑到其埋设的便捷性。综上所述，内外叶墙板拉结件的性能要求涉及安全性、稳定性、耐久性、热性能等多个方面，这些都是确保建筑结构安全稳定运行的关键因素。

常用拉结件有哈芬的金属拉结件及FRP墙体拉结件。其中，FRP墙体拉结件由FRP拉结板（杆）和ABS定位套环组成。FRP拉结板（杆）是拉结件的主要受力部分，具有轻质、高强度、耐腐蚀等特点，适合在各种环境条件下的使用。ABS定位套环主要用于拉结件的施工定位，其长度一般与保温层厚度相同，采用热塑工艺成型，确保了其良好的稳定性和可靠性。相比于不锈钢材质，FRP材料的导热系数较低，能够有效减小热桥效应。FRP墙体拉结件不仅在力学性能和耐久性方面表现优异，而且价格相对较低，具有较好的性价比。

（二）预制剪力墙的连接

1. 上下层预制剪力墙的连接

上下层预制剪力墙的竖向钢筋，在采用套筒灌浆连接和浆锚搭接连接时，边缘构件竖向钢筋应逐根连接，以确保连接的可靠性和稳定性。对于预制剪力墙的竖向分布钢筋，如果仅部分进行连接，那么被连接的同侧钢筋间距不应大于600 mm。此外，在剪力墙构件的承载力设计和分布钢筋配筋率的计算中，不得计入未连接的分布钢筋。未连接的竖向分布钢筋的直径也应不小于6 mm，以确保结构的整体稳定性和安全性。

为确保结构具有良好的延性，在对结构抗震性能要求较高的部位，特别是抗震等级为一级的剪力墙和抗震等级为二、三级的底部加强区的剪力墙等重要区域，建议采用套筒灌浆连接方式，而不是约束浆锚搭接连接方式。尤其是在边缘构件中，如果竖向钢筋直径较大，则更应采用套筒灌浆连接，以确保连接的可靠性和结构的整体性能。

2. 同楼层预制剪力墙之间的连接

同楼层预制剪力墙之间应采用整体式连接节点，一般可分为“T”形连接节点、“L”形连接节点和“一”字形连接节点。连接前需要先确定接缝位置。

预制剪力墙竖向接缝位置确定的主要原则是便于标准化生产、吊装、运输和就位，并尽量避免接缝对结构整体性能产生不良影响。具体而言，预制剪力墙竖向接缝位置可分为三种：第一种是接缝位于纵横墙交接处的约束边缘构件区域，这种情况下，连接通常采用榫卯、焊接等方式，以确保接缝处的结构稳固可靠；第二种是接缝位于纵横墙交接处的构造边缘构件区域，这种情况下，常常利用预埋连接钢筋、接缝钢板等方式进行连接，以确保结构的整体稳定性和承载能力；第三种是接缝位于非边缘构件区域，这种情况下，通常采用焊接、螺栓连接等方式，以确保接缝处的结构连接牢固，不影响整体性能。因此，在设计预制剪力墙连接时，需要根据实际情况选择合适的连接方式，并确保连接的稳固可靠，以保障结构的安全性和整体性能。

（1）接缝位于纵横墙交接处的约束边缘构件区域

当接缝位于纵横墙交接处的约束边缘构件区域时，连接的主要目的是确保结构在此关键位置的稳固和可靠连接，以满足结构对于荷载传递和整体稳定性的要求。通常采用榫卯、焊接等方式进行连接，确保接缝处的结构具有较大的承载能力，同时保证连接的牢固性。这种连接方式能够有效地保证结构的整体性能，同时也有利于施工过程中的和标准化生产高效性。

（2）接缝位于纵横墙交接处的构造边缘构件区域

当接缝位于纵横墙交接处的构造边缘构件区域时，连接的重点在于确保结构在这一关键位置的稳定性和承载能力。通常采用预埋连接钢筋、接缝钢板等方式进行连接，以确保接缝处的结构具有较大的承载能力，并保证连接的牢固性。这种连接方式有助于提高结构的整体稳定性和抗震性能，同时也有利于施工过程中的标准化生产和高效性。

（3）接缝位于非边缘构件区域

当接缝位于非边缘构件区域时，连接的关键是确保接缝处的结构连接稳固可靠，不影响整体结构的承载能力和稳定性。通常采用焊接、螺栓连接等方式进行连接，以确保接缝处的结构的承载能力，并保证连接的牢固性。在选择连接方式时，需要考虑结构的设计要求、材料特性以及施工条件等因素，以确保连接的可靠性和经济性。这种连接方式能够有效地保障结构的安全性和整体性能，同时也有利于施工过程的高效顺利进行。

（三）预制剪力墙与连梁的连接

预制剪力墙与连梁的连接至关重要，因为它们共同承担了结构的荷载传递。以下是一些常见的预制剪力墙与连梁的连接方式。

（1）螺栓连接：在预制剪力墙和连梁的交接处设置螺栓孔，通过螺栓将它们连接在一起。这种连接方式通常比较灵活，易于调整和拆解，适用于需要在施工过程中进行调整的情况。

（2）焊接连接：预制剪力墙和连梁的连接处可以进行焊接，以确保连接的牢固性。焊接连接通常比螺栓连接更为牢固，但在需要拆解或调整时可能会更困难。

（3）预埋连接件：预埋连接件是在预制剪力墙和连梁中预留特定的连接孔或预埋连接件，如螺栓、钢板等，然后通过这些预埋连接件将它们连接在一起。这种连接方式通常使结构较为紧凑，适用于有限的空间条件下的连接。

（4）黏结剂连接：黏结剂连接是指利用特定的黏结剂将预制剪力墙与连梁黏结在一起。这种连接方式适用于一些特殊的情况，例如需要在较高抗震性能要求下实现连接的情况。

在选择预制剪力墙与连梁的连接方式时，需要考虑结构设计要求、材料特性、施工条件以及连接的可靠性和经济性等因素。

第四章

装配式混凝土结构施工

第一节　预制构件的生产、存放、吊运及防护

一、预制构件的生产准备

（1）在预制构件生产前，建设单位应组织设计单位、生产单位、施工单位进行设计文件的交底和会审。必要时，应根据批准的设计文件和拟定的生产工艺、运输方案、吊装方案等编制加工详图。这一过程的目的在于确保所有相关方对于设计要求、生产工艺和施工方案的理解一致，以确保预制构件的生产、运输和安装能够顺利进行，同时保证施工质量和工期进度的顺利完成。

（2）编制生产方案。生产方案的编制对于预制构件的生产质量、工期和安全具有重要意义，应由专业团队认真制定和执行。生产方案应包括以下内容：生产计划及生产工艺，应明确生产流程、工艺步骤、所需设备和材料，确保生产进度和质量可控；模具方案及计划，应考虑模具设计、制造、安装等过程，以确保预制构件的尺寸、形状等符合要求；技术质量控制措施，应包括原材料检验、生产过程控制、成品检验等，以确保产品符合设计要求和相关标准；成品存放、运输和保护方案，应考虑成品的存放条件、运输路线、吊装方法、防护措施等，以保证产品在生产完毕后能够安全有效地运输和使用。

（3）预制构件生产宜建立首件验收制度。首件验收制度是指在结构较复杂的预制构件或新型构件首次生产，或者在间隔较长时间重新生产时，生产单位需会同建设单位、设计单位、施工单位、监理单位共同进行首件验收。此过程的重点在于检查模具、构件、预埋件、混凝土浇筑成型中存在的问题，确保该批预制构件生产工艺合理、质量有保障。验收合格之后，方可进行批量生产。通过首件验收能够及时发现和解决生产过程中的问题，确保预制构件的质量达到设计要求。

（4）预制构件生产过程中的质量控制。预制构件的生产过程中，各个环节的质量控制都至关重要。原材料的质量、钢筋加工和连接的力学性能、混凝土强度、构件结构性能、装饰材料、保温材料以及拉结件的质量等，都应该根据国家现行的相关标准进行检查和检验。

（5）预制构件生产的质量检验，应按照模具、钢筋、混凝土、预应力、预制构件等项目进行。质量评定应基于钢筋、混凝土、预应力、预制构件的试验、检验资料等项目。只有当上述各检验项目的质量均合格时，方可评定为合格产品。这种细致而全面的检验和评定程序有助于确保预制构件的质量符合相关标准和设计要求，从而提高结构的可靠性和安全性。

（6）在预制构件和部品生产中采用新技术、新工艺、新材料、新设备时，生产单位应制定专门的生产方案。在制定生产方案的过程中，应综合考虑新技术、新工艺、新材料、新设备的特点和应用要求，确保生产过程中的流程、工艺和控制措施能够充分利用新技术、新工艺、新材料、新设备的优势，提高生产效率和产品质量。必要时，生产单位还应进行样品试制，并将样品送至检验部门进行检验。只有样品检验合格后，生产单位才能正式实施新技术、新工艺、新材料、新设备的生产，以确保产品的质量和性能符合设计要求和相关标准。

（7）预制构件和部品经过检查合格后，应设置表面标识以确保其质量状态可追溯。在预制构件和部品出厂时，必须出具质量证明文件，这些文件是对产品质量的正式确认和保证，也是对产品质量的有效监管和管理的重要手段。通过表面标识和质量证明文件，可以有效追溯和确认预制构件和部品的质量，提高产品的可信度和市场竞争力，同时也有助于建立完善的质量管理体系和质量监督制度。

二、预制构件的生产

预制构件的生产宜采用工业化生产流程，各种预制构件的工业化生产流程具体如下。

（1）模具的选择和使用

预制构件生产应根据生产工艺、产品类型等制定模具方案，同时应建立健全的模具验收和使用制度。模具在设计和选择时应符合以下规定。

①强度和刚度：模具应具有足够的强度和刚度，能够承受生产过程中的各种载荷和应力，确保在生产过程中不会发生变形或破损。

②整体稳固性：模具应具有良好的整体稳固性，能够确保构件在生产过程中的尺寸精度和几何形状的稳定性，以保证产品的质量和准确度。

③符合设计要求：模具的设计和制造应符合预制构件的设计要求和产品标准，确保模具能够满足预制构件的生产需要。

④耐磨、耐腐蚀：模具应具有耐磨、耐腐蚀的特性，能够在生产过程中长期稳定地使用，延长模具的使用寿命。

⑤易于操作和维护：模具的设计应考虑操作和维护的便捷性，方便生产工人进行操作和日常维护，提高生产效率和模具的可靠性。

建立健全的模具验收和使用制度，并且严格按照上述规定选择和使用模具，可以保证预制构件生产过程中模具的质量和稳定性，提高预制构件的生产效率和质量水平。

（2）钢筋加工

钢筋在预制构件生产中宜采用自动化机械设备加工，以确保加工精度和效率。同时，钢筋半成品、钢筋网片、钢筋骨架和钢筋桁架在入模和安装前应经过检查合格，并应符合以下规定。

①质量检查：钢筋半成品、网片、骨架和桁架应经过质量检查，确保其尺寸、形状和质量符合设计要求和相关标准。

②安装前检验：在入模和安装之前，钢筋应进行安装前检验，确保其位置、布置和连接方式符合设计要求，并且没有损坏或变形的情况。

③符合规定：钢筋的加工和安装应符合相关的规定和标准，包括钢筋加工工艺、安装方法、连接要求等。

④可追溯性：钢筋的来源和加工过程应具有可追溯性，确保钢筋的质量可控，能够追溯到原材料的生产批次和加工工艺。

严格按照上述规定对钢筋进行检查和控制，可以确保钢筋在预制构件生产中的质量和安全，提高预制构件的整体质量和性能。

（3）钢筋入模

钢筋入模是预制构件制作的关键步骤，而钢筋的布置和安放间隔会直接影响预制构件的质量和安全。钢筋入模方式一般分为钢筋骨架整体入模和钢筋半成品模具内绑扎两种。

在选择钢筋入模方式时，应考虑以下因素：钢筋作业区面积、预制构件类型、制作工艺要求等。通常情况下，如果钢筋绑扎区面积较大、钢筋骨架堆放位置充足、预制构件不需要伸出钢筋或伸出钢筋较少且工艺允许钢筋骨架整体入模，就应该采用钢筋骨架整体入模方式；相反，如果上述条件不满足，则应该采用模具内绑扎的方式。

钢筋模具内绑扎会增加整个工艺流程的时间，因此在选择时需要综合考虑工期和成本等因素。综合考虑后，选择合适的钢筋入模方式可以有效地保证预制构件的质量和安全。

（4）钢筋安装

①灌浆浆套。选择全灌浆套筒还是半灌浆套筒取决于具体的工程要求和设计要求，以及施工条件等因素。这两种类型的灌浆套筒在工程中有各自的应用场景，能够有效地满足钢筋连接的需求。

套筒可随钢筋骨架整体入模，或单独入模安装。安装时，需将套筒端部定位于端板上，确保套筒角度与模具垂直。全灌浆套筒中的钢筋应插入套筒中心挡片处，橡胶圈应安装紧密。半灌浆套筒则需先将已滚轧螺纹的连接钢筋与套筒螺纹端按要求拧紧，再绑扎钢筋骨架。对连接钢筋，要提前检查镦粗、剥肋、滚轧螺纹等质量，避免直接滚轧螺纹削减钢筋断面。钢筋骨架安置至模具内后，需适当调整位置，并按照工艺要求将套筒与模具连接安装。

②预埋件入模。预埋件通常指吊点、结构安装或安装辅助用的金属件等。较大的预埋件应在钢筋骨架入模之前或与钢筋骨架一同入模，而其他较小的预埋件则一般在最后入模。预埋件入模操作应符合以下要求。

A. 提前安排：对于较大的预埋件，应提前安排好其位置，并在钢筋骨架入模之前进行安装或一同入模，以确保其位置正确和固定。

B. 顺序安排：其他较小的预埋件一般在最后入模，以避免对模具和构件的影响，同时保证预埋件的正确位置和安装。

C. 准确定位：预埋件入模时，必须准确定位，确保其位置与设计要求一致，避免后期施工出现问题。

D. 固定稳固：预埋件入模后，必须确保其固定稳固，不得出现松动或移位的情况，以免影响预制构件的质量和安全。

E. 与钢筋骨架配合：对于与钢筋骨架配合的预埋件，应确保其与钢筋骨架之间的配合良好，以保证结构的整体稳定性和安全性。

按照上述要求进行预埋件入模操作，可以确保预埋件的正确安装和固定，从而保证预制构件的质量和安全。

（5）安装钢筋间隔件

在预制构件生产过程中，安装钢筋间隔件的作业必不可少，应按照设计要求和相关标准进行操作，确保钢筋周围混凝土的保护层厚度符合要求，从而保证预制构件的质量和使用性能。

钢筋间隔件是指混凝土结构中用于控制钢筋保护层厚度或钢筋间距的物件。可以根据材料、安放部位和安放方向进行以下分类。

①按材料分类。

A. 水泥基类钢筋间隔件：由水泥或混凝土等水泥基材料制成的钢筋间隔件。

B. 塑料类钢筋间隔件：由塑料材料（如聚乙烯、聚丙烯等）制成的钢筋间隔件。

C. 金属类钢筋间隔件：由金属材料（如钢铁、不锈钢等）制成的钢筋间隔件。

②按安放部位分类。

A. 表层间隔件：安放在混凝土表面，用于控制钢筋距离混凝土表面的距离，确保保护层厚度。

B. 内部间隔件：安放在混凝土内部，用于控制钢筋之间的间距，保证结构的强度和稳定性。

③按安放方向分类。

A. 水平间隔件：安放在钢筋的水平方向上，用于控制钢筋之间的水平间距。

B. 竖向间隔件：安放在钢筋的竖直方向上，用于控制钢筋与混凝土表面之间的垂直距离。

这些钢筋间隔件在混凝土结构施工中起着重要作用，可以有效地控制钢筋的位置和间距，保证混凝土结构的质量和耐久性。

（6）混凝土的浇筑

混凝土的浇筑是混凝土结构施工中的重要环节。在进行混凝土浇筑时，需要严格按照设计要求和施工规范进行操作，确保浇筑质量和结构安全。首先，施工现场应做好准备工作，包括清理场地、搭建支模和布置钢筋骨架等。然后根据浇筑顺序和分段浇筑的要求，合理安排混凝土搅拌站的运输和倒料，保证混凝土的均匀性和一致性。在浇筑过程中，应注意控制浇筑速度和厚度，避免发生冷缝或夹渣等质量问题。同时，需要采取适当的振捣措施，以确保混凝土充分密实，并排出气泡和填满空隙，提高混凝土的强度和耐久性。浇筑完成后，应及时进行养护，保持混凝土表面湿润，防止发生龟裂和干裂，以确保混凝土的正常硬化和强度发展。综上所述，合理的施工组织和严格的操作流程是保证混凝土浇筑质量的关键。

（7）混凝土的养护、脱模

混凝土的养护和脱模是混凝土结构施工中至关重要的两个步骤。养护是指在混凝土浇筑完成后，为了促进混凝土的正常硬化和强度发展，保持其充分湿润的过程。养护的主要目的是防止混凝土过早干燥和龟裂，从而保证混凝土的质量和性能。养护的方法包括水养护、喷淋养护、覆盖养护等，一般需要持续7～28天。而脱模则是在混凝土达到一定强度后，将模板从混凝土构件表面拆除的过程。脱模通常在混凝土达到设计强度的70%～100%时进行。脱模时必须小心轻拆轻放，避免损坏混凝土表面。对于特殊结构或高强度混凝土，可能需要延长脱模时间以确保结构的完整性。综合而言，养护和脱模是确保混凝土结构质量和性能的关键步骤，必须严格按照规范和要求进行操作，以确保施工质量和结构安全。

三、预制构件的存放、吊运及防护

应制定预制构件的运输与堆放方案，内容涵盖运输时间、次序、堆放场地、运输线路、固定要求、堆放支垫及成品保护措施等。对于超高、超宽、形状特殊的大型构件的运输和堆放，应有专门的质量安全保证措施。这些方案的制定旨在确保预制构件在运输和堆放过程中的安全、稳定，避免损坏和变形，从而保证施工质量和工程进度。

（一）预制构件吊运应符合的规定

（1）应根据预制构件的形状、尺寸、质量和作业半径等要求，选择合适的吊具和起重设备。所采用的吊具和起重设备以及其操作，必须符合国家现行有关标准以及产品应用技术手册的规定。这些措施能够保证吊装作业的安全可靠，确保预制构件在搬运和吊装过程中不受损坏，同时保障工人和施工现场的安全。因此，在选择和使用吊具及起重设备时，应严格遵循相关标准和规范，确保吊装作业顺利进行并达到预期的效果。

（2）吊点数量和位置应通过计算确定，以确保吊装过程中吊具的连接可靠。为了保证起重设备的主钩位置、吊具以及构件的重心在竖直方向上重合，应采取相应的措施，包括调整吊具的位置、采用额外的配重或调整吊点的布置方式等。这些措施有助于提高吊装的稳定性和安全性，减少意外事故的发生，并确保预制构件在吊装过程中平稳运输。因此，在吊装作业之前，必须进行仔细的计算和规划，并根据实际情况采取相应的措施，以确保吊装作业的顺利进行和安全完成。

（3）吊索水平夹角不宜小于60°，不应小于45°。

（4）在吊装预制构件的过程中，应采用慢起、稳升、缓放的操作方式。这意味着起吊时应缓慢升起，保持平稳，放下时也要缓慢降低，以确保吊装过程中的稳定性和安全性。同时，在吊运过程中，应保持吊装构件的稳定，避免出现偏斜、摇摆和扭转等情况。此外，严禁吊装构件长时间悬停在空中，应尽快将构件安全放置在目标位置，以减少意外事故的发生并确保工作场所的安全。这些操作规范和安全措施对于吊装作业的顺利进行和人员安全至关重要，应严格遵守和执行。

（5）在吊装大型构件、薄壁构件或形状复杂的构件时，应考虑使用分配梁或分配桁架类吊具。这些吊具可以有效地将吊载力分配到构件的多个点上，减少对构件的集中力，从而降低构件受力的不均匀性，确保吊装过程中的稳定性和安全性。同时，为了避免构件在吊装过程中发生变形和损伤，还应采取临时加固措施，包括在构件表面设置临时支撑或加固杆，增加构件的刚度和稳定性，防止其在吊装过程中产生形变或破损。这些措施有助于保护构件的完整性，并确保吊装作业的安全顺利进行。

（6）叠合楼板的吊装使用钢丝绳配置吊钩，吊装前应确保四个吊钩勾住叠合楼板的四个吊点，并确认吊钩钩牢（钩头的挡片复位）。在上升和下降过程中，需要平稳操作，以避免叠合楼板外向出筋造成伤害。此外，在叠放运输时，叠合楼板之间必须使用隔板或垫木隔开，且放置的层数不得超过6层。

对于空调板的吊装，主要应避免侧向出筋对操作人员造成伤害，如戳伤或划伤等。因此，在吊装过程中，需要特别注意控制空调板的姿态，确保其稳定性，避免发生侧向出筋的情况。同时，操作人员也应采取必要的防护措施，如佩戴手套等，以减少意外伤害的发生。

（7）梁和柱的吊装由于尺寸较长、质量较大，通常会使用钢丝绳配置卡环进行起吊。在起吊前，需要根据梁和柱的质量确认吊具的安全性，包括吊具的规格和外观等。此外，还应注意防止梁和柱在吊装过程中发生撞击或侧向出筋，以避免对周围物体和操作人员造成伤害。

在吊装过程中，需要始终注意保持钢丝绳的平顺，确保升降过程匀速、平稳。此外，在运输车辆放置时，应遵循先放置在中间、后放置在两侧的原则，以避免由于失重造成车辆倾斜或侧翻的情况发生。这些措施有助于确保梁和柱的吊装作业安全顺利进行，减少意外事故的发生，保护人员和周围环境的安全。

（8）内外墙板吊装时，使用钢丝绳配置卡环（负载≥5 t），吊装前须将卡环与吊耳连接，并紧固卡环上的螺丝。同时，检查钢丝绳是否平顺，确保没有死结。在起吊前，必须去除固定墙板的楔块和钢管，并确保起重机将钢丝绳拉紧。在起升过程中，需要确保钢丝绳与墙板保持垂直，并使吊点通过构件的重心位置。吊装人员应协助起重机操作员使构件起升时不发生旋转。一旦构件离地，吊装人员应立即撤离到安全区域。

在构件降落过程中，吊装人员应将较大的墙板放置在运输货架中间，以避免一侧失重导致车辆倾斜或侧翻。此外，有较好受力端的墙板应靠近运输架的两侧，以便固定并确保固定后不会偏离位置。在墙板入位之前，应在运输架的受力点放置至少3块木质垫块。墙板固定的原则是在入位后，使用运输架固定棒和相应尺寸（3 m或6 m）的镀锌钢管将构件绑扎固定，然后使用螺栓进行紧固。这些步骤有助于确保墙板的安全吊装和固定，减少意外事故的发生，并保护施工人员和周围环境的安全。

（9）在楼梯吊装过程中，应使用钢丝绳配置卡环，考虑到楼梯的质量较大且具有棱角，为了减少磕碰对构件造成的伤害，必须特别谨慎。在操作中，需注意合理安排吊装路径，控制吊装设备的力度和速度，并使用软质材料或橡胶垫等缓冲物减少钢丝绳和卡环对楼梯表面的摩擦和碰撞，确保吊装过程平稳进行。

（二）预制构件存放应符合的规定

预制构件的存放应符合以下规定。

①平稳支撑：预制构件在存放时，必须放置在坚固、平整的地面上，确保构件的稳定性和安全性。

②防止变形：预制构件存放过程中应避免受潮、受热或受冻，以防止构件变形或损坏。

③分类存放：根据预制构件的类型、尺寸和重量等特性，合理分类存放，确保不同构件之间不相互挤压或碰撞。

④标识清晰：对于存放的预制构件，应做好标识，包括构件的名称、规格、数量等信息，以便于识别和管理。

⑤安全堆垛：如果需要堆垛存放，应按照规定的方法和高度进行堆垛，确保堆垛的稳定性和安全性，避免发生倾倒或坍塌等意外情况。

⑥定期检查：定期检查存放的预制构件，确保其状态良好，如有发现异常情况及时处理或调整存放方式。

通过以上规定，可以有效地保护预制构件的质量和安全，在存放过程中避免损坏或变形，确保构件在使用前保持良好的状态。

（三）预制构件成品保护应符合的规定

预制构件成品保护应符合以下规定。

①包装防护：成品预制构件在运输和存放前，应进行适当的包装防护，以防止受潮、受污染或受损。

②避免碰撞：在搬运、吊装和运输过程中，必须避免与硬物碰撞，采取必要的防护措施，防止成品构件表面和边角受损。

③防止倾倒：对于易倾倒的成品构件，应采取稳固的支撑和固定措施，防止在存放或运输过程中发生倾倒导致损坏。

④清洁保护：保持成品构件表面清洁，防止油污、灰尘等污染，可采用覆盖物或防尘布等方式进行保护。

⑤定期检查：定期检查成品构件的保护情况，确保保护措施的有效性，及时发现并处理任何潜在的问题。

⑥安全存放：成品构件存放时，应符合相关安全规定，确保构件不会对周围环境和人员造成危险。

通过以上规定，可以有效地保护成品预制构件的质量和完整性，确保其在运输、存放和使用过程中不受损坏，取得预期的使用效果。

（四）预制构件运输过程中应符合的规定

预制构件成品保护应符合以下规定。

①包装防护：成品预制构件在运输和存放前，应进行适当的包装防护，以防止受潮、受污染或受损。

②避免碰撞：在搬运、吊装和运输过程中，必须避免与硬物碰撞，采取必要的防护措施，防止成品构件表面和边角受损。

③防止倾倒：对于易倾倒的成品构件，应采取稳固的支撑和固定措施，防止在存放或运输过程中发生倾倒导致损坏。

④清洁保护：成品构件表面应保持清洁，防止油污、灰尘等污染，可采用覆盖物或防尘布等方式进行保护。

⑤定期检查：定期检查成品构件的保护情况，确保保护措施的有效性，及时发现并处理任何潜在的问题。

⑥安全存放：成品构件存放时，应符合相关安全规定，确保构件不会对周围环境和人员造成危险。

通过以上规定，可以有效地保护成品预制构件的质量和完整性，确保其在运输、存放和使用过程中不受损坏，达到预期的使用效果。

四、预制构件的资料与交付

（一）归档资料

预制构件的资料应与产品生产同步形成、收集和整理，并进行归档。这些资料包括但不限于以下内容。

①设计文件：包括预制构件的设计图纸、设计说明书、结构计算书等相关设计文件。

②生产方案：包括生产计划、生产工艺流程、模具方案、加工详图等生产方案文件。

③质量控制记录：包括原材料检验报告、生产过程中的质量检验记录、试验报告等质量控制相关文件。

④生产工艺文件：包括生产工艺流程图、工艺操作规程、工艺标准等生产工艺文件。

⑤技术资料：包括预制构件材料、加工工艺、生产设备、质量控制等方面的技术资料。

⑥质量保证文件：包括质量保证计划、质量保证手册、质量保证检查记录等质量保证相关文件。

⑦合同文件：包括与客户签订的合同、技术协议、交付要求等相关合同文件。

⑧安装与使用说明书：包括预制构件的安装指南、使用说明书等相关文件。

⑨监理报告：包括监理单位对预制构件生产过程的监督检查报告、质量评定报告等监理相关文件。

⑩应急预案：包括针对预制构件生产过程中可能出现的突发事件的应急预案文件。

通过对这些资料的收集、整理和归档，可以对预制构件的生产过程进行全面的记录和管理，确保产品质量、安全性和可追溯性。

（二）产品质量证明文件

产品质量证明文件是指生产厂家或质量管理部门出具的文件，用以证明产品符合相关质量标准和规定的要求。这些文件包括检测报告、合格证书、质量保证书、出厂检验记录、技术文件、追溯记录等，这些文件可以证明产品在生产过程中的质量控制和合格性，为产品的质量可追溯性提供了保障，也是企业向客户提供产品质量保证的重要依据。

第二节　预制构件安装与连接

一、预制构件吊装设备及吊具

（一）常用的吊装设备

1. 塔式起重机

塔式起重机，又称“塔吊”或“塔机”，是一种工作时臂架基本垂直于塔身顶部的起重机，具备动力驱动的回转臂架型结构。在建筑工程中，塔式起重机承担着垂直和水平运输任务，在高层建筑施工中有着广泛的应用。特别适用于装配式混凝土结构施工过程中，用于预制构件和材料的装卸和吊装任务。其构造主要包括金属结构、工作机构、驱动控制系统和安全防护装置四个部分，保障了其在施工现场的安全、高效运行。

安装完毕的塔式起重机应由安装单位进行安装质量的自检，并填写自检报告书。自检合格后，安装单位应委托具有相应资质的检验检测机构进行检测，并出具检测报告书。通过自检和检测合格后，总承包单位应组织出租、安装、使用和监理等单位进行验收，并填写验收表。验收合格后，才能正式投入使用。

塔式起重机在进行回转、变幅、行走和起吊等动作前，应当进行示意警示。在起吊过程中，必须统一指挥，明确指挥信号，当指挥信号不清楚时，禁止起吊操作。起吊前，如果吊物与地面或其他物件之间存在吸附力或摩擦力而未采取处理措施时，不得进行起吊操作。塔式起重机不得起吊质量超过额定载荷的吊物，且不得起吊质量不明的吊物。在吊物载荷达到额定载荷的90%时，应先将吊物吊离地面200～500 mm后，检查机械状况、制动性能、物件绑扎情况等，确认无误后方可进行起吊操作。对于有晃动的物件，必须使用拴拉溜绳使之稳固。吊物起吊时，应该绑扎牢固，禁止在吊物上堆放或悬挂其他物件；对于零星材料的起吊，必须使用吊笼或钢丝绳进行牢固绑扎。禁止在吊物上站人。标有绑扎位置或记号的物件，应按照标明位置进行绑扎。钢丝绳与吊物之间的夹角宜为45°～60°，且不得小于30°。吊索与吊物棱角之间应有防护措施，未采取防护措施时，不得进行起吊操作。

与现浇混凝土结构相比，装配式混凝土施工的重要变化之一是塔式起重机的起重量大幅增加。根据具体工程中预制构件的质量不同，起重量一般为5～14 t。在剪力墙工程中，相较于框架或筒体工程，需要的塔式起重机规格可以稍小一些。因此，在选择塔式起重机的规格和型号时，必须根据吊装预制构件的质量来确定，以确保施工的顺利进行和安全性能的保障。

2. 汽车起重机

汽车起重机是一种流动式起重机，其起重作业部分安装在通用或专用的汽车底盘上，具备载重汽车行驶性能。汽车起重机产品主要分为底盘和起重机两大部分。底盘部分的作用在于保证起重机具备行驶功能，使其能够实现快速的远距离转移。底盘可分为专用底盘和通用底盘两大类。而汽车起重机的主要功能体现在起重机部分，其中主要性能参数、功能设置、各机构的配置以及可靠性等因素是衡量产品品牌优劣的重要标志。

汽车起重机的工作场地应该保持平坦坚实，符合起重时的受力要求；同时，起重机械与沟渠、基坑应保持安全距离。在启动起重机械前，需要确保各操纵杆处于空挡位置，手制动器锁死，并按照相关规定启动内燃机。在怠速运转3～5 min后，进行中高速运转，并在确认各仪表指示值正常后接合液压泵，使液压达到规定值，油温超过30 ℃后，方可开始作业。作业前，需要全部伸出支腿，并调整机体使回转支撑面的倾斜度在无载荷时不大于1/1000（水准居中）。支腿的定位销必须插上。底盘为弹性悬挂的起重机，在插支腿前，应先收紧稳定器。当起吊重要物品或吊物达到额定起重量的90%以上时，应检查起重机的稳定性和制动器的可靠性。在作业中，应随时观察支腿座下地基，如发现地基下沉或塌陷，应立即停止作业并及时处理。在起重作业范围内，严禁无关人员停留或通过。作业中，严禁站在起重臂下方。当同一施工地点有两台以上起重机作业时，必须保持两机间任何接近部位（包括起重物）的安全距离不得小于2 m。

（二）常用的吊具

吊具或吊索具是起重设备或被吊物主体与被吊物体之间的连接件的统称，用于起重吊运工具和被吊物品之间，起柔性连接作用。通常根据行业习惯，刚性的取物装置称为吊具，而用于系结物品的挠性工具则称为索具或吊索。在预制构件吊装作业中，必须使用专用的吊具进行吊装，常见的吊具包括吊索、卸扣、钢制吊具、专用吊扣等。

1. 吊具的基本要求

①强度和稳定性：吊具必须具备足够的强度和稳定性，能够承受预制构件的重量和外力，并保持稳定的状态。

②耐磨和耐腐蚀：吊具应具有良好的耐磨性和耐腐蚀性，以保证长期使用的可靠性和安全性。

③适应性：吊具的设计和选择应考虑预制构件的形状、尺寸和重量等特点，确保吊装过程中能够正确、稳定地固定预制构件。

④操作性：吊具的设计应便于操作和安装，操作人员应能够轻松地控制吊装过程，确保吊装操作的准确性和安全性。

⑤检测和维护：吊具应定期进行检测和维护，确保吊具的完好性和可靠性，及时发现并修复潜在的问题，保障吊装作业的安全进行。

2. 常用的吊具类型

①吊索：由钢丝绳、合成纤维等材料制成，具有承载能力强、耐磨耐腐蚀等特点，常用于吊装大型构件。

②吊钩：通常与起重机或吊车配合使用，用于抓取和悬挂预制构件，根据构件形状和重量的不同，可有单肩吊钩、双肩吊钩等类型。

③卸扣：用于连接吊索和预制构件，通常具有可调节长度和锁定功能，能够确保吊装作业的安全性和稳定性。

④吊环：通常是钢制的环形吊具，用于连接吊索和预制构件，具有承载能力强、耐磨耐腐蚀等特点。

⑤专用吊扣：根据预制构件的形状和特点设计制造的吊具，如梁吊具、板吊具、墙板吊具等，能够有效地固定和悬挂各种类型的构件。

3. 预制柱用吊具

预制柱用的吊具通常包括以下几种。

①柱吊钩：专门设计用于悬挂预制柱的吊具，通常具有合适的形状和大小，以确保与预制柱的连接稳固可靠。

②钢丝绳吊索：使用钢丝绳制成的吊索，通常通过吊钩或卸扣与预制柱连接，能够承受柱子的重量并保持稳定。

③吊环：钢制的环形吊具，通过吊索连接，可以固定在预制柱的吊挂点上，具有较强的承载能力和稳定性。

④专用柱吊具：根据预制柱的形状和尺寸设计制造的吊具，能够有效地固定和悬挂各种类型和尺寸的预制柱。

4. 预制墙板用吊具

预制墙板用的吊具通常包括以下几种。

①墙板吊钩：专门设计用于悬挂预制墙板的吊具，通常具有适合墙板的形状和尺寸，能够有效地固定和悬挂墙板，并确保吊装过程中的安全性。

②钢丝绳吊索：使用钢丝绳制成的吊索，通常通过吊钩或卸扣与预制墙板连接，能够承受墙板的重量并保持稳定。

③墙板吊环：钢制的环形吊具，通过吊索连接，可以固定在预制墙板的吊挂点上，具有较强的承载能力和稳定性。

④专用墙板吊具：根据预制墙板的形状、尺寸和重量等特点设计制造的吊具，能够有效地固定和悬挂各种类型和尺寸的预制墙板。

5. 预制梁用吊具

预制梁用的吊具通常包括以下几种。

①梁吊钩：专门设计用于悬挂预制梁的吊具，通常具有适合梁的形状和尺寸，能够有效地固定和悬挂梁，并确保吊装过程的安全性。

②钢丝绳吊索：使用钢丝绳制成的吊索，通常通过吊钩或卸扣与预制梁连接，能够承受梁的重量并保持稳定。

③梁吊环：钢制的环形吊具，通过吊索连接，可以固定在预制梁的吊挂点上，具有较强的承载能力和稳定性。

④专用梁吊具：根据预制梁的形状、尺寸和重量等特点设计制造的吊具，能够有效地固定和悬挂各种类型和尺寸的预制梁。

6. 预制叠合楼板用吊具

预制叠合楼板的特点是面积较大、厚度较薄，厚度一般为60～80 mm，因此，在吊装过程中应采用多点式吊装，以确保吊装过程中叠合楼板的平稳性和安全性。另外，也可以考虑采用平面架式吊具或梁式吊具进行吊装，以适应叠合楼板的特殊形态和尺寸，保证吊装作业的顺利进行。

7. 预制楼梯用吊具

预制楼梯吊装可以采用点式吊具或平面架式吊具。其中，点式吊具可以通过在楼梯两侧设置多个吊点来实现吊装，以保证楼梯的平衡和稳定。另外，也可以利用两组不同长度的吊索来调整楼梯的平衡与高差，或者使用两个倒链与两根吊索配合，以调整楼梯的高差，从而确保吊装过程安全、稳定。

8. 常用的吊索

预制构件吊装所使用的吊索一般为钢丝绳或链条吊索，选择使用哪种吊索可以根据现场条件以及所吊预制构件的特点来确定。这样的选择旨在确保吊装过程的安全性、稳定性以及适应性，以满足各种吊装需求。

（1）钢丝绳

钢丝绳由高强度碳素钢丝捻合而成，首先将钢丝捻成股，然后将几个钢丝股绕绳芯拧制成绳索。钢丝绳具有许多优点，如强度高、轻质、柔韧性好、耐冲击、安全可靠。它具有预警性，在发生破坏时会先出现断丝，而且极少出现整根绳突然断裂的情况。因此，钢丝绳是预制构件吊装中最常用的吊索之一。

钢丝绳作为吊索使用时，其安全系数不得小于6倍。吊索必须由整根钢丝绳制成，中间不得有接头，而环形吊索则应只允许有一处接头。此外，钢丝绳严禁采用打结方式系结吊物，在使用过程中，不得与棱角或锋利物体接触，捆绑时应垫以圆滑物件进行保护。钢丝绳也不得成锐角折曲、扭结，不得因受夹、受砸而呈扁平状，当出现断股、松散或扭结时，不得再继续使用。钢丝绳在使用过程中应定期检查、保养，一旦发现磨损、锈蚀、断丝或电弧伤害等情况，必须按照现行国家标准《起重机钢丝绳保养、维护、检验和报废》的规定执行保养、维护和报废。

（2）链条吊索

链条吊索是一种由金属链环连接而成的索具，根据其连接形式分为焊接和组装两种类型，而按照构造则有单肢和多肢等不同形式。这种吊索采用优质合金钢制作，其显著特点包括耐磨、耐高温、低延展性以及受力后不会出现伸长等优点。

在使用链条吊索之前，必须仔细查看标牌上的工作载荷和适用范围，严禁超载使用，在确认符合条件后，方可使用链条吊索。在使用前应对链条吊索进行目视检查，确保完好无损。链条吊索之间禁止使用非正规连接件连接。承载链条吊索时，禁止直接挂在起重机吊钩的构件上或将其缠绕在吊钩上。在链条吊索环绕被吊物时，应在棱角处加衬垫，以防止圆环链和被吊物受损。链环之间严禁扭转、扭曲或打结，相邻链环应保持灵活活动。在起吊物体时，必须缓慢平稳地进行升降和停止，以避免冲击载荷。严禁长时间将重物悬挂在链条吊索上。如果吊具没有适宜的吊钩、吊耳或吊环螺栓等连接件时，单肢和多肢链条吊索都可以采用捆绑式结索法。

9. 常用的索具

在吊装作业中，通常会配备各种类型的索具与吊索进行配套使用。预制构件安装中常使用的索具包括吊钩、卸扣、普通吊环、旋转吊环、强力环、定制专用索具以及吊装带等。这些索具能够根据具体的吊装需求和构件特点，提供灵活且安全的吊装解决方案。

（1）吊钩

吊钩通常依靠滑轮组等部件悬挂在起升机构的钢丝绳上。在预制构件吊装中，大型吊钩（80 t以下）通常用于起重设备，而小型吊钩一般用于吊装叠合楼板等较轻的构件。吊钩严禁进行补焊，且应遵循以下报废标准，符合以下任何一种情况的吊钩应立即予以报废：①表面出现裂纹；②挂绳处截面磨损量超过原高度的10%；③钩尾和螺纹部分等危险截面及钩筋有永久性变形；④开口度比原尺寸增加15%；⑤钩身的扭转角超过10°。符合以下任何一种。

（2）卸扣

卸扣是连接吊点与吊索的工具，用于将吊索与梁式吊具或架式吊具以及预制构件连接起来。它的优点在于方便拆卸和安装，且连接牢固，因此在吊索和吊具中被广泛使用。使用卸扣时，必须注意施加力的方向。正确的安装方式是让力作用在卸扣的弯曲部分和横销上；否则，作用力可能会导致卸扣本体的开口扩大，甚至损坏横销的螺纹。当卸扣的任何部分出现裂纹、塑性变形、螺纹脱扣，以及销轴和扣体断面磨损达到原尺寸的3%～5%时，应立即报废。

（3）吊环

吊环通常用作吊索或吊具的连接，挂在吊钩的端部。吊环的种类包括圆吊环、梨吊环、长吊环和组合吊环等。组合吊环由一个主吊环和两个或多个中间环组成。与所有整体锻造或焊接金属件一样，吊环内部的缺陷通常不容易用肉眼发现。因此，需要定期进行探伤检查，如果发现吊环存在安全隐患，则严禁继续使用。

（4）强力环

强力环，又称为“模锻强力环”“兰姆环”或“锻打强力环”，是一种索具配件。在使用过程中，如果强力环出现以下情况，应立即停止使用：①强力环扭曲变形超过10°；②强力环表面出现裂纹；③强力环本体磨损超过10%。

（5）定制专用索具

根据预制构件的结构和受力特点，可以设计出合理的索具方案。例如，可以直接使用绳索吊钉固定在预制构件吊点上，或者采用高强度螺栓将专用索具固定在预制构件吊点上等。设计的索具必须经过受力分析或者进行破坏性拉断试验，在使用时，通常要保证安全系数在5倍以上。定制的专用索具在使用过程中，如果发现有变形或者焊缝开裂等情况，必须立即更换。

（6）吊装带

吊装带是一种用于吊装和提升物体的工具，通常由高强度合成纤维或特殊材料制成，具有轻便、柔软、耐磨、耐腐蚀等特点，适用于各种场合的吊装作业。吊装带可以根据需要调整长度和宽度，并配备各种类型的固定装置，以确保安全可靠地吊装物体。在使用吊装带时，应根据吊装物体的重量和形状选择合适的吊装带，并严格按照使用说明和安全操作规程进行操作，以确保吊装过程安全可靠。

二、预制构件的安装准备工作

装配式混凝土结构施工的专项方案应该是一个系统性的文件，其中包括工程的概况、编制依据、施工进度计划、施工场地布置、预制构件的运输与存放方案、安装与连接施工流程、绿色施工措施、安全管理措施、质量管理方案、信息化管理内容以及应急预案等内容。通过综合考虑各个方面的要素，确保施工过程有序进行，达到施工质量、安全和进度的要求。

（1）在安装施工前，必须核实施工现场的环境状况、气候条件以及路面状况，以确保满足吊装施工的要求。施工现场的设置应符合以下规定。

①运输通道规划：根据施工平面规划，设置合适的运输通道，确保预制构件能够顺利运输到施工现场。通道应具备足够的宽度和强度，适合各种类型的运输车辆通行，并且应避免路面不平整或者有障碍物。

②存放场地布置：设置合适的存放场地，以便临时存放预制构件和其他施工材料。存放场地应具备平整的地面和足够的空间，以确保吊装施工的顺利进行。此外，还需要根据预制构件的尺寸和重量合理规划存放位置，以便后续的吊装作业。

③安全考虑：在规划运输通道和存放场地时，必须考虑到施工现场的安全因素。确保通道和存放区域周围没有危险物品或障碍物，以及有足够的安全间距，避免发生意外事故。

④环境因素考虑：注意施工现场的环境因素，如周围建筑物、树木、电线等，确保吊装作业不会受到外界环境的干扰或影响。

合理地规划和布置施工现场，可以为吊装施工提供良好的工作条件，确保施工过程的顺利进行，并最大程度地保障施工人员和设备的安全。

（2）在进行构件安装之前，必须按照设计要求对预制构件、预埋件以及配件的型号、规格和数量等进行仔细检查。这包括确认预制构件与设计文件中的要求相符，检查预埋件的位置和尺寸是否准确，以及核对配件的数量和质量。通过这样的检查，可以确保施工过程中使用的所有构件和配件符合设计要求，从而保证施工质量和工程安全。

（3）在进行安装施工之前，必须进行全面的核对工作。首先，要检查已经施工完成的结构和基础的外观质量，确保其符合设计要求，并对尺寸偏差进行核实；其次，需要确认混凝土的强度是否满足设计要求，并验证预留的预埋件是否符合设计标准。另外，还需要核对预制构件的混凝土强度以及预制构件和配件的型号、规格和数量是否与设计要求相符。做好过这些核对工作，可以确保安装施工的顺利进行，并保证工程质量和安全性。

（4）在进行安装施工之前，必须对吊装设备的吊装能力进行复核。按照现行行业标准《建筑机械使用安全技术规程》的相关规定，需要检查和复核吊装设备以及吊具是否处于安全操作状态。同时，还需要核实现场环境、天气和路面状况等是否符合吊装施工的要求。此外，防护系统的搭设和验收也应按照施工方案进行，以确保施工过程中的安全性和顺利进行。

（5）安装施工前，必须进行测量放线工作，并设置构件安装的定位标识。具体要求如下。

①测量放线：进行准确的测量工作，确保预制构件安装位置的准确定位。这包括测量基准点、标高、水平线等，以确保预制构件的安装位置和姿态符合设计要求。

②设置构件安装定位标识：在预制构件的安装位置上设置定位标识，以指示预制构件的正确位置和方向。可以通过地面标记、标线、设置临时支撑物等方式进行，确保安装过程中能够准确地定位和安装预制构件。

通过进行测量放线和设置构件安装定位标识，可以确保预制构件在安装过程中的准确性和稳定性，从而保证整个施工过程的顺利进行。

三、预制构件安装

（一）预制构件安装的基本要求

（1）装配式混凝土建筑的施工应当结合设计、生产和装配的一体化原则进行整体策划，同时协同考虑建筑、结构、机电以及装饰装修等各个专业的要求，以确保施工过程的顺利进行和施工质量的有效控制。在进行施工组织设计时，需要综合考虑各项工作的协调安排、资源调配、进度计划和安全管理等方面，确保各个环节之间密切配合、协同运作，以实现高效、安全、优质的施工目标。

（2）施工单位应根据装配式混凝土建筑工程的特点合理配置项目机构和人员。施工作业人员必须具备岗位所需的基础知识和技能，包括对装配式混凝土建筑工艺流程、安全操作规程等方面知识的了解和掌握。施工单位有责任对管理人员和施工作业人员进行质量和安全技术方面的交底，确保他们能够全面理解施工要求、安全规范和工艺流程，从而保障施工过程的质量和安全性。

（3）装配式混凝土建筑施工宜采用工具化、标准化的工装系统。

（4）装配式混凝土建筑施工宜采用建筑信息模型（BIM）技术对施工全过

程及关键工艺进行信息化模拟。采用BIM技术可以在虚拟环境中模拟建筑物的设计、施工、管理和运营过程，实现各部门之间的协同工作和信息共享。这有助于优化施工流程、提高工作效率、减少误差和冲突，同时提升项目的整体质量和可持续性。BIM技术还可以为项目的安全管理、成本控制、进度管理等提供技术支持，是现代化施工管理的重要工具之一。

（5）在装配式混凝土建筑施工中采用的新技术、新工艺、新材料、新设备，应按照相关规定进行评审和备案。施工前，应对新的或首次采用的施工工艺进行评价，并制定专门的施工方案。这些方案需要经过监理单位的审核和批准后方可实施。这样的流程可以确保施工过程中新技术、新工艺、新材料、新设备的安全性、可行性和适用性，同时也有助于提高施工效率和保障工程质量。

（6）在装配式混凝土建筑施工过程中，必须严格遵守国家现行的有关标准和规定，同时采取必要的安全措施以确保施工作业的安全。这些安全措施包括但不限于配备必要的个人防护装备、设置安全警示标识、开展安全培训、定期进行安全检查和隐患排查、保养维护施工设备、设立专门的安全防护措施等。通过严格执行安全标准和规定，能够有效降低施工过程中发生意外事故的风险，保障施工人员和施工设备的安全，确保工程顺利进行。

（7）预制构件吊装就位后，必须及时进行校准和调整，并采取临时固定措施，以确保构件安全稳固地安装在预定位置。预制构件就位校核与调整应符合以下规定。

①位置的准确性：核对预制构件的位置是否准确，确保其符合设计要求的位置和方向。

②水平度和垂直度：检查预制构件的水平度和垂直度，确保其符合设计要求的倾斜角度。

③连接的准确性：核对预制构件与相邻构件的连接是否准确，确保其间隙恰当、连接牢固。

④尺寸偏差：检查预制构件的尺寸是否与设计要求相符，确保尺寸偏差在规定的尺寸公差范围内。

⑤稳定性：确保预制构件安装后的稳定性，防止因外力或其他因素导致构件移位或倾倒。

⑥临时固定：在校准和调整完成后，及时采取临时固定措施，如使用支撑、支架、钢撑等辅助设施固定构件，以确保构件在施工过程中不会发生移动或倾斜。

通过以上校核与调整，可以确保预制构件在安装后的稳固性和安全性，为后续施工工序提供良好的基础条件。

（8）预制构件与吊具的分离应在校准定位及临时支撑安装完成后进行。

（9）竖向预制构件安装采用临时支撑时，应符合以下规定。

①支撑位置：确保临时支撑设置在预制构件的设计支撑点上，并按照设计要求合理布置。

②支撑材料：使用符合标准要求的材料作为临时支撑，确保其承载能力、稳定性和可靠性。

③支撑间距：临时支撑的间距应符合设计要求，确保预制构件的整体稳定性和均匀受力。

④支撑方式：根据预制构件的特点和安装位置，选择适当的支撑方式，如使用支撑架、支撑杆或支撑墩等。

⑤固定方法：确保临时支撑与预制构件之间的连接牢固可靠，采取适当的固定方法，如螺栓连接、焊接或钢丝绳绑扎等。

⑥调整和校准：在设置临时支撑后，进行必要的调整和校准，确保预制构件安装位置正确、稳定可靠。

⑦安全防护：在施工过程中，加强对临时支撑的监管和维护，确保其在安装过程中不会发生松动、倾斜或损坏，从而保障施工现场的安全。

遵循以上规定，可以有效确保竖向预制构件安装过程中临时支撑的稳定性和安全性，为后续施工工作提供良好的支撑条件。

竖向预制构件包括预制墙板和预制柱。针对预制墙板，临时斜撑通常安放在其背面，至少应设置2道。当墙板底部没有水平约束时，每道临时支撑应包括上部斜撑和下部支撑，下部支撑可以是水平支撑或斜向支撑。对于预制柱，由于其底部纵向钢筋可以提供水平约束，因此一般只需要设置上部斜撑。柱子的斜撑应不少于2道，且应设置在两个相邻的侧面上，水平投影相互垂直。临时斜撑与预制构件通常通过预埋件进行连接，应做成铰接。为确保临时斜撑有效承受水平荷载，上部斜撑的支撑点距离板底不宜小于板高的2/3，且不得小于板高的1/2。斜支撑与地面或楼面连接必须可靠，不得出现连接松动，以免导致竖向预制构件倾覆等危险情况发生。

在预制构件的安装过程中，必须根据水准点和轴线进行位置校正，并在安装就位后立即采取临时固定措施。预制构件与吊具的分离应在校准定位和临时固定措施安装完成后进行。临时固定措施的拆除则应在装配式结构能够满足后续施工承载要求之后进行。

（二）预制柱的安装

预制柱安装的基本顺序是：基层处理→测量放线、确认高程→预制柱吊装并就位→安装临时支撑→预制柱位置标高调整→临时支撑固定→摘钩并完成吊装。

1. **基层处理**

在预制柱的安装过程中，首先需要对基层进行充分的处理，包括清理基础表面，确保其平整、干燥，并清除任何可能影响柱安装的障碍物；其次，按照设计要求和精确的位置标志进行准确定位；最后，在柱的安装过程中，应严格按照相关规范和安全标准进行操作，以确保安装质量和施工安全。

2. **测量放线、确认高程**

在施工前，测量放线和确认高程至关重要。准确地放线测量可以确定建筑物的位置和方向，确保施工的准确性和一致性。同时，确认高程能够确保建筑物各部分的高度符合设计要求，从而保证建筑结构的稳定性和整体美观性。这些工作的准确性和及时性对于确保施工质量和进度具有重要意义。

3. **预制柱吊装并就位**

（1）试吊

在进行预制柱的吊装前，应根据预制柱的质量以及吊点类型选择适宜的吊具。在正式吊装之前，必须进行试吊。试吊的高度不得超过1 m。试吊过程主要是检测吊钩与构件、吊钩与钢丝绳、钢丝绳与吊梁、吊架之间连接是否可靠。只有确认各连接符合要求后，方可正式进行起吊操作。

（2）正式起吊

在将构件吊装至施工操作层的过程中，操作人员应站在楼层内，并且必须佩戴穿芯自锁保险带。保险带必须与楼面内预埋的钢筋环扣紧密连接。操作人员应使用专用钩子将构件上系扣的缆风绳勾至楼层内。在吊运构件时，严禁任何人员站在下方。必须等待被吊物降落至离地1 m以内时，方可靠近。在距离楼面约0.5 m时，必须停止降落。

（3）下层竖向钢筋对孔

在预制柱吊装高度接近安装部位约0.5 m处，安装人员应手扶构件引导就位。在就位过程中，构件必须慢慢下落，并保持平稳。此时，预制柱的套筒（或浆锚孔）必须对准下部伸出的钢筋，以确保安装的精确性和稳固性。这些步骤的严格执行可以保证预制柱在安装过程中的安全性和质量。

（4）起吊、翻转

在柱起吊和翻转过程中，必须做好柱底混凝土成品的保护工作，可以采用垫黄沙或橡胶软垫等方法。这些措施能够有效地保护混凝土成品，防止其受到损坏或被划伤，在吊装和翻转过程中保持其表面平整和完整，确保施工质量和安全。

（5）预制柱就位

在预制柱就位之前，必须预先设置柱底抄平垫块，并且弹出相关的安装控制线，以控制预制柱的安装尺寸。通常情况下，预制柱的就位控制线包括轴线和外轮廓线。对于边柱和角柱，应以外轮廓线的控制为主。这些措施可以确保预制柱在安装过程中位置准确、尺寸合适，从而保证整体建筑结构的稳定性和准确性。

4. 安装临时支撑

在安装预制构件（如墙板或柱子）时，需要设置临时支撑以确保构件在安装过程中的稳定性和安全性。临时支撑通常是临时性的支撑结构，用于在施工过程中支撑构件，直到构件能够自行承载荷载或被其他结构所支撑。临时支撑的设置应根据具体的施工情况和构件特性进行。例如，在安装墙板时，临时支撑通常设置在墙板的背面，确保其不会倾斜或倒塌。而在安装柱子时，临时支撑可能设置在柱子的侧面，以防止其在安装过程中倾斜或失稳。临时支撑的设置需要考虑施工现场的实际情况，并且必须符合相关的安全规范和标准。

5. 预制柱位置标高调整

预制柱位置标高调整是确保柱子安装位置高度符合设计要求的重要步骤。在进行调整时，首先确认设计要求，然后通过测量现场情况确定需要调整的方式，可能涉及移动柱子、调整支撑物高度或更换垫块等操作；调整完成后，再次进行测量确认，确保柱子位置标高符合设计要求；最后固定位置，确保柱子在施工过程中稳定可靠。

6. 临时支撑固定

临时支撑的固定至关重要，可以确保施工过程中的安全性和稳定性。在固定临时支撑时，必须确保支撑结构稳固可靠，不会因为外力或其他因素而移动或倾斜。通常采用固定螺栓、支撑底座或者钢丝绳等方式将临时支撑与地面或建筑结构牢固连接，确保其不会松动或失效。临时支撑的固定应符合相关的安全规范和标准，以保障施工现场的安全和施工质量。

7. 摘钩并完成吊装

摘钩并完成吊装是指在预制构件成功吊装到位后，操作人员将吊钩或吊具从构件上取下，并确保吊装过程的顺利完成。在摘钩之前，必须确保预制构件已经牢固地安装到指定位置，并且所有临时支撑和安全措施已经拆除。摘钩过程需要谨慎进行，以防止构件突然移动或倾斜而引发意外事故。完成摘钩后，需要对吊装现场进行检查，确认吊装操作完全符合安全要求，并清理施工区域，为后续工作做好准备。

（三）预制墙板的安装

预制墙板安装的基本顺序是：基层处理→测量放线定位→预制墙板吊装并就位→安装临时支撑→预制墙板位置标高调整→临时支撑固定→摘钩并完成吊装。

1. **基层处理**

预制墙板的安装首先需要对基层进行充分处理。这包括清理基础表面，确保其平整、干燥，清除任何可能影响墙板安装的障碍物，并确保基础结构符合设计要求。接着，根据设计图纸和标高要求，精确标定墙板的安装位置，并确保墙板与其他构件的连接部位预留适当的间隙和预埋件。基层处理的质量会直接影响墙板安装的稳固性和整体质量，因此必须严格按照相关规范和标准进行操作。

2. **测量放线定位**

在预制墙板安装过程中，测量放线定位是至关重要的一步。该过程包括根据设计图纸和施工要求，在基层上进行精确的测量，并通过放线的方式确定墙板的准确位置和方向。首先，根据设计要求确定墙板的安装位置和方向；其次，在基层上标出相应的参考点；其次，使用测量工具进行精确测量，确保墙板位置的准确性和垂直度；最后，利用放线工具沿着已标出的参考点进行放线，以确保墙板的准确定位和方向。严谨的测量放线定位可以确保墙板安装的准确性和整体质量，从而保证建筑结构的稳固和美观。

3. **预制墙板吊装并就位**

（1）吊装准备

在预制墙板吊装之前，首先使用卸扣将钢丝绳与外墙板上端的预埋吊环连接，确认连接紧固后；其次，在墙板的下端放置两块尺寸为100 mm×1000 mm×100 mm的海绵胶垫，防止板起吊时边角被撞坏。在吊装过程中，要特别注意确保板面不与堆放架发生碰撞，以防造成损坏。另外，在吊装前，应在上一层墙板沿外侧粘贴海绵条，以提供额外的保护。这些措施可以保证墙板吊装过程的安全性和顺利进行。

（2）试吊

使用塔式起重机将预制墙板缓缓吊起，当墙板的底边升至距离地面50 cm时，稍作停顿。此时，再次检查墙板吊挂是否牢固，以及板面是否有污染或破损等问题。若发现任何问题，必须立即处理。确认一切无误后，继续提升墙板，使其慢慢靠近安装作业面。这个过程需要谨慎操作，确保墙板吊装过程的安全和顺利进行。

（3）正式起吊及定位

在安装剪力墙板时，当距离安装位置上方约60 cm时，略做停顿。此时，施工人员可以手扶剪力墙板，控制其下落方向，使其缓慢下降。当距离预埋钢筋顶部约20 mm时，使用反光镜进行钢筋与套筒的对位。确认剪力墙板底部套筒位置与地面预埋钢筋位置对准后，缓慢使剪力墙板就位，确保其平稳落地。这个过程需要施工人员的注意力高度集中和操作准确，以确保剪力墙板安装的准确性和稳定性。

4. 安装临时支撑

在进行建筑构件的安装过程中，安装临时支撑是确保施工安全的关键步骤。在安装临时支撑时，首先需要根据设计要求和施工实际情况确定支撑位置和数量，然后选择合适的支撑材料和结构。安装临时支撑时必须确保其稳固可靠，能够承受所需的荷载，并且应根据需要进行调整和固定，以确保支撑结构不会因为外力或其他因素而移动或倾斜。临时支撑的安装需要严格遵守相关的安全规范和标准，以确保施工过程的安全性和顺利进行。

5. 预制墙板位置标高调整

预制墙板位置标高调整是确保墙板安装位置高度符合设计要求的重要步骤。在进行调整时，需要根据设计要求和实际情况，采取相应的调整措施，如调整支撑底座高度或增加垫块等方法。调整完成后，必须进行精确的测量确认，以确保墙板位置标高符合设计要求。同时，应确保调整过程中施工现场的安全，严格遵守相关的操作规程和安全标准，以保障墙板安装质量和施工安全。

6. 临时支撑固定

临时支撑的固定是确保施工过程中安全稳定的关键步骤。在固定临时支撑时，需要选择合适的固定方式，如使用螺栓、支撑底座或者钢丝绳等，将临时支撑牢固地连接到地面或其他结构上。固定过程中，必须确保支撑结构稳固可靠，不会因外力或其他因素而移动或倾斜。临时支撑的固定必须符合相关的安全规范和标准，以确保施工现场的安全性和施工质量。

7. 摘钩并完成吊装

摘钩并完成吊装是指在预制构件成功吊装到位后，操作人员将吊钩或吊具从构件上取下，并确保吊装过程的顺利完成。在摘钩之前，必须确认预制构件已经牢固地安装到指定位置，并且所有临时支撑和安全措施已经拆除。摘钩需要谨慎进行，以防止构件突然移动或倾斜而引发意外事故。完成摘钩后，需要对吊装现场进行检查，确认吊装操作完全符合安全要求，并清理施工区域，为后续工作做好准备。

（四）预制叠合梁的安装

预制叠合梁安装的基本顺序是：基层处理→测量放线定位→安装临时支撑→临时支撑固定→预制叠合梁吊装并就位→预制叠合梁位置标高调整→摘钩并完成吊装。

1. 基层处理

当楼面混凝土达到设计强度后，清理楼面是至关重要的。清理过程包括清除混凝土表面的任何杂物、积水、碎片以及其他污物，确保表面平整、干净。

清理不仅有助于提升楼面外观质量，还能为后续施工作业提供良好的施工条件，例如铺设地板、安装设备等。在清理过程中，需要使用合适的清洁工具和设备，如扫帚、吸尘器、清洗机等，确保清理彻底，并且要注意施工安全，避免发生意外伤害。

2. 测量放线定位

根据结构平面布置图，放出定位轴线及子叠合梁定位控制边线，并在相应位置做好控制线标识。这包括根据设计要求在结构平面上标注主要的定位轴线和子叠合梁定位控制边线，以确定建筑物的位置和方向。标识控制线时需要使用明确的标志，如标尺、标志杆等，确保其清晰可见，以便施工人员在施工现场准确地确定建筑物的位置，从而保证施工的准确性和一致性。

3. 安装临时支撑

在进行建筑结构施工时，安装临时支撑是确保施工过程安全稳定的关键步骤之一。首先，根据设计要求和施工计划确定临时支撑的位置、数量和类型。其次，选用适当的支撑材料和结构，在施工现场进行安装。在安装过程中，要确保支撑结构的稳固可靠，能够承受所需的荷载，并且应根据需要进行调整和固定，以确保支撑不会因外力或其他因素而移动或倾斜。最后，在安装完成后，要对临时支撑进行检查，确保其符合安全要求，并在需要时加强支撑或进行调整。安装临时支撑的过程需要严格遵守相关的安全规范和标准，以确保施工过程的安全性和顺利进行。

4. 临时支撑固定

在建筑结构施工过程中，临时支撑的固定是确保施工安全和稳定的重要步骤。在固定临时支撑时，要选择合适的固定方式，如使用螺栓、支撑底座或者钢丝绳等，将临时支撑稳固地连接到地面或其他结构上。在固定过程中，必须确保支撑结构稳固可靠，不会因外力或其他因素影响而移动或倾斜。同时，要根据实际情况和设计要求进行调整和固定，确保支撑结构符合施工需要。固定临时支撑的过程中，需要严格遵守相关的安全规范和标准，以确保施工过程的安全性和质量。

5. 预制叠合梁吊装并就位

支撑体系搭设完成后，按照图纸或施工方案规定的吊点位置，进行吊钩和绳索的安装连接。确保吊绳的夹角不小于45°。如果使用吊环起吊，必须同时拴好保险绳。对于兜底吊运，必须用卡环卡紧。挂好钩绳后缓缓提升，绷紧钩绳，当离地约500 mm时停止上升，仔细检查吊具是否牢固，拴挂是否安全可靠，确认后方可吊运就位。安装顺序应遵循先安装主梁后次梁、先低后高的原则。

6. 预制叠合梁位置标高调整

预制叠合梁位置标高调整是确保梁的安装位置高度符合设计要求的重要步

骤。调整过程通常包括以下几个步骤：首先，根据设计要求和实际情况，确定需要调整的梁的位置和高度。其次，采取相应的调整措施，如调整支撑底座高度、增加垫块等，将梁的位置标高进行调整。在调整过程中，需要精确测量和确认，以确保梁的位置标高符合设计要求。最后，进行必要的固定和稳定措施，确保梁在安装过程中保持稳定。整个调整过程需要严格遵守相关的安全规范和标准，以确保施工过程的安全性和顺利进行。

7. 摘钩并完成吊装

摘钩并完成吊装是指在预制构件成功吊装到位后，操作人员将吊钩或吊具从构件上取下，并确保吊装过程的顺利完成。在摘钩之前，必须确认预制构件已经牢固地安装到指定位置，并且所有临时支撑和安全措施已经拆除。摘钩过程需要谨慎进行，以防止构件突然移动或倾斜而引发意外事故。完成摘钩后，需要对吊装现场进行检查，确认吊装操作完全符合安全要求，并清理施工区域，为后续工作做好准备。完成摘钩并清理施工区域后，吊装作业才算正式完成。

（五）预制叠合板的安装

预制叠合板安装的基本顺序是：基层处理→测量放线定位→安装临时支撑→预制叠合板吊装并就位→预制叠合板位置标高调整→摘钩并完成吊装。

1. 基层处理

预制叠合板的安装，首先需要进行基层处理，包括清理基础表面，确保其平整、干燥，清除任何可能影响叠合板安装的障碍物，并确保基础结构符合设计要求；其次，根据设计图纸和标高要求，精确标定叠合板的安装位置，并确保叠合板与其他构件的连接部位预留适当的间隙和预埋件。基层处理的质量会直接影响叠合板安装的稳固性和整体质量，因此必须严格按照相关的施工规范和标准进行操作。

2. 测量放线定位

在预制叠合板的安装过程中，测量放线定位是至关重要的一步。这个过程需要根据设计图纸和施工要求，在基层上进行精确的测量，并通过放线的方式确定叠合板的准确位置和方向。首先，根据设计要求确定叠合板的安装位置和方向，然后在基层上标出相应的参考点；其次，使用测量工具进行精确测量，确保叠合板位置的准确性和垂直度；最后，利用放线工具沿着已标出的参考点进行放线，以确保叠合板的准确定位和方向。通过严谨的测量放线定位，可以确保叠合板安装的准确性和施工质量，从而保证建筑结构的稳固和美观。

3. 安装临时支撑

在建筑施工中，安装临时支撑是确保施工安全的重要步骤之一。首先，根据设计要求和施工计划确定临时支撑的位置、数量和类型。其次，选择合适的支撑材料和结构，在施工现场进行安装。安装过程中，必须确保支撑结构稳固可靠，能够承受所需的荷载。根据需要进行调整和固定，确保支撑不会因外力或其他因素而移动或倾斜。最后，在安装完成后，对临时支撑进行检查，确保其符合安全要求，并在需要时加强支撑或进行调整。安装临时支撑的过程需要严格遵守相关的安全规范和标准，以确保施工过程安全、顺利地进行。

4. 预制叠合板吊装并就位

（1）吊装准备

在进行预制叠合板的起吊时，需要尽可能减小因自重产生的弯矩。如果使用钢扁担吊装架进行吊装，需要确保4个吊点均匀受力，以保证构件平稳吊装。每块预制叠合板须设4个起吊点，这些吊点位置通常位于预制叠合楼板中格构梁上弦与腹筋交接处或者预制叠合板本身设计的吊环位置。具体的吊点位置需要由设计人员根据实际情况进行确定。这些措施能够确保预制叠合板的安全吊装，并减小叠合板因自重而产生的弯矩，保障施工安全。

（2）试吊

在进行吊装时，首先应将水平构件吊离地面约500 mm，然后检查吊索是否有歪扭或卡死现象，以及各吊索受力是否均匀。当叠合板构件接近安装位置1 000 mm时，需要用手将构件扶稳，然后缓慢将其下降就位。这个过程需要非常谨慎，以确保构件的安全安装，并且需要确保吊索受力均匀，避免发生意外事故。

（3）正式起吊及定位

在将预制叠合板安装到位时，需要垂直从上向下进行安装，在作业层上方20 cm处稍作停顿。此时，施工人员需手持预制叠合板，调整方向，确保板的边线与墙上的安放位置线对准，同时注意避免预制叠合板上的预留钢筋与墙体钢筋相互碰撞。放下叠合板时，应平稳慢放，严禁快速猛放，以避免冲击力过大造成板面振折产生裂缝。当遇到5级以上的风力时，应立即停止吊装操作，确保施工安全。这些措施可以保证预制叠合板安装过程顺利进行，并确保施工质量和安全。

5. 预制叠合板位置标高调整

预制叠合板位置标高调整是确保其安装位置高度符合设计要求的重要步骤。在进行调整时，需要根据设计要求和实际情况，采取相应的调整措施，如调整支撑底座高度、增加垫块等，以确保叠合板位置标高的准确性。调整完成后，需要进行精确的测量和确认，以确保叠合板位置标高符合设计要求。同时，还需确保调整过程中施工现场的安全，严格遵守相关的操作规程和安全标准，以保障叠合板安装的准确性、稳定性和安全性。

6. 摘钩并完成吊装

摘钩并完成吊装是指在预制叠合板成功吊装到位后，操作人员将吊钩或吊具从叠合板上取下，并确保吊装过程顺利完成。在摘钩之前，必须确认叠合板已经牢固地安装到指定位置，并且所有临时支撑和安全措施已经拆除。摘钩过程需要谨慎进行，以防止叠合板突然移动或倾斜而引发意外事故。完成摘钩后，需要对吊装现场进行检查，确认吊装操作完全符合安全要求，并清理施工区域，为后续工作做好准备。完成摘钩并清理施工区域后，吊装作业才算正式完成。

（六）预制楼梯的安装

（1）根据施工图纸要求，需要弹出楼梯安装的控制线，并对这些控制线及标高进行复核，以确保其准确性。在安装楼梯时，需要保留梯侧面距结构墙体20 mm的空隙，以便后续装修的抹灰层有足够的空间。同时，在梯井之间也需要根据楼梯栏杆安装要求预留空隙。在梯梁面放置钢垫片，并铺设细石混凝土找平，以确保楼梯安装的平整度和稳固性。在进行楼梯预制构件吊装前，需要检查预埋套筒螺丝位置、丝扣完整度、单件质量、编号等，以确保吊装过程顺利进行和施工质量符合要求。另外，还需要检查竖向连接钢筋，并对偏位钢筋进行必要的校正，以确保楼梯的安全性和稳固性。

（2）在预制楼梯的吊装过程中，先要将吊环螺钉与预埋套筒拧紧，调整吊索的长度，确保在起吊过程中预制梯段休息平台保持水平状态。然后采用可调式横吊梁均衡起吊就位，吊点必须设置4个及以上。预制楼梯吊装时，由于楼梯自身抗弯刚度足以满足吊运要求，因此采用常规方式吊运，即使用长短钢丝绳或吊索。吊装之前需要提前根据楼梯深化设计情况计算相应的钢丝绳或吊索长度。为了确保预制楼梯准确安装到位，需要控制楼梯两端吊索长度，要求楼梯两端部同时降落至休息平台上。

（3）当预制楼梯采用预留锚固钢筋方式时，施工流程通常是先放置预制楼梯，然后再与现浇梁或板进行连接，形成整体结构。这种方式能够确保预制楼梯与现浇部位之间的连接牢固，同时也有利于施工的组织和协调，确保施工进度和质量的顺利完成。

（4）在采用预埋件焊接连接方式时，预制楼梯与现浇梁或板之间的连接顺序通常是先现浇梁或板，再搁置预制楼梯进行焊接连接。这样的施工顺序可以确保现浇梁或板的位置准确和稳定，为后续的预制楼梯安装提供可靠的支撑和连接基础。通过在现浇混凝土中预留焊接预埋件的方式，可以实现预制楼梯与现浇结构的牢固连接，确保整体结构的安全稳定。

（5）在框架结构中，预制楼梯的吊点可以设置在预制楼梯板的侧面，而在剪力墙结构中，预制楼梯的吊点则可设置在预制楼梯板的面上。这种不同位置的设置可以根据具体的结构类型和要求，以及施工现场的实际情况来确定，以确保预制楼梯的安全吊装和稳固连接。

（6）预制楼梯安装时，上下预制楼梯应保持通直。

四、预制构件连接

预制构件连接是建筑施工中至关重要的一环，它会直接影响整体结构的稳定性和安全性。在进行预制构件连接时，首先需要根据设计图纸和相关规范要求选择合适的连接方式，包括钢筋连接、螺栓连接、焊接、搭接等。连接时，要确保连接件的质量符合要求，连接面清洁平整，以确保连接的稳固性和密封性。同时，还需要严格控制连接件的安装位置和方向，确保连接的准确性和稳定性。在连接完成后，应进行必要的检查和测试，以确认连接的牢固性和可靠性。另外，还需要注意连接部位的防腐蚀处理，以延长连接件的使用寿命。总之，预制构件连接是施工过程中的关键环节，需要严格按照规范和要求进行操作，确保建筑结构的安全可靠。

预制构件的连接通常分湿连接和干连接两种。湿连接的核心是钢筋连接，包括套筒灌浆、浆锚搭接等（见表4-1所列）。这两种连接方式目前在装配整体式剪力墙结构中应用较多。湿连接还包括：预制构件与现浇接触界面的构造处理，如键槽和粗糙面；其他方式的辅助连接，如型钢螺栓连接。干连接用得最多的方式是螺栓连接、焊接和搭接，此处不再详细介绍。

表4-1　套筒灌浆连接与浆锚搭接

技术优缺点	套筒灌浆连接	浆锚搭接
优点	安全可靠、操作简单、适用范围广	成本低；插筋孔直径大，制作精度要求比套筒灌浆低
缺点	成本高、精度要求略高	（1）浆锚搭接应用范围比套筒灌浆连接应用范围窄，国外把浆锚搭接用于高层或超高层装配式建筑构件竖向连接的成功经验少。 （2）浆锚搭接连接钢筋搭接长度是套筒灌浆连接钢筋连接长度的1倍左右，导致现场构件注浆量大、注浆作业时间长，还会增加运输、施工吊装的难度，降低施工效率。 （3）以上两点是螺旋箍筋浆锚搭接与波纹管浆锚搭接的共同缺点，螺旋箍筋浆锚搭接另一个缺点是螺旋箍筋浆锚搭接内模成孔质量难以保证，脱模时，孔壁容易被破坏

（一）钢筋套筒灌浆连接

钢筋套筒灌浆连接是一种通过在金属套筒中插入单根带肋钢筋，并注入灌浆料拌和物，使其硬化形成整体，并实现传力的钢筋对接连接方式。这种连接方式在钢筋与混凝土构件之间提供了可靠的连接，增强了结构的承载能力和稳定性。根据结构形式的不同，钢筋灌浆套筒可以分为全灌浆套筒和半灌浆套筒两种类型。全灌浆套筒是指两端均采用套筒灌浆连接的灌浆套筒，而半灌浆套筒则是指一端采用套筒灌浆连接，另一端采用机械连接方式连接的灌浆套筒。半灌浆套筒根据非灌浆一端的连接方式又可细分为直接滚轧直螺纹灌浆套筒、剥肋滚轧直螺纹灌浆套筒和镦粗直螺纹灌浆套筒等不同类型，这些不同类型的套筒灌浆连接方式可根据具体工程需求和设计要求进行选择和应用。

钢筋连接所用的套筒灌浆料是一种以水泥为基本材料，配以细骨料、混凝土外加剂和其他材料组成的干混料。它是一种干粉料，加水搅拌后具有良好的流动性、早强性、高强性、微膨胀性等性能。套筒灌浆料被填充于套筒和带肋钢筋之间的间隙中，用于实现钢筋与混凝土构件的连接。这种灌浆料可以有效填充钢筋和套筒之间的空隙，形成坚固的连接，并提供一定的保护和防腐作用。套筒灌浆料在施工过程中操作简便，能够满足连接过程的技术要求和施工需求，是钢筋连接中常用的一种填充材料。

1. 基本要求

钢筋连接用套筒灌浆料的基本要求如下。

①流动性：灌浆料应具有良好的流动性，能够充分填充钢筋与套筒之间的空隙，确保连接牢固。

②早强性：灌浆料应具有较快的早期强度发展，能够在较短的时间内形成足够的强度，以支撑钢筋连接的承载。

③高强度：灌浆料应具有足够的抗拉、抗压强度，确保连接的稳定性和可靠性。

④微膨胀性：适当的微膨胀性能有助于灌浆料充分填充空隙，提高连接的紧密度和黏结性。

⑤耐久性：灌浆料应具有良好的耐久性能，能够抵抗水、潮湿、化学物质等环境因素的侵蚀，保持连接的长期稳定性。

⑥黏结性：灌浆料与钢筋和混凝土之间应具有良好的黏结性，确保连接牢固，不易发生剥落或脱层现象。

⑦施工性：灌浆料应易于搅拌、注入和固化，操作简便，能够满足现场施工的需要。

综上所述，这些基本要求保证了钢筋连接用套筒灌浆料在施工过程中能够达到连接牢固、安全可靠的目的。

2. 构件安装与连接

（1）预制构件钢筋及灌浆套筒的安装应符合下列规定。

①在连接钢筋与全灌浆套筒安装时，应按照设计要求逐根将钢筋插入灌浆套筒内，插入的深度应满足设计锚固深度的要求。同时，在钢筋安装过程中，应将其固定在模具上，确保连接的准确性和稳定性。灌浆套筒与柱底、墙底模板应保持垂直，因此可采用橡胶环、螺杆等固定件，以避免在混凝土浇筑和振捣过程中灌浆套筒和连接钢筋发生移位现象，从而确保连接的质量。

②与灌浆套筒连接的灌浆管、出浆管应定位准确、安装稳固。

③应采取防止混凝土浇筑时向灌浆套筒内漏浆的封堵措施。

（2）在安装预制柱或墙之前，应在预制构件及其支承构件之间设置垫片，以保证安装的准确性和稳定性。这些垫片通常用钢质材料制成，以确保其坚固耐用。通过设置垫片，可以调整预制构件的底部标高，以满足设计要求。此外，还可以在构件底部的四个角落加塞垫片，用于调整构件安装时的垂直度，以确保构件安装的水平度和垂直度符合要求。这些调整措施可以提高预制构件安装的精确度和稳定性，从而保证整体建筑结构的质量和安全。

（3）灌浆施工方式及构件安装应符合下列规定。

①遵循设计要求：施工应按照设计图纸和相关规范要求进行，确保施工质量和安全性。

②合理选择灌浆材料：选择适合的灌浆材料，确保其质量符合要求，满足构件连接的强度和稳定性要求。

③施工工艺规范：严格按照施工工艺进行施工，包括搅拌、灌注、固化等环节，确保施工质量和效率。

④保证灌浆均匀：确保灌浆材料在构件连接空间中均匀填充，防止出现空洞或气泡，保证连接的牢固性。

⑤施工操作规范：施工人员应具备相关的操作技能和经验，严格按照施工要求进行操作，确保施工安全。

⑥现场管理规范：加强现场管理，确保施工现场秩序井然，材料摆放合理，施工过程中安全防护措施到位。

⑦质量检验和验收：完成施工后，进行质量检验和验收，确保施工质量符合要求，达到设计要求和规范标准。

（4）灌浆套筒安装就位后，灌浆孔和出浆孔应位于套筒水平轴正上方，偏差不超过±45°的锥体范围内。此外，还应安装连接管或连接头，其孔口位置应超过灌浆套筒外表面的最高位置，以确保施工中灌浆材料能够顺利注入套筒内并充分填满连接空间。

（5）灌浆施工应按施工方案执行，并应符合下列规定。

遵循设计要求：施工必须遵循相关的设计要求和工程规范，确保施工质量和安全性。

①严格按照施工方案进行操作：施工人员必须严格按照施工方案的要求进行操作，不得擅自变更或修改。

②确保施工质量：施工过程中应注重施工质量，确保灌浆材料充分填充连接空间，保证连接的牢固性和稳定性。

③注意施工环境和条件：施工应在适宜的环境和条件下进行，确保施工现场通风良好、干燥清洁，避免雨水侵入或其他外界因素对施工造成影响。

④合理控制施工工艺：施工人员应掌握合理的施工工艺，包括搅拌、注浆、固化等环节，确保施工质量达标与工程高效推进。

⑤严格遵守安全操作规程：施工人员必须严格遵守安全操作规程，正确使用施工设备和工具，确保施工过程的安全。

⑥及时处理施工中的问题：如发现施工中存在的问题或隐患，应立即采取措施加以解决，确保施工的顺利进行。

⑦保证施工记录和验收：施工结束后，应做好施工记录和验收工作，确保施工质量符合要求，工程质量达到设计要求和规范标准。

（二）钢筋浆锚搭接连接

钢筋浆锚搭用于将预制构件的受力钢筋通过特制的预留孔洞进行搭接。在安装构件时，将需要搭接的钢筋插入孔洞中，直至达到设定的搭接长度。然后，通过灌浆孔和排气孔向孔洞内注入灌浆料。随着灌浆料的凝固硬化，完成两根钢筋的搭接连接。这种浆锚搭接连接方式包括螺旋箍筋约束浆锚搭接连接、金属波纹管浆锚搭接连接以及其他采用预留孔洞插筋后灌浆的间接搭接连接方式。

（1）竖向钢筋采用浆锚搭接连接时，需要对预留孔成孔工艺、孔道形状和长度、构造要求、灌浆料以及被连接钢筋进行力学性能和适用性的试验验证。直径大于20 mm的钢筋不适宜采用浆锚搭接连接，而直接承受动力荷载的构件的纵向钢筋也不应采用浆锚搭接连接。这些试验验证的目的是确保连接的可靠性、稳定性和符合结构设计要求，以提高结构的安全性和可靠性。

（2）钢筋浆锚搭接连接接头应采用水泥基灌浆料。其性能应符合表4-2的性能指标要求。

表4-2 性能指标

检测项目		性能指标
流动度/mm	初始	≥200
	30 min	≥150
抗压强度/MPa	1 d	≥35
	3 d	≥55
	28 d	≥80
竖向自由膨胀率/%	24 h与3 h差值	0.02～0.5
氯离子含量/%		0.06

（3）在竖向构件与楼面连接处的水平缝进行灌浆前，需要确保该缝隙已经清理干净，没有任何杂物或污物。在灌浆前的24 h内，连接面应充分浇水湿润，以提高灌浆的黏附性和密实度。同时，需要注意确保灌浆前没有积水，以免影响灌浆材料的流动性和灌浆效果。这些措施有助于确保连接处的灌浆工作顺利进行，提高连接的牢固性和稳定性。

（4）在灌浆工作中，应当采用电动搅拌器充分搅拌灌浆料，确保其搅拌均匀。搅拌时间从开始加水到搅拌结束应不少于5 min，然后静置2～3 min。搅拌后的灌浆料应在30 min内使用完毕，以确保其流动性和性能不会因时间过长而降低。此外，需要控制每个构件的灌浆总时间在30 min以内，以保证施工的高效性和质量稳定性。

（5）直径大于20 mm的钢筋不适宜采用浆锚搭接连接，因为其较大的直径可能会影响灌浆的质量和连接的稳定性。此外，直接承受动力载荷的构件的纵向钢筋也不应采用浆锚搭接连接。当房屋高度大于12 m或超过3层时，也不宜使用浆锚搭接连接，因为这种连接方式可能无法满足较大高度或多层结构的强度和稳定性要求。因此，在选择连接方式时，需要根据具体情况考虑结构的要求和安全性。

五、成品保护

在建筑施工中，成品保护是确保建筑材料和构件在运输、存储、安装和使用过程中免受损坏、污染或其他不利影响的重要措施。成品保护措施包括但不限于以下内容。

①包装和封装：对于易碎或容易受到外部影响的建筑材料和构件，应该采取适当的包装和封装措施，例如使用泡沫板、木箱、塑料膜等进行包装，以减少碰撞、振动或其他物理损害。

②安全堆放：建筑材料和构件在存储和运输过程中应该进行安全堆放，避免受到挤压、摩擦或其他形式的损害。在堆放时应留出足够的通道和间隙，以便于操作和通风。

③清洁和维护：定期对建筑材料和构件进行清洁和维护，及时清除尘土、杂物和污垢，确保其表面光滑、干净，延长使用寿命。

④避免接触有害物质：建筑材料和构件应远离有害物质和化学品，避免受到腐蚀、变色或其他化学损害。

⑤严格按照操作规程进行处理：在搬运、吊装和安装建筑材料和构件时，应严格按照操作规程进行，确保操作安全、准确，避免发生意外或损坏。

通过以上成品保护措施，可以有效地保护建筑材料和构件，确保其质量和完整性，从而提高建筑工程的施工质量和安全性。

六、施工安全、绿色施工及环境保护

（一）安全防护

（1）装配整体式混凝土结构施工时，建议采用围挡或安全防护操作架来确保工作场所的安全。针对特殊结构或必要的外墙板构件安装，可以考虑选用落地脚手架进行支撑。在搭设脚手架时，务必符合国家现行相关标准的规定，以确保施工安全和质量。

（2）在装配整体式混凝土结构施工过程中，绑扎柱、墙钢筋时应当使用专用的登高设施，以确保施工人员的安全。特别是当工作高度高于围挡时，施工人员必须佩戴穿芯自锁保险带，以提供额外的安全保障。这些措施有助于减少高空作业的安全风险，保障施工人员的生命安全。

（3）在采用围挡式安全隔离的安全防护措施中，楼层围挡的高度应不低于1.50 m，而阳台围挡的高度则应不低于1.10 m。此外，在楼梯临边处，必须额外设置高度不小于0.9 m的临时栏杆，以提供更加可靠的安全防护措施，确保施工过程中人员的安全。这些措施有助于减少高处坠落等事故的发生，保障工人在施工现场的生命安全。

（4）围挡式安全隔离应与结构层有可靠连接，满足安全防护需要。

（5）在设置围挡时，应采取吊装一块外墙板并拆除相应位置围挡的方法，按照吊装的顺序，逐块进行。当预制外墙板就位后，必须及时安装上一层的围挡，以确保在施工过程中始终保持适当的安全隔离措施。这样的操作顺序有助于有效管理施工现场，保障施工人员和周围环境的安全。

（6）在采用操作架进行安全防护时，必须确保操作架与结构之间具有可靠的连接体系，以确保操作架的稳固性和牢固性。此外，操作架的受力必须满足结构计算的要求，以确保操作架在使用过程中能够承受所施加的各种力和荷载，保障施工人员的安全。这样的安全措施有助于减少高处作业的安全风险，确保施工现场的安全和稳定。

（7）在预制构件、操作架、围挡进行吊升时，应在吊装区域的下方设置安全警示区域，并安排专人进行监护和管理。该区域严禁任何人员随意进入，以确保在吊装过程中周围区域的安全。这样的措施有助于防止意外事件的发生，保障施工现场的整体安全。

（8）在装配整体式结构的施工现场，必须设置消防疏散通道、安全通道以及消防车通道，并进行防火、防烟分区划分。这些通道和区域的设置有助于保障施工现场的安全，在紧急情况下确保人员能够及时疏散，并提供消防通道供消防车辆进入施工现场进行灭火和救援。同时，防火、防烟的分区划分可以有效地控制火势蔓延，最大程度地减少火灾带来的损失。

（9）施工区域必须配备消防设施和器材，并设置消防安全标识，以确保施工现场的消防安全。这些消防设施和器材包括但不限于灭火器、消防栓、消防水带等，必须定期进行检验和维修，保证其完好有效。这样在发生火灾等紧急情况时，可以及时采取措施进行灭火和救援，最大程度地减少人员伤亡和财产损失。

（二）施工安全

（1）装配式混凝土建筑施工应严格执行国家、地方、行业以及企业的安全生产法规和规章制度，全面落实各级各类人员的安全生产责任制。施工单位应根据工程施工特点对重大危险源进行深入分析并进行公示，同时制定相应的安全生产应急预案，以确保在施工过程中能够及时、有效地应对各种安全生产风险和突发情况，保障施工现场的安全生产。

（2）施工单位应对从事预制构件吊装作业的相关人员进行安全培训与交底，确保他们了解预制构件进场、卸车、存放、吊装、就位等各个环节的作业风险，并能够理解和识别相关的安全风险。同时，施工单位还应制定相应的防控措施，确保在施工过程中能够有效地预防和应对各种安全问题，保障施工作业的安全进行。

（3）在安装作业开始前，施工单位应在安装作业区进行围护并设置明显的标识，例如设置围栏、拉警戒线等，以限制非相关人员的进入。根据危险源的级别，合理安排旁站人员，负责监督和管理作业现场。严禁未经许可或与安装作业无关的人员进入作业区域，以确保施工安全和工作的顺利进行。

（4）施工作业所使用的专用吊具、吊索、定型工具式支撑、支架等设备，在使用前应进行安全验算，以确保其承载能力和稳定性符合要求。同时，在使用过程中，需要进行定期和不定期的检查，以确保这些设备的安全状态。这样做可以最大程度地预防设备故障或损坏，保障施工作业的安全进行。

（5）吊装作业安全应符合下列规定。

①合理方案规划：制定合理的吊装方案，包括吊装操作流程、吊装设备选用、吊装路径规划等，确保吊装过程安全可控。

②设备检查：在吊装前对吊装设备进行全面检查，包括吊具、起重机械等，确保设备完好无损、操作正常。

③人员培训：对从事吊装作业的人员进行专业培训和安全交底，确保其具备相关操作技能和安全意识。

④安全防护：采取必要的安全防护措施，包括佩戴安全帽、安全鞋，使用安全带等，确保作业人员人身安全。

⑤通风检测：对作业现场进行通风检测，确保吊装作业区域内没有有毒、有害气体，保障作业人员的健康。

⑥环境检查：对吊装作业区域进行环境检查，清除可能存在的障碍物或危险物品，确保作业环境清洁、整洁。

⑦安全通道：设置安全通道，确保吊装作业区域的通道畅通，便于人员疏散和应急救援。

⑧作业监控：对吊装作业进行实时监控和指挥，及时发现并处理安全隐患，确保作业安全顺利进行。

⑨紧急预案：制定吊装作业的紧急预案和救援措施，应对突发事件，保障作业人员的生命安全。

（6）在夹芯保温外墙板后浇混凝土连接节点区域的钢筋连接施工中，严禁采用焊接连接方式。在预制外墙板吊装就位并且固定牢固后，方可进行脱钩操作。进行脱钩作业的人员应当使用专用梯子，并且在楼层内进行操作，以确保操作的安全性和稳定性。

（7）进行高空构件装配作业时，严禁在结构钢筋上攀爬。

（8）操作架要逐次安装与提升，不得交叉作业，每一单元不得随意中断提升，严禁操作架在不安全状态下过夜。

（9）操作架安装、吊升时，如有障碍，应及时查清，并在排除障碍后方可继续。

（10）预制结构现浇部分的模板支撑系统不得利用预制构件下部临时支撑作为支点。

（三）绿色施工

（1）采用环保材料和节能技术，可以减少对环境的污染和能源的消耗，同时保障施工过程的安全和人员的健康。采用可持续的施工方式，可以确保建筑工程在提高质量的同时，最大限度地减少资源浪费和环境损害，从而实现绿色、可持续的发展目标。

（2）贯彻执行国家、行业和当地现行的相关规范、技术标准和经济政策，确保施工过程符合环保要求，并注重资源的合理利用和循环利用。通过科学规划、有效管理和技术创新，实现装配整体式混凝土结构绿色施工的目标，促进可持续发展和环境保护。

（3）对于装配整体式混凝土结构，建立绿色施工管理体系至关重要。这一管理体系应包括施工管理、环境保护、节材与材料资源利用、节水与水资源利用、节能与能源利用、节地与施工用地保护等方面的管理制度和目标。通过这些制度和目标的制定和执行，可以有效地实现以下目标：减少环境污染和资源浪费，提高能源利用效率，保护施工用地和生态环境，促进可持续发展。建立绿色施工管理体系有助于确保装配整体式混凝土结构施工过程中的可持续性和环保性。

（4）有条件的装配式结构，构件吊装施工宜采用节材型围挡进行安全防护。

（5）在施工过程中，选择耐用、易于周转和维护以及方便拆卸的调节杆、限位器等临时固定和校正工具至关重要。这些工具可以确保预制构件在安装过程中保持正确的位置和方向，并提供临时支撑和校正措施，以确保施工的准确性和安全性。因此，选择合适的工具可以提高施工效率，减少安装错误，从而确保项目的顺利进行。

（6）采用工具式支撑体系对于预制阳台、叠合板、叠合梁等构件的安装是非常合适的。工具式支撑体系具有快速安装、灵活调整和便于拆卸的特点，可以有效提高施工效率并降低人力成本。此外，工具式支撑体系还可以根据具体的施工需求进行调整，适用于不同类型和尺寸的构件，提高周转率和使用效率，为工程的顺利进行提供保障。

（7）贴面类材料构件在吊装前的总体排版十分重要，可以最大限度减少非整块材料的使用，并确保与构件在工厂制作时一次成型。合理的排版可以减少材料的浪费，提高材料利用率，并且减少现场加工的工作量。不仅可以节约成本，还能够提高施工效率，确保施工质量。因此，在施工前务必对贴面类材料构件进行仔细的排版规划，确保吊装时的顺利进行。

（8）提前预留可以确保预埋件的位置准确和留孔、留洞的尺寸合适，并能够有效地控制施工过程中的质量。此外，同步预留还能够提高施工效率，减少施工周期，降低施工风险。因此，在工程规划和设计阶段，应充分考虑各类预埋件和留孔、留洞的位置和尺寸，并与工厂化构件制作同步预留，以确保施工的顺利进行。

（9）在预制混凝土叠合夹心保温墙板和预制混凝土夹心保温外墙板的施工中，连接内外层墙板的连接件应选用断热型抗剪连接件。这种连接件能够有效地减少热桥效应，提高墙体的保温性能，并且具有良好的抗剪性能，确保墙体的稳固连接。采用断热型抗剪连接件可以有效提高墙体的整体性能，符合建筑结构的设计要求，同时也有利于提高建筑的能效表现。

（四）环境保护

（1）在施工现场加强对废水和污水的管理至关重要。应在现场设置专门的污水池和排水沟，用于收集和处理废水和污水。所有废水、废弃涂料、胶料等应当统一收集处理，严禁未经过处理的废水和废料直接排放到下水管道或自然环境中。采取这些管理措施可以有效减少施工现场对环境的污染，保护周边生态环境的健康和稳定。

（2）装配整体式混凝土结构施工中产生的易燃、易爆化学制品废弃物，如黏结剂、稀释剂等，应及时收集并送至指定的存储器内，按照规定进行回收处理。严禁未经处理的废弃物随意丢弃或堆放，以确保施工现场的安全和环境的保护。

（3）预制混凝土叠合夹心保温墙板和预制混凝土夹心保温外墙板的内保温系统所采用的保温材料，无论是粘贴板块还是喷涂工艺，其组成材料应当相容，相互之间无不良反应，并且在接触人体和环境时不应产生有害物质。这样可以确保保温系统的有效性和安全性，同时保护施工环境和保障用户的健康。

（4）安装预制构件的施工期间，应当严格遵守现行国家标准GB 12523—2011《建筑施工场界环境噪声排放标准》的相关规定，采取有效的措施控制施工现场的噪声。这些措施包括但不限于采用隔声屏障、降低机械设备噪声、合理安排作业时间、加装吸声材料等，以确保施工过程中产生的噪声不超过国家标准规定的限值，保障周边环境和居民的生活和健康。

（5）在施工现场，必须加强对废水和污水的管理，以保护环境和公共卫生。为此，应当在现场设置专用的污水池和排水沟，用于收集和处理产生的废水和污水。废水、废弃涂料、胶料等应当统一收集并进行合理处理，严禁未经处理直接排放到下水管道中。这样可以有效减少对周边环境和水资源的污染，确保施工过程环保，符合可持续发展理念。

（6）夜间施工时，应防止光污染对周边居民的影响。

（7）预制构件运输过程中，应保持车辆整洁，防止对场内道路的污染，并减少扬尘。

（8）在预制构件安装过程中，必须对废弃物进行分类回收处理，以减少对环境的影响。特别是易燃易爆的废弃物，如胶黏剂、稀释剂等，应及时收集并送至指定的储存器内进行安全存放，并按照规定进行回收处理，严禁随意丢弃未经处理的废弃物。这样可以有效减少施工过程中的环境污染和安全隐患，确保施工现场的安全和符合环保要求。

第五章

装配式钢结构体系

第一节　装配式钢框架结构

钢结构建筑的装配化不仅是指其结构构件在工厂中加工制作和现场安装的特点，而是一个更广泛的概念。装配化建筑更强调整个建筑体系的构件在生产、运输、安装等方面的整体优化和协调。这包括构件的设计、生产、运输、安装等各个环节的优化，以及现场施工过程的协调与管理。因此，要将钢结构建筑视为真正的装配化建筑，需要考虑整个建筑生命周期中的各个方面，而不仅仅是结构构件的装配特点。装配化钢结构建筑相对于传统的钢结构建筑而言，更注重设计、生产、运输和安装过程的模块化、预制化和标准化。这种建筑方法可以大大提高施工效率、降低施工成本，并且有助于保证施工质量和工程进度的可控性。同时，采用信息化管理和技术化操作，可以更好地协调各个施工环节，提高建筑工程的整体效益和竞争力，促进建筑产业的转型升级。

钢框架结构的主要构件包括钢梁和钢柱，在工厂预制完成后，在现场通过节点连接形成框架结构。通常情况下，钢梁与钢柱之间采用栓焊连接或全焊接连接，形成刚性连接，以提高结构的整体抗侧刚度。这种连接方式可以减少现场焊接的工作量，但需要注意避免焊缝的脆断，因此在有可靠依据的情况下，也可以考虑采用全螺栓连接，形成半刚性连接，以增加结构的延性。

装配式钢框架结构的部件包括钢梁、钢柱、外墙、内墙、楼梯等主要构件，均为预制构件。其中，楼板采用的是钢筋桁架楼承组合板，除在楼板面层需要进行现浇处理外，其他部分均为预制构件，可以减少现场的湿作业施工，从而提高装配化程度。

一、装配式钢框架的布置原则和适用范围

装配式钢框架的布置原则是根据建筑功能布局需求合理确定梁柱的位置和

间距，确保结构稳定性和空间利用率，同时考虑美观性和设计风格。装配式钢框架的适用范围广泛，包括住宅、商业、工业等各类建筑，特别适用于对结构性能要求高、施工周期短、易拆装和对灵活性要求高的项目。装配式钢框架结构一般的布置原则如下。

（1）钢框架建筑的平面设计应尽可能采用方形、矩形等对称的规则平面，以便于结构布置和施工；同时，外墙板的设计宜采用少规格多组合，以降低模具制作费用，并确保钢构件的通用性和互换性；建筑户型的尺寸布置应以统一的建筑模数为基础，形成标准的建筑模块，以便于装配和构件的制作。

（2）框架柱网的布置应尽可能采用较大柱网，以减少梁柱节点的数量。这样的设计不仅可以增大建筑空间，使平面布置更加灵活，还能减少安装节点，从而加快施工速度，有利于加速装配化的进程。对于多层钢结构，柱距一般宜控制在6～9 m，以确保结构的稳定性和承载能力。

（3）框架梁的布置应确保每根钢柱在纵横两个方向都有钢梁与之可靠连接。这样的布置可以减少柱的计算长度，从而保证柱的侧向稳定性。此外，还应有目的地将较多的楼盖自重传递至外围框架柱，以便这些柱能够抵抗倾覆力矩并平衡相应的竖向荷载。

（4）次梁的布置应综合考虑多个因素，包括楼板的类型和经济跨度、建筑的降板需求，以及隔墙的厚度和布置等。为了提高经济效益，应尽可能减少次梁的布置数量。一般来说，次梁的间距宜控制在2.5～4.5 m，以满足结构和使用的需求。

以内廊式建筑的结构平面布置为例，钢结构的布置优势在于其强度高、适用跨度大。相对于混凝土框架结构而言，钢框架结构能够实现更大的跨度，从而在保证结构强度的前提下减少主梁的跨度，使得结构布置可改为两跨布置，进而减少一排框架柱的设置。这不仅能方便构件加工，同时也能加快现场梁柱的装配进度，达到经济合理的设计目标。

对于钢框架结构，由于钢材的强度高，钢结构框架能有效避免“粗梁笨柱”现象，但也会造成钢框架结构的侧向刚度有限，结构的最大适用高度受到一定的限制。钢框架结构房屋的最大高度见表5-1所列。

表5-1　钢框架结构房屋的最大高度

抗震设防烈度	6、7度（0.10 g）	7度（0.15 g）	8度		9度（0.40 g）
			（0.20 g）	（0.30 g）	
最大高度/m	110	90	90	70	50

在实际工程中，特别是在抗震区和风荷载较大的地区，当建筑结构达到一定高度时，梁柱截面尺寸的设计往往受到结构的刚度控制而不是强度控制。为了控制构件的截面尺寸和用钢量，一般情况下，钢框架结构的高度通常不会超过18层。这种限制可以有效地平衡结构的安全性、经济性和施工的可行性，确保建筑在高度方面的稳定性和可靠性。

二、装配式钢框架结构的构件拆分

钢结构的受力钢构件通常在钢构厂进行加工，然后在现场通过螺栓连接或焊接连接成为整体。在钢构件工厂加工时，拆分原则主要考虑受力合理、运输条件、起重能力、加工制作简单、安装方便等因素。对于钢结构的楼板、外墙板及楼梯等构件，拆分应根据构件的种类，遵循受力合理、连接简单、标准化生产、施工高效的原则。在保证方便加工和节省成本的基础上，必须确保工程质量。

装配式钢框架结构的钢框架柱、钢梁、楼板、外墙板、楼梯等构件的拆分详述如下。

（一）钢框架柱的拆分

钢框架柱的拆分是针对特定的结构要求和实际情况进行设计和实施的过程。在进行拆分时，需要考虑多个方面的因素，包括结构的受力情况、钢柱的长度和截面尺寸、运输和安装的条件、加工制作的复杂性以及成本等。合理的拆分方案应该能够满足结构的受力要求，确保每段钢柱都能够承受相应的荷载，并且在运输和安装过程中便于操作和管理。同时，考虑加工制作的效率和成本控制，拆分方案应该尽可能简化，减少材料浪费和加工成本，以提高工程的经济性和施工效率。

（二）钢梁的拆分

钢梁的拆分是针对具体的结构设计和施工需求而进行的一项工作。在进行钢梁拆分时，需要考虑多个因素，包括结构的受力要求、钢梁的长度、截面尺寸、运输和安装条件、加工制作复杂性以及成本等。合理的拆分方案应该能够满足结构的受力要求，确保每段钢梁都能够承受相应的荷载，并且在运输和安装过程中便于操作和管理。同时，为了提高加工制作的效率和降低成本，拆分方案应尽可能简化，减少材料浪费和加工成本，以提高工程的经济性和施工效率。

（三）楼板的拆分

楼板的拆分是指将整块楼板按照设计和施工需要切割或拆分成若干个部分

的过程。在进行楼板拆分时，需要考虑多个因素，包括结构的受力要求、楼板的跨度、厚度和荷载要求、施工工艺和安装条件等。拆分方案应能够满足结构的受力要求，确保每块楼板都能够承受相应的荷载，并且在施工和安装过程中便于操作和管理。同时，为了提高施工效率和降低成本，拆分方案应尽可能简化，减少材料浪费和加工成本，以提高工程的经济性和施工效率。

钢筋桁架楼承板的宽度通常为576 mm或600 mm，长度可达12 m。在设计时，一般沿着楼板短边的受力方向进行连续铺设，然后将其支撑在长边方向的钢梁上。接着需要进行桁架连接钢筋的绑扎工作，并在支座处添加附加钢筋和板底分布钢筋。最后对整个构件进行混凝土浇筑，形成钢筋桁架楼承板与混凝土组合楼板。这样的设计和施工方式能够确保楼板的受力合理分布，同时保证整体结构的稳定性和承载能力。

桁架钢筋混凝土叠合板是一种通过利用混凝土楼板的上下层纵向钢筋与弯折成形的钢筋焊接而构成的桁架结构，这种结构能够承受荷载。通过结合预制混凝土底板，形成在施工阶段不需要模板且板底不需要支撑就能够承受施工阶段荷载的楼板。一般而言，桁架钢筋混凝土叠合板的预制底板厚度约为60 mm，后浇的混凝土叠合层厚度一般不少于70 mm，以确保结构的稳固性和承载能力。为了方便管线的铺设，这一厚度通常不小于80 mm。在进行楼板拆分设计时，预制混凝土底板应当等宽拆分，并且尽量拆分成标准的板型。在单向叠合板的拆分设计中，预制底板之间采用分离式接缝，而拼缝位置可以任意设置。而在双向叠合板的拆分设计中，预制底板之间采用整体式接缝，接缝位置则宜设置在叠合板受力较小的部位。在桁架钢筋混凝土叠合板的平面布置中，DBS板代表双向板，而DBD板代表单向板。

（四）外墙板的拆分

目前，在民用钢结构建筑中，常用的外墙板主要包括蒸压加气混凝土外条板和预制混凝土夹心保温外墙板。蒸压加气混凝土条板在居住建筑中的常见布置形式是竖向安装，采用分层承托的方式。因此，在设计时应该分层进行板块的排列。通常，条板的宽度约为600 mm。为了避免材料的浪费，建筑设计应尽量符合300 mm的模数要求。此外，在设计窗户与墙体的分割时，也应该考虑到条板的布板模数，以确保整体结构的协调和美观。

在拆分预制混凝土夹心保温外墙板时，一般情况下，其高度通常不会超过一个层高。确定每层墙板的尺寸时，需要综合考虑建筑立面设计、结构布置、制作工艺、运输能力以及施工吊装等多方面的因素。为了节省工厂制作的钢模费用，墙板在拆分时应尽量符合标准化要求，采用少规格、多组合的方式来实现建筑外围护体系。相对而言，预制混凝土夹心保温外墙板应用于钢结构上时存在一些问题，如自重较大以及与主体钢结构构件连接方面不够成熟等。因此，研发轻质的预制混凝土夹心保温外墙板以及合理的连接构造措施是推广其在钢结构工程中应用的重要前提和基础。

（五）楼梯的拆分

装配式钢结构的楼梯可采用预制钢楼梯或预制混凝土楼梯。预制钢楼梯通常为梁式楼梯，其楼梯踏步上宜铺设预制混凝土面层以增加舒适性和耐久性。而预制混凝土楼梯一般为板式楼梯。在进行楼梯拆分设计时，一般以一跑楼梯作为一个单元进行拆分。钢楼梯自重较轻，一般带有平台板进行拆分；而混凝土楼梯自重较大，拆分时是否带有平台板应根据吊装能力来确定。

为减少混凝土楼梯刚度对主体结构受力的影响，装配式混凝土楼梯与主体钢结构通常采用柔性连接。这意味着楼梯和主体结构之间不传递水平力，可以减少结构之间的相互影响。相比之下，钢楼梯的刚度较小，通常与主体结构采用固定式连接，以保证连接的稳固性和安全性。

三、装配式钢框架结构的设计要点

（一）梁柱节点的连接

为保证结构的抗侧移刚度，框架梁与钢柱通常做成刚接，满足强节点弱杆件的设计要求；梁柱连接节点的承载力设计值不应小于相连构件的承载力设计值；梁柱连接节点的极限承载力应大于构件的全塑性承载力，《高层民用建筑钢结构技术规程》对钢框架抗侧力结构构件的连接系数要求见表5-2所列。与《建筑抗震设计规范》相比，《高层民用建筑钢结构技术规程》对构件采用Q345钢材的梁柱连接的连接系数值要求略高；对箱型柱和圆管柱的柱脚连接系数值要求略低。《高层民用建筑钢结构技术规程》要求箱型柱的柱脚埋深不小于柱宽的2倍，圆管柱的埋深不小于柱外径的3倍。

表5-2　钢构件连接的连接系数

<table>
<tr><th rowspan="2">母材牌号</th><th colspan="2">梁柱连接</th><th colspan="2">支撑连接、构件拼接</th><th colspan="2" rowspan="2">柱脚</th></tr>
<tr><th>母材破坏</th><th>高强螺栓破坏</th><th>母材或连接板破坏</th><th>高强螺栓破坏</th></tr>
<tr><td>Q235</td><td>1.40</td><td>1.45</td><td>1.25</td><td>1.30</td><td>埋入式</td><td>1.2（1.0）</td></tr>
<tr><td>Q345</td><td>1.35</td><td>1.40</td><td>1.20</td><td>1.25</td><td>外包式</td><td>1.2（1.0）</td></tr>
<tr><td>Q345GJ</td><td>1.25</td><td>1.30</td><td>1.10</td><td>1.15</td><td>外露式</td><td>1.0</td></tr>
</table>

注：括号内的数字用于箱型柱和圆管柱。

考虑建筑空间和使用要求，梁柱连接形式一般为内隔板式或贯通隔板式。内隔板式常用于焊接钢管柱，贯通隔板式用于成品钢管柱。在对节点区设置有横隔板的梁柱连接进行计算时，弯矩由梁翼缘和腹板受弯区的连接承受，而剪力由腹板受剪区的连接承受。在工程中，为了满足节点计算的强连接要求，必要时梁柱可采用加强型连接或骨式连接，以确保在大震作用下梁先产生塑性铰并控制梁端塑性铰的位置，从而避免节点翼缘焊缝出现裂缝和脆性断裂的情况。梁翼缘扩翼式连接和梁翼缘局部加宽式连接适用于焊接钢管混凝土柱内隔板式连接，而梁翼缘盖板式连接和梁翼缘骨式连接则适用于成品钢管混凝土柱贯通隔板式连接。隔板上浇筑孔的开设，需要根据柱中是否浇筑混凝土来确定。此外，需要注意的是，与同一根柱相连的框架梁，在设计时应合理选择梁翼缘板的宽度和厚度，以确保节点四周的钢梁高度尽量统一或相差在150 mm范围内。这样可以在节点区设置两块隔板，否则就需要设置三块隔板，从而增加构件制作的工作量。

梁翼缘与柱焊接，腹板与柱高强螺栓连接，是目前工程中最常见的梁柱刚性连接方式。为了减少现场的焊接工作量并避免焊接引起的热影响对构件的不利影响，当有可靠依据时，梁柱也可以采用连接件加高强螺栓的全螺栓连接方式。例如，外套筒连接是一种常见的全螺栓连接方式，首先将4块钢板围焊并与柱壁塞焊连接，然后通过高强螺栓和连接件将梁柱连接起来。外伸端板加劲连接是《装配式钢结构建筑技术标准》推荐的全螺栓节点连接方式，而短T形钢加劲连接则是一种刚度较大的全螺栓节点连接方式。这种全螺栓连接方式由于连接本身不是连续的材料，在节点受力过程中，各单元之间会产生相互的滑移和错动，节点连接的刚度与连接件厚度、柱壁厚度、高强螺栓直径以及节点的加劲措施等因素密切相关。

由于钢管柱为封闭截面，安装螺栓有两种方法：其中一种是需要在节点区域柱壁上预先开设直径较大的安装孔，这样可以让螺栓通过柱壁并进行安装，安装完成后再将安装孔进行补焊以确保连接的牢固性和稳定性；另一种是采用具有单侧安装和单边拧紧功能的单边螺栓，这种螺栓在安装过程中只需在一侧进行操作，可以简化安装步骤并提高施工效率。

（二）主次梁的连接

主次梁的连接通常采用螺栓连接或焊接连接。螺栓连接是一种常见的连接方式，它通过高强度螺栓将主梁和次梁连接在一起，可以方便拆卸和更换。焊接连接则是将主梁和次梁的接触面进行熔接，形成一体化的连接，通常用于要求更高强度和稳定性的情况，但相对来说不易拆卸。选择哪种连接方式取决于具体的工程要求、结构设计和施工条件等因素。

（三）楼板与钢梁的连接

楼板与钢梁的连接通常采用焊接连接或螺栓连接。在焊接连接中，楼板的钢筋会与钢梁焊接在一起，形成一个稳固的连接。这种连接方式通常用于要求更高强度和稳定性的情况，但相对来说不易拆卸。螺栓连接是通过高强度螺栓将楼板和钢梁连接在一起，这种连接方式更为灵活，方便拆卸和更换。选择哪种连接方式取决于具体的设计要求、结构设计和施工条件等因素。

（四）外墙板与主体结构的连接

外墙板与主体结构的连接必须具备结构上的合理性、荷载传递的明确性、连接的可靠性，并且具备一定的变形能力，以适应主体结构的层间变形，确保连接部位不会因为结构变形而损坏或失效，从而保证整体建筑结构的稳定性和安全性。

预制混凝土夹心保温外墙板通常采用外挂柔性连接与主体结构连接，常见的方式是四点支承连接（包括上承式和下承式），连接件的设计需要考虑外墙板的形状、尺寸以及主体结构的层间位移等因素，以确保连接稳固可靠。具体的连接构造多由预制混凝土夹心保温板生产企业自主研发，目前尚未有统一的国家规范和图集规定。

蒸压加气混凝土外墙板与主体结构的连接可以采用内嵌式、外挂式和内嵌外挂组合式等形式。一般来说，分层外挂式连接方式传力明确，同时能确保保温系统的完整闭合；而内嵌式连接方式可以最大限度地减少钢框架露梁、露柱的问题，但需要解决钢梁柱的冷（热）桥问题。

（五）钢柱与基础的连接

钢柱与基础的连接通常采用焊接或螺栓连接方式。焊接连接适用于大型钢柱或要求更高承载能力的情况，通过焊接可实现连接的高强度和刚性；螺栓连接则更常见于较小型的钢柱连接，其优势在于安装方便、灵活性强，且易于调整。在连接时，须确保连接牢固、结构稳定，并符合设计要求和相关标准。

（六）预制阳台板、空调板与主体结构的连接

预制阳台板和空调板与主体结构的连接通常采用预埋螺栓、焊接或膨胀螺栓等方式。预制阳台板一般在制作时会预留连接部位的孔洞或预埋螺栓，然后通过螺栓与主体结构连接，以确保连接牢固和稳定。空调板的连接方式也类似，可以通过焊接或螺栓固定于主体结构上。在设计连接时，需要考虑结构的

承载能力、稳定性以及与主体结构的协调性，确保连接牢固可靠，符合建筑安全要求。

（七）其他需注意的设计要点

（1）对于高度不超过50 m的纯钢框架结构，通常在地震计算中选取阻尼比为0.04，这有助于提高结构的减震效果。而在风荷载作用下的承载力和位移分析中，阻尼比一般可以选取0.01，此时主要考虑结构的刚度和稳定性。如果是有填充墙的钢结构，阻尼比可适当调整为0.02，主要考虑填充墙对结构的影响。在舒适度分析计算中，阻尼比可取范围为0.01～0.015，主要考虑结构对人体舒适度的影响。这些阻尼比的选择既考虑了结构的性能要求，又兼顾了经济性和施工便利性。

（2）为防止框架梁下翼缘受到压力而发生屈曲，根据《建筑抗震设计规范》的要求，梁柱构件的受压翼缘在塑性区段应根据需要设置侧向支撑杆，即隅撑。当钢筋混凝土楼板与主梁上翼缘有可靠连接时，只需在主梁下翼缘平面内距离柱轴线1/8～1/10梁跨处设置侧向隅撑。这样的设计措施有助于增强梁柱构件的稳定性，提高整体结构的抗震性能。

在实际工程中，由于建筑使用以及室内美观的要求通常会限制侧向支撑（隅撑）的设置。

对明确不能设置隅撑的框架梁，首先可对钢梁受压区的长细比以及受压翼缘的应力比进行验算，若长细比 $\lambda_y \leqslant 60\sqrt{235/f_y}$，或应力比 $\sigma/f \leqslant 0.4$，则不设置侧向隅撑，否则可采用在梁柱节点框架梁塑性区范围内增设横向加劲肋的措施来代替隅撑。

（3）考虑 P - Δ 重力二阶效应，为保证钢框架的稳定性，钢框架结构的刚度应满足下式要求：

$$D_i \geqslant 5\sum_{j=i}^{n} G_j/h_i \quad (i=1,2,\cdots,n) \tag{5-1}$$

式中：D_i——第 i 楼层的抗侧刚度（kN/mm），可取该层剪力与层间位移的比值；

h_i——第 i 楼层层高；

G_j——第 j 楼层重力荷载设计值（kN）。取1.2倍的永久荷载标准值与1.4倍的楼面可变荷载标准值的组合值。

对组合框架，考虑钢管内混凝土开裂而导致的刚度折减，建议设计时组合框架的刚度满足 $D_i \geqslant 7.5\sum_{j=i}^{n} G_j/h_i$ 要求。

（4）对于钢结构，一般情况下，框架梁的梁端弯矩不进行调幅设计，调幅系数取值为1.0。然而，在以下情况下需要考虑调幅设计：与支撑斜杆相连的节点、柱轴压比不超过0.4的节点以及柱所在楼层的受剪承载力比相邻上一层的受剪承载力高25%的节点。在设计中，钢框架节点处也应符合“强柱弱梁”的原则。因此，在工程设计中，要注意柱距的布置宜均匀，避免柱距过大导致梁截面尺寸过高。在尽量统一柱截面的原则下，才能更好地实现“强柱弱梁”的设计要求。

（5）当框架柱采用矩形钢管混凝土柱时，需要注意按照空矩形钢管进行施工阶段的强度、稳定性和变形验算。在施工阶段，柱所承受的荷载主要包括混凝土的重力以及实际作用的施工荷载。因此，在设计和施工过程中，必须考虑这些荷载的影响，确保矩形钢管混凝土柱在施工阶段具有足够的强度和稳定性，同时能够满足变形要求。

第二节 装配式钢框架-支撑（延性墙板）结构体系

一、钢框架-支撑（延性墙板）体系

钢框架-支撑（延性墙板）体系是指在钢框架结构中，沿结构的纵、横或其他主轴方向根据侧向荷载的大小，布置一定数量的竖向支撑（延性墙板），以增强结构的整体稳定性和抗侧向荷载能力的结构体系。这种支撑体系利用延性墙板的弯曲变形能力，通过吸收和分散侧向荷载，提高了结构的延性和耗能能力，从而增强了结构的抗震性能和整体稳定性。

（一）钢框架-支撑结构体系

钢框架-支撑结构的支撑在设计中可采用中心支撑、屈曲约束支撑和偏心支撑。

1. 中心支撑

中心支撑是指在建筑结构中心位置或关键节点处设置的支撑系统，旨在为整个结构提供支撑。这种支撑通常由加固的柱子、墙体、支撑框架或其他结构构件组成，能够有效地承担建筑结构在水平方向和垂直方向上的荷载，并确保建筑结构的整体稳定性和安全性。中心支撑的设置对于大跨度建筑、高层建筑或受外部荷载影响较大的建筑结构尤为重要，能够有效地减少结构的变形和振动，提高结构的抗震性能和整体承载能力。

2. 屈曲约束支撑

屈曲支撑的布置原则同中心支撑的布置原则类似，但能有效提高中心支撑的耗能能力。

屈曲约束支撑的构造主要由核心单元、无黏结约束层和约束单元三部分组成。核心单元是该支撑中的主要受力构件，通常采用延性较好的低屈服点钢材制成。约束单元和无黏结约束层的设置有效约束支撑核心单元的受压屈曲，使其在受拉和受压情况下均能进入屈服状态。在地震或风荷载作用下，该支撑处于弹性工作阶段，为结构提供较大的侧移刚度；而在设防烈度与罕遇地震作用下，该支撑则处于弹塑性工作阶段，具备良好的变形能力和耗能能力，有助于保护主体结构免受破坏。

3. 偏心支撑

偏心支撑是一种结构体系中的支撑元素，其构造中心与结构的重心或主轴不重合，而是偏离了结构的中心。这种支撑通常被设计为具有一定的刚度和延性，以便在地震或其他外部荷载作用下，能够提供必要的支撑和约束，减少结构的侧向位移和变形。偏心支撑的设置可以有效地增加结构的稳定性和抗侧向力能力，使得结构在极端情况下也能保持安全、稳定。

（二）钢框架-延性墙板结构体系

钢框架-延性墙板结构体系中的延性墙板包括钢板剪力墙和内藏钢板支撑的剪力墙等。这些墙体结构通常被设计为具有较高的延性和抗震性能，能够有效地吸收和分散地震等外部荷载引起的能量，从而保护主体结构不受损坏。钢板剪力墙通常以钢板为主要构件，通过连接件连接到框架结构中，提供抗侧向力和约束作用。内藏钢板支撑的剪力墙则是在结构内部设置钢板墙体，以增强结构的整体稳定性和抗震性能。这些延性墙板在钢框架结构中发挥着重要的作用，提高了整体结构的抗震性能和安全性。

1. 钢板剪力墙

钢板剪力墙是一种墙体结构，以钢板为材料填充于框架中，用于承受水平剪力。根据其构造形式的不同，可以分为非加劲钢板剪力墙、加劲钢板剪力墙、防屈曲钢板剪力墙以及双钢板组合剪力墙等形式。非加劲钢板剪力墙在设计中通常利用钢板的屈曲后的强度来承担剪力，但这种设计可能会导致钢板墙的鼓曲变形，且在反复荷载作用下可能会产生响声，影响建筑的使用功能。因此，非加劲钢板剪力墙主要适用于非抗震或抗震等级较低的高层民用建筑中。对于抗震等级要求较高的建筑，通常会在钢板的两侧采取防屈曲措施，以增加钢板的稳定性和刚度。防屈曲措施包括在钢板两侧设置纵向或横向的加劲肋，形成加劲钢板剪力墙；或在钢板两侧设置预制混凝土板，形成防屈曲钢板剪力墙。这样设计的墙体结构能够提高整体结构的抗震性能，适用于设防烈度为7度及以上的抗震建筑。

在加劲钢板剪力墙中，加劲肋的布置方式通常取决于荷载的作用方式。一种常见的布置方式是水平和竖向加劲肋混合布置，使剪力墙的钢板区格宽高比接近1。当存在多道竖向加劲肋或水平向和竖向加劲肋混合布置时，为了给拉力带提供锚固刚度，通常将竖向加劲肋通长布置。在防屈曲钢板剪力墙中，预制混凝土板的设置除了向钢板提供面外约束外，还可以消除纯钢板墙在水平荷载作用下产生的噪声。设计时，预制混凝土板与钢板剪力墙之间按无黏结作用考虑，且不考虑其对钢板抗侧力刚度和承载力的贡献。为了提高防屈曲钢板剪力墙的变形耗能能力，且避免混凝土板过早地被挤压破坏，混凝土板与外围框架之间应预留一定的空隙。预制混凝土板与内嵌钢板之间通常通过对拉螺栓连接，连接螺栓的最大间距和混凝土板的最小厚度是确定防屈曲钢板剪力墙承载性能的主要参数。设计时，相邻螺栓中心距离与内嵌钢板厚度的比值不宜超过100。此外，单侧混凝土盖板的厚度应确保不小于100 mm，以提供足够的刚度，向钢板提供持续的面外约束。

双钢板混凝土组合剪力墙是一种由两侧外包钢板、中间内填混凝土和连接件组成的结构体系，能共同承担水平及竖向荷载的双钢板组合墙。通过钢板内混凝土的填充和连接件的拉结，能有效约束钢板的屈曲，同时钢板和连接件对内填混凝土的约束又能增强混凝土的强度和延性，使得双钢板组合剪力墙具有承载力高、刚度大、延性好、抗震性能良好等优点。在双钢板混凝土组合墙中，连接件的设置对保证外包钢板与内填混凝土的协同工作和组合墙的受力性能至关重要。《钢板剪力墙技术规程》针对双钢板混凝土组合剪力墙推荐的连接件构造主要包括对拉螺栓、栓钉、T形加劲肋、缀板以及几种连接件混用的方式等。这些连接件的合理设置能够有效地增强结构的整体受力性能，提高双钢板组合剪力墙的抗震性能和工程质量。

为保证连接件的工程可行性，如栓钉的可焊性和螺栓的可紧固性，《钢板剪力墙技术规程》要求外包钢板厚度不宜小于10 mm。

2. 内藏钢板支撑的剪力墙

内藏钢板支撑的剪力墙是一种结构体系，其主要抗侧力构件为钢板支撑，而外包钢筋混凝土墙板则用来约束内藏的钢板支撑，提高其屈曲能力，从而增强其抵抗水平荷载作用的能力，改善结构体系的抗震性能。设计时，钢板支撑与墙板之间应留置适宜的间隙，并在该间隙内均匀设置无黏结材料，以保证支撑的灵活性和抗侧力能力。

在设计中，混凝土墙板通常不承担竖向荷载，因此与周边框架仅在钢板支撑的上下端节点处连接，其他部位则不与框架相连，且与周边框架之间留有空隙。这样的设计使得在小震作用下混凝土板不参与受力，仅有钢板支撑承担水平荷载，而在大震作用下，随着结构变形，混凝土板开始与外围框架接触，并逐渐参与承担水平荷载，起到抗震耗能的作用，提高整体结构的抗震安全储备。

墙板与框架间的间隙量的确定需要考虑墙板的连接构造和施工等因素，最小间隙应满足达到层间位移角的1/50时，墙板与框架在平面内不发生碰撞，并且墙板四周与框架之间的间隙宜用隔声的弹性绝缘材料填充，以及轻型金属架及耐火板材覆盖，以保证结构的整体性和安全性。

二、装配式钢框架-支撑（延性墙板）结构的布置原则和适用范围

在装配式钢框架-支撑（延性墙板）结构体系中，支撑（延性墙板）的布置通常考虑支撑类型和受力特点，以确保结构的稳定性、安全性和经济性。以下是支撑（延性墙板）布置的一般原则和适用范围。

（1）在钢框架-支撑（延性墙板）结构体系中，支撑（延性墙板）的平面布置宜规则、对称，以确保结构的整体稳定性，使得两个主轴方向结构的动力特性接近。同一楼层内同方向的抗侧力构件应采用同类型支撑（延性墙板），以确保结构在不同方向上的稳定性和均衡性。如果支撑桁架在一个柱间的高宽比过大，为增加支撑桁架的宽度，也可将支撑布置在几个柱间，以维持支撑结构的稳定性和均衡性。

（2）在钢框架-支撑（延性墙板）结构体系中，支撑（延性墙板）的竖向布置应沿建筑高度连续，并延伸至计算嵌固端或地下室，以确保结构整体的稳定性。当支撑延伸至地下室时，地下部分的支撑可采用钢柱外包混凝土用剪力墙代替。同时，支撑的承载力与刚度宜自下而上逐渐减小，设计中可将支撑杆件（延性墙板）的截面尺寸从下到上分段减小，以适应结构力学和承载需求的变化。

（3）为考虑室内美观和空间使用要求，支撑（延性墙板）在结构上的平面布置，通常应尽量结合房间分割布置在永久性的墙体内，以实现结构与室内空间的有机融合，提高建筑的整体美观性和空间利用效率。

（4）对于居住建筑，在考虑建筑立面处理以及门窗洞口布置等建筑功能的要求时，有时会面临设置中心支撑相对困难的情况。在这种情况下，可以采用将支撑斜杆与摇摆柱结合布置的方式。通过这种方式，摇摆柱可以平衡支撑斜杆的竖向不平衡力，从而避免框架横梁承受过大的附加内力，同时满足建筑结构的稳定性和功能性要求。

（5）屈曲约束支撑的布置方式可以整体参考中心支撑的布置方法。考虑到屈曲约束支撑的构造特点，适合采用单斜杆形、人字形和V字形等布置形式，而不宜选择X形交叉布置形式。此外，支撑与柱的夹角宜为30°～60°，以确保支撑能够有效地发挥约束作用并保持结构的稳定性。

（6）钢板剪力墙与周边框架的连接有两种形式：四边连接和两边连接。其

中，两边连接可以使钢板剪力墙在一跨内进行分段布置，这样可以更方便地进行刚度调整以及门窗洞口的开设。然而，相比之下，两边连接的承载力和刚度比较四边连接小。

（7）延性墙板作为内藏钢板支撑的剪力墙时，内藏钢板支撑的形式宜选择人字支撑、V形支撑或单斜杆支撑，并且应当设置成中心支撑的形式。如果采用单斜杆支撑，应在相应柱间进行成对对称布置，以确保支撑的有效性和结构的稳定性。

在钢框架-支撑（延性墙板）结构体系中，由于支撑或延性墙板的设置既能有效增强结构的抗侧移刚度，又能在结构体系中承担大部分水平剪力，使房屋的建筑适用高度增大。钢框架-支撑（延性墙板）结构的最大适用高度见表5-3所列。

表5-3　钢框架-支撑结构房屋的最大适用高度　　（单位：m）

<table>
<tr><th rowspan="3">结构类型</th><th colspan="6">抗震设防烈度</th></tr>
<tr><th rowspan="2">6、7度
（0.10 g）</th><th rowspan="2">7度
（0.15 g）</th><th colspan="2">8度</th><th rowspan="2">9度
（0.40 g）</th></tr>
<tr><th>（0.20 g）</th><th>（0.30 g）</th></tr>
<tr><td>框架-中心支撑</td><td>220</td><td>200</td><td>180</td><td>150</td><td>120</td></tr>
<tr><td>框架-偏心支撑
（延性墙板）</td><td>240</td><td>220</td><td>200</td><td>180</td><td>160</td></tr>
</table>

三、装配式钢框架-支撑（延性墙板）结构的构件拆分

装配式钢框架-支撑（延性墙板）结构的构件拆分主要包括钢框架柱、钢框架梁以及支撑和延性墙板的拆分。这些构件的拆分与装配式钢框架结构的拆分方法相似，但需要考虑支撑和延性墙板的特殊性，确保其拆分后能够按照预定的设计要求进行组装和安装，以保证整体结构的稳定性和性能。

（一）钢框架柱的拆分

钢框架柱的拆分通常考虑长度和运输限制，一般会在某些节点处进行拆分。这些节点的选择通常基于结构设计的要求以及运输和安装的便利性。拆分后的柱段需要设计合适的连接方式，确保在组装后能够满足对结构承载能力和稳定性的要求。

（二）钢框架梁的拆分

钢框架梁的拆分通常考虑运输和安装的便利性，以及结构设计的要求。在

长跨度的情况下，梁可能需要在中间或其他合适的位置进行拆分，以便于运输到现场并进行组装。拆分后的梁段需要设计合适的连接方式，以确保在组装后能够满足对结构承载能力和稳定性的要求。

（三）支撑和延性墙板的拆分

支撑和延性墙板的拆分通常考虑结构的整体稳定性和施工的便利性。在装配式钢框架-支撑（延性墙板）结构中，支撑和延性墙板可能需要在适当的位置进行拆分，以便于运输和安装。拆分后的支撑和延性墙板需要设计合适的连接方式，以确保在组装后能够有效地承担水平荷载并提供足够的延性，同时保持结构的整体稳定性。

四、装配式钢框架-支撑（延性墙板）结构的设计要点

与传统的装配式钢框架结构相比，装配式钢框架-支撑（延性墙板）结构的设计主要集中在支撑与框架结构的连接上以及延性墙板与框架结构的连接上。这两个连接部位的设计至关重要，因为它们直接影响着结构的整体稳定性和抗震性能。支撑与框架结构的连接需要确保足够的刚度和承载能力，以有效地传递水平荷载，并保证支撑结构的延性特性得到充分发挥。而延性墙板与框架结构的连接也需要精心设计，以确保在地震等极端情况下，墙板能够有效地吸收能量，从而保护整个结构不受损害。因此，在装配式钢框架-支撑（延性墙板）结构的设计中，连接部位的设计和优化是至关重要的工作之一。

（一）支撑与框架结构的连接

支撑与框架结构的连接是装配式钢框架-支撑（延性墙板）结构设计中至关重要的一环。这种连接需要确保足够的强度、刚度和稳定性，有效地传递水平荷载和保证结构的整体稳定性和抗震性能。通常，支撑与框架结构的连接可以采用螺栓连接、焊接连接或其他专用连接件，具体选择取决于结构设计的要求和实际情况。在设计中，需要充分考虑连接部位的受力特点，合理确定连接件的类型、尺寸和布置方式，以确保连接的可靠性和安全性。同时，还需要考虑连接部位的防腐蚀措施和维护保养等问题，以提高连接的使用寿命和可靠性。

（二）延性墙板与框架结构的连接

延性墙板与框架结构的连接是装配式钢框架-支撑（延性墙板）结构设计中的关键环节。这种连接需要确保良好的承载能力、稳定性和延性，以有效地传递水平荷载和保证整体结构的抗震性能。常见的连接方式包括螺栓连接、焊接

连接或其他特殊连接件。在设计中，需要综合考虑墙板材料的特性、连接部位的受力情况以及连接方式对结构整体性能的影响。合理选择连接方式，并确保连接件的质量和安装精度，可以保证连接的可靠性和安全性。同时，还需考虑连接部位的防腐蚀措施和维护保养问题，以提高连接的使用寿命和可靠性。

（1）钢框架-支撑结构在设计中采用钢管混凝土柱有利于节省用钢量和提高柱的防火性能。针对组合框架-支撑结构，在进行多遇地震计算时，根据结构高度的不同，阻尼比的选取有所区别：当结构高度不大于50 m时，阻尼比可取0.04；当结构高度大于50 m且小于200 m时，阻尼比可取0.035。在罕遇地震计算时，阻尼比可取0.05。对于风荷载作用下的承载力和位移分析，阻尼比可取0.025。在舒适度分析计算中，阻尼比可取0.015。若偏心支撑框架部分所承担的地震倾覆力矩超过结构总地震倾覆力矩的50%，则多遇地震的阻尼比可相应增加0.005。对于采用屈曲耗能支撑的情况，阻尼比应考虑结构阻尼比和耗能部件附加有效阻尼比的总和。

（2）在钢框架-支撑（延性墙板）结构体系中，针对风荷载和多遇地震作用，弹性层间位移角的限制如下：采用钢支撑、非加劲钢板剪力墙、加劲钢板剪力墙、防屈曲钢板剪力墙，弹性层间位移角不应大于1/250；若采用钢管混凝土柱，则不应大于1/300；若采用双钢板组合剪力墙，弹性层间位移角不应大于1/400。对于罕遇地震作用，弹塑性层间位移角的限制如下：采用钢支撑、非加劲钢板剪力墙、加劲钢板剪力墙、防屈曲钢板剪力墙的弹塑性层间位移角不应大于1/50，而双钢板组合剪力墙的弹塑性层间位移角不应大于1/80。

（3）高度超过60 m的钢结构属于对风荷载比较敏感的高层民用建筑，在承载力设计时应当按照基本风压的1.1倍进行考虑。此外，当多栋或群集的高层民用建筑相互间距较近时，还应考虑风力相互干扰的群体效应，因此需要乘以相应的群风放大系数。

（4）钢结构的抗震等级通常根据抗震设防分类、设防烈度以及建筑物的高度确定，与具体的结构类型无关。因此，钢框架-支撑（延性墙板）结构体系中构件的抗震等级一般与整体结构相同，无须考虑框架和支撑所分担的地震倾覆力矩比例。然而，为了实现多道防线的概念设计，在框架-支撑结构中，框架部分按照刚度分配计算得到的地震层剪力应乘以调整系数，以确保其不小于结构总地震剪力的25%以及框架部分计算最大层剪力的1.8倍，取两者的较小值。

（5）考虑 P-Δ 重力二阶效应，为保证框架-支撑体系中框架部分的稳定性，钢框架结构的刚度应满足下式要求：

$$EJ_d \geqslant 0.7H^2\sum_{i=1}^{n} G_i \tag{5-2}$$

式中：EJ_d——结构一个主轴方向的弹性等效侧向刚度；

H——房屋高度；

G_i——第 i 楼层重力荷载设计值（kN），取1.2倍永久荷载标准值与1.4倍的楼面可变荷载标准值的组合值。

对组合框架，考虑钢管内混凝土开裂而导致的刚度折减，建议设计时组合框架的刚度满足 $EJ_d \geqslant 1.0H^2\sum_{i=1}^{n} G_i$ 的要求。

（6）采用人字形和V形支撑的框架，框架梁设计时应考虑跨中节点处两根支撑分别受拉屈服和受压屈曲所引起的不平衡竖向力和水平分力的作用，支撑的受压屈曲承载力和受拉屈服承载力应分别按 $0.3\varphi Af_y$ 和 Af_y 计算。对普通支撑，为减少竖向不平衡力引起的梁截面过大，可采用跨层的X形支撑或采用拉链柱。但对屈曲约束支撑，由于约束支撑的构造特点，X形支撑难以实现。

（7）进行防屈曲钢板剪力墙设计时，混凝土盖板与外围框架预留间隙的大小应根据大震作用下结构的弹塑性位移角限值确定，即

$$\Delta = H_e[\theta_p] \tag{5-3}$$

式中：$[\theta_p]$——弹塑性层间位移角限值，可取1/50。

单侧混凝土盖板的厚度不宜小于100 mm，且应双层双向配筋，每个方向的单侧配筋率均不应小于0.2%，且钢筋最大间距不宜大于200 mm。

（8）双钢板组合剪力墙的墙体两端和洞口两侧应设置边缘构件，边缘构件包括暗柱、端柱或翼墙，边缘构件宜采用矩形钢管混凝土构件。同时，设计时为满足位移角达到1/80时墙体钢板不发生局部屈曲的目标，双钢板内连接件采用栓钉或对拉螺栓连接件时，距厚比（栓钉或对拉螺栓的间距与外包钢板厚度的比值）限值取为 $40\sqrt{235/f_y}$；采用T形加劲肋时，距厚比限值取为 $60\sqrt{235/f_y}$。

（9）在框架-支撑（延性墙板）结构体系中，结构柱脚的设计需要考虑地下室的布置以及嵌固端的位置。当建筑没有地下室时，对于抗震设防烈度为6度或7度的地区的房屋，通常会优先选择外包式刚接柱脚，以简化设计和施工流程。然而，如果建筑有地下室且上部结构的嵌固端位于地下室顶面时，则上部结构的钢柱在地下室部分应至少过渡一层为型钢混凝土柱。此时，地下室地面处的柱脚可以不采用刚接柱脚设计，而是根据具体情况选择外包柱脚或钢筋混凝土柱脚。

第三节　装配式钢束筒结构

装配式钢束筒结构是装配式钢筒体结构体系的一种，多用于高层和超高层建筑中。

一、装配式钢束筒结构的特点及适用范围

装配式钢束筒结构是一种钢筒体结构的类型。钢筒体结构包括框筒、筒中筒、桁架筒、束筒等不同形式的结构。这些结构形式在平面布置上具有相似的特点，即通过密集的柱和深梁形成翼缘框架或腹板框架，从而形成具有较大刚度的抗侧力体系。桁架筒的柱距可以稍大一些，并通过桁架来增强其抗侧力刚度。

随着建筑高度的增加，框筒结构和筒中筒结构的抗侧刚度可能无法满足超高层建筑的需求。为了增强筒体的抗侧刚度，可以将两个或多个钢框筒紧密排列成束状，形成装配式钢束筒结构。相较于装配式钢框筒结构和筒中筒结构，装配式钢束筒结构的腹板框架数量更多，交叉角柱更多，具有更大的刚度。这样的设计能够显著减小筒体的剪力滞后效应，并且可以适应更复杂的建筑平面形状。

钢束筒结构的布置原则如下。

①紧凑布置：钢束筒应紧密排列，形成稳定的结构体系，以提高整体的刚度和稳定性。

②对称布置：钢束筒应在平面布置上保持对称，确保结构受力均衡，并提高抗侧倾倒的能力。

③适度柱距：钢束筒的柱距应适度，既要满足结构的承载和稳定要求，又要考虑建筑内部空间的利用率和美观性。

④结构连接：钢束筒之间应该有良好的连接方式，确保各个筒体之间能够有效地共同承担水平荷载。

⑤适应性布局：钢束筒结构应该满足不同的建筑设计需求和功能要求，可以根据建筑的具体形状和要求进行合理布局。

由于钢束筒结构的侧向刚度较大，多用于高层和超高层建筑中，最大适用高度见表5-4所列。

表 5-4　装配式钢束筒结构的最大适用高度　(单位：m)

非抗震设计	抗震设防烈度					
	6度（0.1 g）	7度（0.1 g）	7度（0.15 g）	8度（0.2 g）	8度（0.3 g）	9度（0.4 g）
360	300	300	280	260	240	180

高宽比不宜大于表5-5所列数值。

表 5-5　装配式钢束筒结构的最大高宽比

抗震设防烈度	6度	7度	8度	9度
最大高宽比	6.5	6.5	6.0	5.5

二、装配式钢束筒结构的构件拆分

装配式钢束筒结构的构件拆分通常包括框筒、筒中筒、桁架筒、束筒等结构形式的拆分。这些构件在拆分时需要考虑结构的整体稳定性、构件的制造和运输便捷性，以及施工的可行性。通常采用模块化的设计思路，将结构按照功能和连接方式分解为适合生产和安装的单元，以提高结构的制造效率和施工质量。

在装配式钢束筒结构设计中，对钢柱、钢梁、楼板、外墙板、楼梯等构件进行单元拆分是必要的。在确保结构安全和受力合理的前提下，构件安装的连接节点设计应该考虑施工的便捷性和尽量减少规格种类。这意味着连接节点的设计应简单可靠、易于加工和安装，同时尽量减少构件的规格种类，以提高生产效率和降低施工成本。

（一）钢柱的拆分

在装配式钢束筒结构设计中，钢柱的拆分是为了满足工业化建造的需要，通常会将钢柱进行垂直方向的分段，以便于运输和安装。这种拆分可以根据结构的高度和施工的要求进行，通常会将钢柱按照一定的长度进行分段，同时在连接节点处设计合适的连接方式，以保证连接的稳固性和结构的整体稳定性。

（二）钢梁的拆分

在装配式钢束筒结构设计中，钢梁的拆分是为了满足工业化建造的需要，通常会将钢梁进行水平方向的分段，以便于运输和安装。这种拆分可以根据结构的跨度和施工的要求进行，通常会将钢梁按照一定的长度进行分段，同时在连接节点处设计合适的连接方式，以保证连接的牢固性和结构的整体稳定性。

（三）钢支撑的拆分

在装配式钢束筒结构设计中，钢支撑的拆分是为了满足结构的运输和安装需求，同时也考虑施工的方便性和连接的稳固性。通常会将钢支撑进行竖向方向的分段，以适应结构的高度和施工的需要。这种拆分可以根据结构的高度和支撑的长度进行，同时在分段处设计合适的连接方式，以确保连接的牢固性和整体结构的稳定性。

（四）楼板的拆分

在装配式钢束筒结构设计中，楼板的拆分是为了满足结构的运输、安装和施工需求。一般来说，楼板可以根据结构的尺寸和工艺要求进行水平方向的分段。这种分段设计可以使得楼板单元更容易进行运输和安装，并且能够减少现场施工的难度。拆分后的楼板单元应考虑连接节点的设计，确保连接的牢固性和整体结构的稳定性。同时，拆分的楼板单元应该符合结构设计和承载要求，保证结构的安全性和可靠性。

（五）围护系统的拆分

装配式钢束筒结构的围护系统分为外墙板和内墙板。

（1）常见的用于装配式钢结构的外墙板包括预制混凝土外墙板、轻钢龙骨外墙板、条板、夹心板和建筑幕墙。预制混凝土外墙板是在预制厂加工制成的加筋混凝土板型构件，适用于高层和超高层中装配式钢束筒结构较少的情况；轻钢龙骨外墙板包括TCK快立墙墙板、汉德邦CCA系列板等，常用于高层、超高层钢结构外墙板，具有轻质、高强、防火、保温、隔声等特点；条板包括蒸压轻质加气混凝土板、粉煤灰发泡板等，具有较轻的自重和良好的隔热、隔声、防火性能；夹心板包括金属面板夹芯外墙板、钢丝网架水泥夹心板等，具有自重轻、抗弯、抗腐蚀、隔热和防火性能好的特点；建筑幕墙常以玻璃幕墙、石材幕墙或两者结合的形式存在，适用于高层和超高层钢结构建筑。

外墙板与结构构件的连接通常有内嵌、外挂或嵌挂组合三种方式。为满足构件尺寸控制和建筑立面的要求，外墙板的拆分尺寸应根据建筑立面和钢结构的特点确定，并将构件接缝位置与建筑立面划分相对应。通常情况下，外墙板的拆分范围限于一个层高和开间，以符合施工和运输条件的要求。如果构件尺寸过长或过高，结构层间位移可能会对外墙板的内力产生较大影响。

（2）常见的用于装配式钢结构的内墙板包括预制混凝土内墙板、轻钢龙骨隔墙和条板等。预制混凝土内墙板具有较大的自重，但隔声和防火性能较好，可以选择实心或空心两种类型。轻钢龙骨隔墙通常由木料或轻钢钢材构成骨架，在两侧加上面层，根据需要在龙骨中间填充岩棉、聚苯板等轻质隔热保温材料，具有重量轻、强度高、耐火性好、通用性强和施工简便等优点，应用广泛。常见的条板有GRC轻质隔墙板、硅镁隔墙板（GM）、石膏水泥空心板（SGK）、轻质水泥发泡隔墙板和陶粒混凝土墙板（LCP），这些条板具有较轻的自重和良好的隔声、防火等性能，在装配式钢结构中得到了广泛应用。

内墙板的拆分一般仅限于一个层高和开间，并应避免构件尺寸过长或过高，否则结构层间位移对内墙板的内力影响较大。

（六）楼梯的拆分

装配式钢束筒结构可以选择装配式混凝土楼梯或钢楼梯。在连接楼梯与主体结构时，常采用长圆孔螺栓或设置四氟乙烯板等不传递水平作用的连接形式，以确保连接的稳固性和结构的整体安全性。

三、装配式钢束筒结构的设计要点

装配式钢束筒结构的设计要点主要包括钢柱的拼接、钢梁的拼接、梁柱连接、主次梁连接、支撑与梁柱连接、楼板连接等。

（一）钢柱的拼接

钢柱的拼接是装配式钢结构中至关重要的环节，常采用焊接、螺栓连接或插接式连接等方式。焊接连接通常用于要求牢固密封的情况，而螺栓连接则具有便于拆装和调整的优点，插接式连接适用于需要频繁拆装的场合。无论采用何种方式，都必须严格按照设计要求和相关规范进行操作，确保连接牢固可靠，以保障整体结构的安全稳定。

（二）钢梁的拼接

钢梁的拼接是装配式钢结构中的重要环节，通常采用焊接、螺栓连接或插接式连接等方式。焊接连接通常用于要求牢固连接的情况，能够满足结构连接的高强度和密封性要求；螺栓连接则具有便于拆装和调整的优点，适用于需要灵活性拆装的情况；插接式连接则常用于需要频繁拆装的情况，能够快速实现组装。在进行钢梁拼接时，必须严格按照设计要求和相关规范操作，确保连接的牢固性和结构的安全稳定。

（三）梁柱连接

梁柱连接是装配式钢结构中至关重要的部分，它直接影响着结构的稳定性和承载能力。通常采用焊接、螺栓连接或预埋连接等方式。焊接连接适用于对牢固性和刚性要求较高的情况，能够提供良好的传力性能；螺栓连接则具有拆装方便、灵活性高的优点，适用于需要频繁拆装或调整的情况；预埋连接通常用于要求较高美观度和结构整体性的情况，能够隐藏连接部件，提高结构的美观性。在进行梁柱连接时，需要确保连接件的质量和安装工艺符合相关标准和规范，以保证连接的可靠性和结构的安全性。

（四）主次梁连接

装配式钢束筒结构的主次梁连接通常以螺栓连接为主，这种连接方式简便、可靠，适用于大多数情况。只有在某些特殊情况下，例如需要更高的连接强度或者对焊接技术有特殊要求时，才会考虑采用栓焊连接。栓焊连接结合了螺栓连接的可拆装性和焊接连接的牢固性，但在施工过程中需要特别注意对焊接质量和工艺的控制，以确保连接的可靠性和安全性。

（五）支撑与梁、柱连接

装配式钢束筒结构很少采用支撑，通常只用于加强层、腰桁架等关键位置。现场支撑与梁、柱的连接一般以螺栓连接为主，这种连接方式简便可靠。在某些特殊情况下，例如需要更高的连接强度或对焊接技术有特殊要求时，也可以考虑采用栓焊连接。栓焊连接结合了螺栓连接的可拆装性和焊接连接的牢固性，但需要特别注意焊接质量和工艺控制，以确保连接的可靠性和安全性。

（六）楼板连接

装配式钢束筒结构的楼板连接通常采用螺栓连接或焊接连接。螺栓连接是常见且可靠的连接方式，适用于大多数情况。在某些需要更高连接强度或对焊接技术有特殊要求的情况下，也可以采用焊接连接。焊接连接提供更紧密的连接，但需要确保焊接质量和控制工艺，以确保连接的牢固性和安全性。连接方式的选择取决于结构设计要求、施工条件和性能需求。

（七）其他设计要点

除了考虑结构连接方式外，装配式钢束筒结构设计还需关注以下要点：在防火设计方面，需符合建筑设计要求和地方性法规，采用适当的防火涂料或包覆材料，提高结构的防火性能。在抗震设计方面，需根据地区地震烈度和抗震设防要求，采取相应的抗震措施，确保结构在地震作用下的安全性。楼层连接设计需要考虑楼板、梁柱等构件之间的连接方式和位移控制，确保连接稳定可靠。材料选择应符合设计要求和施工标准，同时考虑材料的可获得性和经济性。对结构的各个构件进行合理的尺寸设计和截面选择，以满足承载能力、刚度和稳定性等方面的要求。在施工工艺方面，设计合理的施工工艺方案，可以确保施工质量和进度。考虑结构的日常维护和保养，设计易于检修和维修的结构构件和连接部位，可以延长结构的使用寿命。在环境保护方面，选择环保型材料和施工工艺，可以减少对环境的影响，提高结构的可持续性。

第四节　钢结构的防火及防腐措施

一、钢结构防腐措施

钢结构防腐措施包括使用耐候钢保护、金属镀层保护、非金属涂层保护、阴极保护以及构造上的措施。耐候钢具有较好的耐候性能，形成氧化皮保护钢材；金属镀层如热浸镀锌可提高钢材的耐腐蚀性；非金属涂层如环氧树脂漆可形成保护膜；阴极保护通过外加电流或阳极保护可以抑制钢材腐蚀；构造措施如设计合理的排水系统可以减少钢结构受腐蚀介质的影响。在施工过程中，对钢材表面进行机械或化学处理，可以提高涂层与基材的附着力和防腐性能，确保防腐效果。

（一）钢材表面处理

钢材的表面处理是涂装工程中至关重要的一环，其质量会直接影响涂层的附着力和持久性，决定了涂层是否会过早破损。钢结构在涂装前必须进行彻底的表面处理，主要是除锈工作。在进行钢材除锈处理之前，必须清除焊渣、毛刺、飞溅物等附着物，并彻底清洗基体表面上可见的油脂和其他污物，以确保涂装后的表面质量和性能达到要求。

未涂装过的钢材表面原始锈蚀程度可分为A、B、C、D四个锈蚀等级：

A级：全面地覆盖着氧化皮而几乎没有铁锈的钢材表面；

B级：已发生锈蚀，并且部分氧化皮已经剥落的钢材表面；

C级：氧化皮已因锈蚀而剥落，或者可以刮除，并且有少量点蚀的钢材表面；

D级：氧化皮已因锈蚀而全面剥离，并且已普遍发生点蚀的钢材表面。

钢材表面的处理质量被分为不同的除锈等级，用代表除锈方法的字母“Sa”（喷射或抛射除锈）或“St”（手工和动力工具除锈）表示，后接阿拉伯数字表示除锈程度等级。其中，St2表示除锈后钢材表面无可见油脂和污垢，且没有附着不牢的氧化皮、铁锈和油漆涂层；St3则比St2更彻底，表面应呈现金属光泽；Sal的标准与St2基本相同；Sa2表示钢材表面无可见油脂和污垢，并基本清除氧化皮、铁锈和油漆涂层，至少有2/3的面积无可见残留物；Sa2.5要求几乎无残留物，仅有轻微的点状或条状污痕；Sa3则要求表面呈现均匀的金属光泽，表观洁净。

过高的等级会浪费人力和财力，而过低则会降低涂装质量，失去防护作用。在确定等级时，需要综合考虑钢材的原始状态、选用底漆、可能采用的除锈方法、工程造价以及要求的涂装维护周期等因素。一般来说，承重结构不应采用手工除锈，因为难以保证质量和均匀度，若必须采用，则应确保达到St3等级。对于有抗滑移系数要求或采用特殊涂装品种的钢构件，应按照Sa2.5等级处理；而普通轻钢结构通常可按照Sa2等级处理。在多高层钢结构中，常采用的除锈等级为Sa2.5级。

（二）防腐涂料的选用

在选择防腐涂料时，需要考虑结构所处的环境、是否存在侵蚀介质以及建筑物的重要性。防腐涂料一般分为底漆、中间漆和面漆。底漆是涂装的第一层，直接与底材接触，因此需要具有良好的附着力和长效防锈性能。选用底漆时应考虑防锈性能和附着力，并选择适合的品种。中间漆主要起阻隔作用，应具有优异的屏蔽功能，防止腐蚀介质到达底材，延长底漆的寿命。中间漆的厚度增加可以增强防腐效果并降低成本，因为中间漆的价格相对较低。整体涂层的厚度主要取决于底漆和中间漆的厚度。面漆是涂装的最后一道涂层，主要用于保护和装饰作用。面漆成膜后具有光泽，能够有效地保护底漆不受大气腐蚀，具有良好的耐候性、防腐性、耐老化性和装饰效果。因此，在选择面漆时，应考虑其色泽性能、耐久性和施工性能。针对高层钢结构防火要求较高的特点，建议选择与防火涂料相配套的底漆。常用的底漆是溶剂基无机富锌底漆，其具有长久的防锈寿命，并且本身能够耐受高达500 ℃的高温。

在钢结构防腐蚀涂装工程中，所选材料的质量和性能应符合现行国家标准《建筑防腐蚀工程施工规范》或其他相关标准的要求。涂料的质量、性能和检验要求应遵循现行行业标准《建筑用钢结构防腐涂料》的规定。在同一涂层体系中，各层涂料的材料性能应相互匹配互补，并且具备良好的相互兼容性和结合性。

（三）防腐涂装设计要点

（1）钢材表面处理后的微观不平整度，即表面粗糙度，对漆膜的附着力、防腐蚀性能和保护寿命具有重要影响。为确保漆膜有效附着且均匀分布，避免因表面不平整引起早期锈蚀，进行防腐蚀涂料涂装时，构件钢材表面粗糙度宜控制在30～75 μm，且不应超过涂层厚度的1/3，最大粗糙度不宜超过100 μm。

（2）在选择涂层系统时，应采用合理配套的复合涂层方案，并在涂层设计时考虑底涂层与基材的适应性、涂料各层之间的相容性和适应性，以及涂料品种和施工方法的适应性。在同一配套中，防腐蚀涂装的底漆、中间漆和面漆宜选用同一厂家的产品。涂装工序应满足涂层配套产品的工艺要求，涂装层干漆膜总厚度一般在125～280 μm，室外涂层干漆膜总厚度不应小于150 μm，室内涂层干漆膜总厚度不应小于125 μm，允许偏差范围为-25～0 μm。每遍涂层干漆膜厚度的允许偏差为±5～0 μm。

（3）钢结构节点的构造和连接具有多构（板）件交会、夹角与间隙小以及开孔开槽等特点，这使得节点容易积尘、积潮，且不易进行维护，成为锈蚀的起始源头。因此，在设计时应选择合理的连接构造，以提高结构的防护能力。设计时应考虑钢结构杆件与节点的构造，使其便于涂装作业和检查维护；组合构件中零件之间的维护涂装空隙不宜小于120 mm；构件设有加劲肋处，其肋板应切角；构件节点的缝隙、外包混凝土与钢构件的接缝处，以及塞焊、槽焊等部位均应使用耐腐蚀型密封胶进行封堵。

（4）工地焊接部位的焊缝两侧宜采用坡口涂料进行临时保护。坡口涂料是一类特种防腐蚀涂料，含有较高锌粉，并具有可焊性能。如果选择其他防腐蚀涂料，应在焊缝两侧留出暂不涂装区，其宽度为焊缝两侧各100 mm。在工地拼装焊接完成后，对预留部分按照构件涂装的技术要求重新进行表面清理和涂装施工。

（5）对于设计使用年限不小于25年、环境腐蚀性等级大于Ⅳ级且使用期间不能重新涂装的钢结构部位，结构设计时可考虑留有适当的腐蚀余量。这意味着在设计阶段，可以预留一定的材料厚度或者其他防腐措施，以应对长期环境腐蚀造成的材料损耗或者表面质量变化。这样设计可以延长钢结构的使用寿命，减少维护成本，提高结构的可靠性和安全性。

二、钢结构防火措施

火灾产生的高温对钢材性能的影响是十分显著的。随着温度的升高，钢材的各项力学性能都会受到影响，包括屈服点、弹性模量和承载能力等都会下降。特别是在温度超过300 ℃后，钢材的屈服台阶会变得越来越小，已经没有明显的屈服极限和屈服平台；当温度超过400 ℃后，钢材的屈服强度和弹性模量急剧下降；而当温度达到500 ℃时，钢材开始逐渐丧失承载能力。考虑到建筑物火灾温度可达900～1 000 ℃，因此必须采取防火保护措施，以确保建筑钢结构及构件能够达到规定的耐火极限，从而保障建筑物的安全性和可靠性。

（一）耐火极限

在不同的耐火等级下，我国相关规范对建筑物各构件的耐火极限做了规定，见表5-6所列。

表5-6 构件的设计耐火极限 （单位：h）

构件名称	耐火等级							
	单、多层建筑						高层建筑	
	一级	二级	三级		四级		一级	二级
承重墙	3.00	2.50	2.00		0.50		2.00	2.00
柱 柱间支撑	3.00	2.50	2.00		0.50		3.00	2.50
梁 桁架	2.00	1.50	1.00		0.50		2.00	1.50
楼板 楼面支撑	1.50	1.00	厂、库房	民用房	厂、库房	民用房	1.50	1.00
			0.75	0.50	0.50	不要求		
屋盖承重构件屋面支撑、系杆	1.50	0.50	厂、库房	民用房	不要求			
			0.50	不要求				
疏散楼梯	1.50	1.00	厂、库房	民用房	不要求			
			0.75	0.50				

在单层、多层一般公共建筑和居住建筑中，如果设有自动喷水灭火系统全保护，则各类构件的耐火极限可按照相应的规定降低0.5 h。而对于多层和高层建筑，如果设置了自动喷水灭火系统保护（包括封闭楼梯间、防烟楼梯间），并且高层建筑的防烟楼梯间及其前室配备了正压送风系统，则楼梯间中的钢构件可以不采取其他防火保护措施。

（二）防火措施和防火材料

钢结构构件的防火保护措施主要包括喷涂防火涂料和包敷不燃材料两种。包敷不燃材料的形式包括在钢结构外包覆防火板、外包混凝土保护层、金属网抹砂浆或砌筑砌体等，以达到相应的耐火极限。在工程建设中，对于具有较高装饰要求的主要承重构件，如梁柱等，建议采用包敷不燃材料或非膨胀型（即厚型）防火涂料。另外，也可以考虑采用复合防火保护措施，即在钢结构表面喷涂防火涂料或采用柔性毡状隔热材料包覆，然后使用轻质防火板作为饰面板。这种综合措施不仅能够确保钢结构构件的防火安全性，还能够满足建筑物的装饰要求。

钢结构防火涂料是应用于钢结构表面的一类防火材料，其作用是形成耐火隔热保护层，提高钢结构的耐火性能。根据高温下涂层的性质变化，防火涂料可分为膨胀型和非膨胀型两类。膨胀型防火涂料，又称为“薄型防火涂料”，通常涂层厚度小于7 mm。其基料为有机树脂，配方中还包含发泡剂、阻燃剂和成炭剂等成分。在温度达到150～350 ℃时，涂层会迅速膨胀形成多孔碳质层，阻挡外部热源对基材的传热，形成绝热屏障，耐火极限可达0.5～1.5 h。非膨胀型防火涂料，又称“厚型防火涂料”或“隔热型防火涂料”，其涂层厚度为10～50 mm。主要成分为无机绝热材料，如膨胀蛭石、矿物纤维等。这类涂料遇火不膨胀，具有良好的隔热性能和耐久性，耐火极限可达0.5～3 h。在工程中选用的防火涂料必须经过国家检测机关检测合格，并取得消防部门认可。所选用的防火涂料必须符合现行国家标准《钢结构防火涂料》的规定，包括涂料的性能、涂层厚度和质量要求。

防火板具有优良的防火性能和外观装饰性，施工过程为干作业，具备抗碰撞、耐冲击和耐磨损等优点，尤其适用于钢柱的防火保护。根据使用厚度的不同，防火板主要分为防火薄板和防火厚板两类。防火薄板主要包括纸面石膏板、纤维增强水泥压力板、纤维增强普通硅酸钙防火板以及各种玻璃布增强的无机板等品种。这类板材的使用厚度一般为6～15 mm，使用温度不大于600 ℃，通常不能单独作为钢结构的防火保护板，常与防火涂料配合使用作为复合防火保护的装饰面板。防火厚板主要包括硅酸钙防火板和膨胀蛭石防火板两种。其使用厚度为10～50 mm，能够承受1 000 ℃以上的高温，具有优良的耐火隔热性能，可直接用于钢结构的防火保护，有效提高钢结构的耐火时间。

尽管外包混凝土、砂浆或砌筑砌体的防火方法具有强度高、耐冲击和耐久性好等优点，但由于其占用的空间大，需要湿作业，施工过程较为烦琐。特别是在钢梁或斜撑等部位的应用，施工难度更大，因此在钢结构防火方面存在一定的局限性。

（三）防火措施的注意要点

在采取防火措施时，有以下几个注意要点。

①选择合适的防火材料：根据建筑的结构特点和使用环境，选择合适的防火材料，如防火涂料、防火板、防火混凝土等。

②严格遵循相关标准：确保所选用的防火材料符合国家相关标准的要求，保证其防火性能和质量。

③考虑施工便利性：在选择防火材料和施工方法时，考虑到施工的便利性和效率，避免因施工难度大而影响防火效果。

④综合考虑美观性和防火性能：在防火措施的设计中，需综合考虑建筑的美观性和防火性能，选择既能满足防火要求又能保持建筑外观美观的方案。

⑤定期检查和维护：定期对防火措施进行检查和维护，确保其在使用过程中的有效性和稳定性，及时发现问题并进行修复和加固。

⑥综合考虑经济性：在制定防火方案时，需综合考虑防火材料的成本以及施工和维护的费用，确保防火措施在经济上可行。

⑦结合实际情况制定方案：根据建筑的具体情况和要求，制定适合的防火方案，确保防火措施的有效性和实用性。

第六章

装配式钢结构的施工

第一节　基 础 施 工

装配式钢结构安装工程可简单划分为单层钢结构、多层及高层钢结构和钢网架结构安装工程。单层钢结构一般规模较小，施工相对简单，多用于民间住宅和工业用房；多层及高层钢结构构造复杂，施工困难，常见于旅馆、饭店、办公楼等高层建筑；钢网架结构主要用于大跨度空间结构，如体育馆等。这三种钢结构的安装各有特点，需要根据项目要求和结构设计精确安装，确保工程质量和施工安全。

一、施工安装前的准备工作

（1）装配式钢结构建筑施工单位应建立完善的安全、质量、环境和职业健康管理体系。

（2）施工前，施工单位应编制施工组织设计及配套的专项施工方案、安全专项方案和环境保护专项方案，并按规定进行审批和论证。

（3）施工单位应根据装配式钢结构建筑的特点，选择适合的施工方法，制定合理的施工顺序。在施工过程中，应尽量减少现场支模和脚手架的使用量，以提高施工效率。

（4）施工用的设备、机具、工具和计量器具应满足施工要求，并应在合格检定有效期内。

（5）装配式钢结构建筑宜采用信息化技术，以实现安全、质量、技术和进度等方面的全过程信息化协同管理。其中，建议采用建筑信息模型（BIM）技术对结构构件、建筑部件和设备管线等进行虚拟建造，以提高设计、施工和运营的效率和精度。BIM技术能够在建筑生命周期的各个阶段实现信息的集成和共享，有助于减少错误、优化设计方案、提高资源利用率，并最终实现装配式钢结构建筑的高效建设和运营管理。

（6）装配式钢结构建筑还应采取可靠、有效的防火等安全措施，确保建筑的耐火性能符合国家相关标准和规定。这包括但不限于在设计阶段考虑防火要求，采用符合防火标准的材料和构件，设置火灾报警系统、自动喷水灭火系统等消防设施，保证建筑的防火墙、隔烟区等防火分隔措施的有效性，提高建筑的火灾安全性。

（7）施工单位应对装配式钢结构建筑的现场施工人员进行相应的专业培训。

（8）在钢结构安装之前，根据土建专业工序交接单及施工图纸，对基础的定位轴线、柱基础的标高、杯口几何尺寸等项目进行复测与放线。通过这一过程确定安装基准，并做好详细的测量记录。只有经过复测，符合设计及规范要求后，才能进行钢结构的吊装工作。

（9）施工单位必须认真按照图纸要求对进场构件的编号、外形尺寸、连接螺栓孔位置及直径等进行全面复核。只有经过全面复核，并符合设计图纸和规范要求后，方可进行吊装工作。

装配式钢结构建筑的基础一般采用钢筋混凝土，所以装配式建筑的基础与普通混凝土构建筑的基础无太大差异。

二、基础定位与放线

（一）建筑定位的基本方法

建筑的定位是根据设计条件，在地面上确定建筑的位置，通常是通过确定建筑四周外廓主要轴线的交点，称为“定位点”或“角点”。定位点的选择和确定是建筑定位的关键步骤，它将作为细部轴线放线和基础放线的依据。建筑的定位方法根据设计和现场条件的不同而有所差异，常见的有使用控制点、建筑方格和建筑基线以及与原有建筑和道路的关系等方法。

1. 根据控制点定位

根据控制点定位是一种常用的建筑定位方法，它依赖于已知的控制点来确定建筑的位置。这些控制点通常是由测量工程师事先测量和标记的固定点，其位置和坐标是已知的。施工人员根据这些控制点的位置和坐标，在现场进行放线和定位，以确保建筑物的位置和方位符合设计要求。

在根据控制点定位时，施工人员首先会利用测量仪器或工具，精确地找到并标记已知的控制点。然后，他们会使用这些控制点的坐标和位置信息，结合设计图纸上的要求，进行放线和定位工作。通过在现场测量和标记建筑物的角点或轴线，确保建筑物在地面上的位置准确无误。

这种定位方法的优点是准确性高，可以确保建筑物的位置和方位与设计要求一致。然而，它也需要依赖于事先确定的控制点，因此在施工前需要进行充分的测量和标记工作。

2. 根据建筑方格和建筑基线定位

如果待定位建筑的定位点设计坐标已知，并且建筑场地已设有建筑方格网或建筑基线，可利用直角坐标系法测设定位点，其过程如下。

（1）根据实际坐标值计算出建筑长度、宽度和放样所需的数据。

如M、N、P、Q是建筑方格网的四个点，坐标位于图上，A、B、C、D是新建筑的四个点，坐标分别为

A（316.00，226.00）　　B（316.00，268.24）

C（328.24，268.24）　　D（328.24，226.00）

很容易计算得到建筑的长宽尺寸：

长：a=268.24–226.00=42.24（m）　　宽：b=328.24–316.00=12.24（m）

（2）按照直角坐标法的水平距离和角度测设的方法进行定位轴线交点测设，得到A、B、C、D四个交会点。

（3）检查调整：实际测量新建筑的长宽与计算所得进行比较，满足边长误差≤1/2 000，测量4个内角与90°比较，满足角度误差≤±40″。

3. 根据与原有建筑和道路的关系定位

根据原有建筑或道路定位的方法可以在缺乏其他定位信息的情况下，有效地确定新建建筑的位置和方位。然而，需要注意确保测设的定位点符合设计要求，并在施工过程中进行准确放线和定位。

测设建筑定位点的基本方法如下：首先，在现场寻找原有建筑的边线或道路的中心线作为参考线；其次，利用全站仪、经纬仪和钢尺等工具将其延长、平移、旋转或相交，形成新建筑的定位直线；最后，根据这条定位轴线，在适当的位置上测设新建筑的定位点。

（1）沿原有建筑的两侧外墙拉线，用钢尺顺线从墙角往外量一段较短的距离（这里设为2 m），在地面上定出T_1和T_2两个点，T_1和T_2的连线即为原有建筑的平行线。

（2）在T_1点安置经纬仪，照准T_2点，用钢尺从T_2点沿视线方向量取10 m+0.12 m，在地面上定出T_3点，再从T_3点沿视线方向量取40 m，在地面上定出点T_4，T_3和T_4的连线即为拟建建筑的平行线，其长度等于长轴尺寸。

（3）在T_3点安置经纬仪，照准T_4点，逆时针测设90°，在视线方向上量取2 m+0.12 m，在地面上定出P_1点，再从P_1点沿视线方向量取18 m，在地面上定出P_4点。同理，在T_4点安置经纬仪，照准T_3点，顺时针测设90°，在视线方向上量取2 m+0.12 m，在地面上定出P_2点，再从P_2点沿视线方向量取18 m，在

地面上定出 T_3 点。则 P_1、P_2、P_3 和 P_4 即为拟建建筑的四个定位轴线点。

（4）在 P_1、P_2、P_3 和 P_4 点上安置经纬仪，检核四个大角是否为90°；用钢尺丈量四条轴线的长度，检核长轴是否为40 m，短轴是否为18 m；满足边长误差≤1/2 000，角度误差≤±40″。

（二）定位标志桩的设置

在建筑工程中，设置定位标志桩是确保建筑物位置和轴线准确的关键步骤。该过程包括确定定位点位置，利用测量仪器测量标志桩位置，并在地面上设置标志桩，通常使用标志钉或木桩，并在其上标注清晰的标识信息。设置标志桩后，需要进行准确性检查，以确保其位置符合设计要求，为后续施工提供正确的参考。

（三）放线

在测定了建筑物的四周轮廓和各细部轴线之后，可以根据基础图纸和土方施工方案使用白灰撒布出灰线，这些灰线将作为开挖土方的依据。这个步骤的目的是在地面上清晰地标出土方开挖的范围和方向，以便土方施工人员按照指示进行准确的挖掘工作，确保基础的准确布置和土方的正确开挖。

放线工作完成后，应进行自检以确保准确性。自检合格后，应邀请相关技术部门和监理单位进行验线。验线时，首先检查定位桩的稳定性和几何尺寸是否正确，然后检查建筑物的外廓尺寸和各轴线之间的间距，这是确保建筑物定位和尺寸准确性的重要步骤。

在沿建筑红线兴建的建筑物完成放线并自检后，除了邀请相关技术部门和监理单位进行验线外，还需要由城市规划部门进行验线。只有在城市规划部门验线合格后，方可着手进行破土动工。这样的步骤能够确保新建建筑物不会超越或压过规划的建筑红线，保持建筑物在规划范围内的合法性。

（四）基础放线

在建筑施工过程中，完成基槽或基坑的开挖后，首先需进行基础垫层的铺设。垫层完成后，接下来的关键步骤是进行基础放线。这项工作涉及测设建筑物各轴线、边界线、基础墙宽线以及柱位线等，在垫层上以墨线弹出作为标志。基础放线是确保建筑物位置准确的关键环节，应在对建筑物控制桩进行校核并通过的情况下进行。通过仔细测量建筑物的主要轴线，并经过闭合校核后，详细放出细部轴线，以确保建筑物的位置和尺寸符合设计要求。

三、基础施工技术

基础的施工以条形基础、独立基础、筏形基础的施工做法为例解读如下。

（一）条形基础施工

条形基础施工流程：模板的加工及装配→基础浇筑→基础养护。

1. 模板的加工及装配

模板的加工及装配是建筑施工中的重要环节之一，主要有以下几个步骤。

首先，需要根据设计图纸和施工要求，准确计算模板的尺寸和形状。其次，选择适当的模板材料，通常使用的材料包括胶合板、钢板、木材等，根据具体需要进行加工。在加工过程中，需要进行切割、打孔、组装等工艺，确保模板的尺寸精准、结构稳固。在加工完成后，对模板进行检查，确保质量符合要求。

再次，是模板的装配。根据建筑结构的需要，将加工好的模板件按照设计要求组装起来，形成完整的模板结构。在装配过程中，需要确保模板的连接牢固、结构稳定，以确保施工安全和工程质量。

最后，对装配好的模板进行检查和调整，确保各个部位的尺寸和位置符合要求，可以满足混凝土浇筑的需要。完成模板的加工和装配后，即可进行混凝土浇筑等后续施工工作。

2. 基础浇筑

基础浇筑是建筑施工中的重要环节，用于固定建筑物的基础结构，为上部结构提供稳定支撑。基础浇筑通常包括以下几个步骤。

①准备工作：在进行基础浇筑之前，需要进行基础模板的搭建或者搭设支模、脚手架等施工辅助设施。同时，需要对基坑或者基槽进行清理，确保底部平整，并进行必要的防水处理。

②混凝土配制：按照设计要求，将水泥、沙子、骨料等原材料按一定比例混合制成混凝土。在混凝土搅拌过程中，需要严格控制水灰比和搅拌时间，确保混凝土的质量和性能。

③浇筑过程：将预制的混凝土倒入基础模板或者基坑中，利用振捣器进行振实，确保混凝土充分填满模板或者基坑，排除气泡和空隙。在浇筑过程中，需要注意控制浇筑速度和均匀性，避免出现渗漏或者浇筑不均匀的情况。

④养护工作：基础浇筑完成后，需要对新浇筑的混凝土进行养护。养护过程通常包括保湿、遮阳、防冻等措施，以确保混凝土的强度和耐久性。

⑤检验验收：在混凝土达到设计强度后，进行基础的质量检验和验收工

作。检验内容包括基础尺寸、平整度、强度等指标，确保基础结构符合设计要求和安全标准。

基础浇筑的质量和施工过程的规范性对于建筑物的安全性和稳定性具有重要意义，因此在施工过程中需要严格按照设计要求和相关标准进行操作。

3. 基础养护

基础浇筑完成后，必须进行养护以确保混凝土的强度和稳定性。首先，应立即对浇筑表面进行覆盖，然后进行持续的洒水养护，至少持续14天。在寒冷季节或者气温较低的情况下，还应考虑采用保温措施。同时，必须防止地基浸泡，特别是在降雨频繁或地下水位较高的情况下，应采取有效的排水措施。采取这些养护措施，可以确保基础混凝土的质量和性能达到设计要求。

4. 施工注意事项

在施工过程中，务必严格按照设计图纸和施工规范进行操作，特别要注意以下几点：确保施工现场安全，做好安全防护工作；严格控制施工质量，保证各项工序符合要求；加强沟通协调，确保各工种之间的顺畅配合；合理安排施工进度，避免延误工期；严格执行环保要求，减少对周围环境的影响；及时处理施工中出现的问题，确保施工进展顺利。落实以上注意事项，可以有效保障施工的顺利进行，并最大程度地确保工程质量和安全。

（二）独立基础施工

独立基础施工的流程：清理及浇筑垫层→钢筋绑扎→模板安装→清理→混凝土浇筑→混凝土振捣→混凝土找平→混凝土养护。

1. 清理及浇筑垫层

在进行清理和浇筑垫层时，需要注意以下几点：首先，确保基础表面干净，清除残留的杂物和污物，保持表面平整；其次，按照设计要求和施工规范，准确测量和控制垫层的厚度和坡度，确保其符合要求；再次，选择合适的垫层材料，并进行均匀覆盖和压实，确保垫层的密实性和稳定性；最后，在浇筑混凝土前，确保垫层表面湿润，以提高混凝土的附着力，然后按照设计要求进行混凝土的浇筑和抹平，保证基础的质量和稳定性。通过以上步骤的严格执行，可以确保垫层的质量和基础的稳固性，为后续施工工作提供可靠的基础支撑。

2. 钢筋绑扎

在进行独立基础钢筋绑扎时，需注意以下几点：首先，根据设计图纸和要求，准确确定钢筋的规格、数量和布置位置；其次，进行钢筋加工和切割，确保长度和尺寸符合要求，并注意对钢筋进行防锈处理；再次，根据设计要求和施工图纸，在基础模板内准确安装和固定钢筋，保证钢筋的位置、间距和层间连接符合要求；最后，进行钢筋绑扎，确保绑扎牢固，连接紧密，无错位和偏移，以确保基础钢筋的稳定性和承载能力。绑扎过程中应注意安全，避免发生钢筋损坏或人身伤害，确保工程质量和施工安全。

3. 模板安装

完成钢筋绑扎及相关施工后，应立即进行模板安装。模板的选择包括小钢模或木模，可采用架子管或木方进行加固支撑。对于锥形基础坡度大于30°的情况，需要采用斜模板支护，利用螺栓与底板钢筋拉紧，以防止模板的上浮。模板上应设置透气孔和振捣孔，以确保混凝土的充分振实。而对于锥形基础坡度小于等于30°的情况，则可利用钢丝网（间距30 cm）防止混凝土下坠，同时在上口设井字木以控制钢筋位置。在模板施工过程中，需注意避免重物冲击模板，严禁在吊绑的模板上搭设脚手架，以确保模板的牢固和严密，保障施工安全和工程质量。

4. 清理

清除模板内的木屑、泥土等杂物，木模板浇水湿润，堵严板缝和孔洞。

5. 混凝土浇筑

混凝土浇筑是建筑施工中的重要环节，需要严格按照设计要求和施工规范进行操作。在进行混凝土浇筑前，要确保基础表面清洁，并进行必要的润湿处理以提高混凝土的黏结性。混凝土搅拌应充分均匀，输送到施工现场后要迅速倾倒到基础内，并进行振捣以排除空气和填满空隙。浇筑后要及时进行养护，保持混凝土湿润，确保其强度和耐久性。同时，要严格控制浇筑过程中的温度，确保混凝土的质量和安全。

6. 混凝土振捣

混凝土振捣是混凝土浇筑后的关键工序之一，目的是排出混凝土中的空气，使混凝土均匀致密，提高其强度和耐久性。振捣时应选择合适的振捣器具，按照设计要求和施工规范进行振捣作业，覆盖浇筑面积的每一部分，并确保振捣器的震动能够充分渗透混凝土，并使其达到预期的密实度。振捣后要及时处理表面的漏浆和不均匀现象，确保混凝土的浇筑质量。

7. 混凝土找平

混凝土浇筑后，对于表面较大的混凝土结构，通常采用平板振捣器进行振捣处理，以排除混凝土中的空气和填满空隙。随后，使用刮杆对表面进行刮平，以确保表面平整。最后，通过木抹子对表面进行搓平处理，以使其更加光滑。在收面之前，必须对混凝土表面的标高进行校核，确保其符合设计要求，对于不符合要求的部分必须立即进行整改。

8. 混凝土养护

已浇筑完的混凝土在12 h内应进行覆盖和浇水。一般情况下，常温下的养护时间不得少于7天，而对于特殊混凝土，其养护时间不得少于14天。在养护期间，必须安排专人进行检查，并确保养护工作得到落实，防止由于养护不及时而导致混凝土表面出现裂缝。

已浇筑完成的混凝土应在12 h内进行覆盖和浇水。通常情况下，常温条件下的养护时间不应少于7天，而对于特殊混凝土，其养护时间不应少于14天。在养护期间，需要指定专人进行检查，确保养护工作得到落实，防止由于养护不及时而导致混凝土表面出现裂缝。

9. 施工要点

施工要点包括以下几点。首先，确保施工过程中的各项工序符合设计和规范要求。这包括但不限于准确的测量与放线、合适的模板加工和安装、钢筋的正确绑扎和布置，以及混凝土的准确浇筑和振捣等。其次，施工过程中必须注意安全，确保施工人员和现场工人的安全，并采取必要的防护措施。再次，及时的质量检查和验收也是确保施工质量的关键步骤。最后，施工要点还包括及时的沟通与协调，确保施工进度和质量能够达到预期目标。

（三）筏形基础施工

筏形基础的施工流程：模板加工及拼装→钢筋制作和绑扎→混凝土浇筑、振捣及养护。

1. 模板加工及拼装

（1）模板通常采用定型组合钢模板，采用U形环连接。垫层面清理干净后，先分段拼装，模板拼装前先刷好隔离剂（隔离剂主要用机油）。

外围模板的主要规格包括1 500 mm×300 mm、1 200 mm×300 mm、900 mm×300 mm和600 mm×300 mm等尺寸。这些模板通常支撑在下部的混凝土垫层上，水平支撑则使用钢管、圆木短柱、木楔等固定在四周基坑侧壁上。这样的设置能够确保模板的稳固支撑，为混凝土浇筑提供合适的支撑结构，同时也方便模板的安装和拆除。

基础梁上部比筏板面高出的50 mm的侧模采用100 mm宽的组合钢模板进行拼装，使用钢丝拧紧，中间支撑使用垫块或钢筋头，以确保梁的截面尺寸。模板的边缘通过拉线进行矫正，轴线和截面尺寸经过在垫层上弹出的弹线检查和校正。在模板加固检验完成后，使用水准仪确定标高，并在模板面上弹出混凝土上表面的水平线，作为控制混凝土标高的依据。

（2）拆模的顺序为：拆模板的支撑管、木楔等→松连接件→拆模板→清理→分类归堆。拆模前混凝土要达到一定强度，保证拆模时不损坏棱角。

2. 钢筋制作和绑扎

（1）对于受力钢筋，Ⅰ级钢筋末端（包括用作分布钢筋的光圆钢筋）做180°弯钩时，弯弧内直径不小于2.5倍钢筋直径（记为2.5d），弯后的平直段长度不小于3倍钢筋直径（记为3*d*）。对于螺纹钢筋，当设计要求做90°或135°弯钩时，弯弧内直径不小于5倍钢筋直径（记为5*d*）。对于非焊接封闭筋，末端做135°弯钩时，弯弧内直径除不小于2.5*d*外，还不应小于箍筋内受力纵筋直径，弯后的平直段长度不小于10倍钢筋直径（记为10*d*）。

（2）钢筋绑扎施工前，在基坑内搭设高约4m的简易暖棚，以遮挡雨雪及保持基坑气温，避免垫层混凝土在钢筋绑扎期间遭受冻害。立柱采用ϕ50钢管，间距为3.0 m，顶部纵横向平杆均采用ϕ50钢管。形成的管网孔尺寸为1.5 m×1.5 m，其上铺设木板、方钢管等，在木板上铺设彩条布，然后满铺草帘。棚内照明采用普通白炽灯，设置两排，间距为5 m。

（3）基础梁及筏板筋的绑扎流程：弹线→纵向梁筋绑扎、就位→筏板纵向下层筋布置→横向梁筋绑扎、就位→筏板横向下层筋布置→筏板下层网片绑扎→支撑马凳筋布置→筏板横向上层筋布置→筏板纵向上层筋布置→筏板上层网片绑扎。

（4）筏板内的受力筋和分布筋采用绑扎搭接，搭接位置和搭接长度按照设计要求执行。基础架纵筋采用单面（或双面）搭接电弧焊接，焊接接头位置和焊缝长度按照设计和规范要求进行，焊接试件按照规范要求留置并进行试验。

3. 混凝土浇筑、振捣及养护

（1）按照事先安排的顺序进行，若建筑面积较大，应划分施工段并分段浇筑。

（2）搅拌时采用石子→水泥→砂或沙→水泥→石子的投料顺序，搅拌时间不少于90 s，保证拌和物搅拌均匀。

（3）混凝土振捣采用插入式振捣棒。在振捣过程中，振捣棒的插入要快速，拔出要缓慢，确保插点均匀排列，逐点移动，按照顺序进行，以避免发生漏振现象。插点之间的间距约为40 cm。振捣进行至混凝土表面出现浆液且不再产生气泡时，即表示振捣完成。

（4）浇筑混凝土应该连续进行，如果由于非正常原因导致浇筑中断，当停歇时间超过水泥初凝时间时，需要在接槎处进行施工缝处理。处理时应该保持施工缝直线，并且在继续浇筑混凝土之前进行以下操作：首先，清除接槎处的浮动石子；其次，均匀地撒上少量高强度等级的水泥砂浆，并将其铺平；最后，再进行混凝土的浇筑，并使用振捣棒进行密实处理。

在浇筑筏形混凝土时，通常不需要分层浇筑，可以一次性完成整体浇筑。在虚摊混凝土时，可以略微高于设计标高，然后在振捣过程中使其均匀密实。最后，使用木抹子按照设计标高线将混凝土表面搓平。

4. 施工要点

（1）在进行基坑开挖时，需要注意保持基坑底部土壤的原状结构，尽量减少扰动。如果使用机械进行开挖，在基坑地面以上应保留200～400 mm厚的土层，通过人工挖掘并清理。如果无法立即进行下一道工序的施工，应该保留100～200 mm厚的土层，待下一道工序施工前再挖除，以避免地基土被过度扰动。在验槽后，应立即进行混凝土垫层的浇筑。

（2）基础浇筑完成后，应覆盖并进行洒水养护，以确保混凝土的质量。同时，要防止地基浸泡。在混凝土强度达到设计强度的25%以上时，即可开始拆除梁的侧模。

（3）在混凝土基础达到设计强度的30%时，应开始进行基坑回填工作。回填应同时进行，从基坑四周开始，按照基底排水方向由高到低分层进行。

第二节　单层钢结构安装

一、单层钢结构安装的一般规定

单层钢结构安装一般具有相对较小的规模，施工相对简单，适用于民用住宅和一些工业用房等建筑类型。在进行单层钢结构的安装时，施工单位应根据装配式钢结构建筑的特点，选择合适的施工方法，并制定合理的施工顺序。施工过程中，应尽量减少现场支模和脚手架的用量，以提高施工效率。此外，在安装过程中还应严格按照土建专业工序交接单及施工图纸要求，对基础的定位轴线、柱基础的标高、杯口几何尺寸等项目进行复测与放线，以确定安装基准，并做好测量记录。经复测符合设计及规范要求后方可进行吊装工作，确保单层钢结构的安装质量和准确性。

二、起重机参数选择

选择吊装设备时，可以按照以下方式进行。

①履带式吊车：适用于在软弱地基或不平整地面进行吊装作业，其履带设计可以提供更大的接地面积，增加稳定性。

②轮胎式吊车：适用于平整硬地面的吊装作业，具有灵活性高、移动速度快的特点，适合在较为开阔的场地进行吊装。

③汽车式吊车：适用于需要在城市道路或狭窄场地进行吊装作业的情况，具有便捷的移动性和较高的适应性。

④塔式起重机：适用于需要进行高空或超高空吊装作业的情况，可以提供较大的起重高度和范围。

根据具体的施工场地条件、作业需求和吊装物体的重量及尺寸等因素，选择适合的吊装设备，以确保施工安全和效率。

起重机的类型确定之后，还需要进一步选择起重机的型号及起重臂的长度。所选起重机的3个工作参数（起重量、起重高度、起重半径）应满足结构吊装的要求：

第一，起重量必须大于所吊装构件的重量与索具重量之和；

第二，起重高度必须满足所吊装构件的吊装高度要求；

第三，当起重机可以不受限制地开到所安装构件附近时，可不验算其起重半径。但当起重机受限制不能靠近吊装位置去吊装构件时，则应验算当起重机的起重半径为一定值时的起重量与起重高度能否满足安装构件的要求。

选择起重机时，应根据各个吊装工作的具体要求来确定起重臂的长度。通常情况下，会选择一种既能满足所有吊装工作参数要求又最短的起重臂。但是，如果各个吊装工作的参数相差过大，也可以考虑选择几种不同长度的起重臂。

举例来说，如果需要吊装的构件中柱子的高度较小，而屋面结构的高度较大，可以选择较短的起重臂来完成柱子的吊装工作，而选择较长的起重臂来完成屋面结构的吊装工作。这样可以更好地满足各个吊装工作的特定要求，提高施工效率和吊装安全性。

三、吊装方法的选择

装配式钢结构构件吊装过程中常用的方法有节间吊装法、分件吊装法和综合吊装法，各种方法的优缺点见表6-1所列。

表6-1　常用吊装方法及优缺点

方法	内容	优缺点
节间吊装法	起重机在厂房内一次开行中，依次吊完一个节间各类型构件，即先吊完节间柱，并立即校正、固定，灌浆，然后吊装地梁、柱间支撑、墙梁（连续梁）、起重机梁、走道板、柱头系杆（托架）、屋架、天窗架、屋面支撑系统、屋面板和墙板等构件，一个（或几个）节间的构件全部吊装完后，起重机再向前移至下一个（可几个）节间，再吊装下一个（或几个）节间全部构件，直至吊装完成	优点：起重机开行路线短，停机一次至少吊完一个节间，不影响其他工序，可进行交叉平行流水作业，缩短工期；构件制作和吊装误差能被及时发现并加以纠正；吊完一个节间，校正固定一个节间，结构整体稳定性好，有利于保证工程质量。 缺点：需用起重量大的起重机同时吊装各类构件，不能充分发挥起重机的效率，无法组织单一构件连续作业；各类构件必须交叉配合，场地构件堆放过密，吊具、索具更换频繁，准备工作复杂；校正工作零碎、困难；柱子固定需一定时间，难以组织连续作业，拖长了吊装时间，吊装效率较低；操作面窄，较易发生安全事故

续表

方法	内容	优缺点
分件吊装法	采用分件吊装法时，应先将构件按其结构特点、几何形状及其相互联系进行分类。同类构件按顺序一次吊装完后，再进行另一类构件的安装，如起重机一次开行中先吊装厂房内所有柱子，待校正、固定并灌浆后，依次按顺序吊装地梁、柱间支撑、墙梁、起重机梁、托架（托梁）、屋架、天窗架、屋面支撑和墙板等构件，直至整个建筑物吊装完成。屋面板的吊装有时在屋面上单独用1～2台的台灵桅杆或屋面小起重机来进行	优点：起重机在一次开行中仅吊装一类构件，吊装内容单一，准备工作简单，校正方便，吊装效率高；柱子有较长的固定时间，施工较安全；与节间法相比，可选用起重量小一些的起重机吊装，可利用改变起重臂杆长度的方法，分别满足各类构件吊装起重量和起升高度的要求，能有效发挥起重机的效率，构件可在现场分类，按顺序预制、排放，场外构件可按先后顺序组织供应；构件预制吊装、运输、排放条件好，易于布置。 缺点：起重机开行频繁，增加了机械台班的费用；起重臂长度改换需一定时间，不能按节间尽早为下道工序创造工作面，阻碍了工序的穿插，吊装工期相对较长，屋面板吊装需要辅助机械设备
综合吊装法	该方法是将全部或一个区段的柱头以下部分的构件用分件法吊装，即柱子吊装完毕后并校正固定，待柱杯口二次灌浆混凝土达到70%设计强度后，再按顺序吊装地梁、柱间支撑、起重机梁走道板、墙梁、托架（托梁），接着逐个节间综合吊装屋面结构构件，包括屋架、天窗架、屋面支撑系统和屋面板等构件	该方法保持了节间吊装法和分件吊装法的优点，而避免了其缺点，能最大限度地发挥起重机的能力和效率，缩短工期，是实际施工中运用最多的一种方法

四、钢柱基础浇筑

为确保地脚螺栓的准确位置，可以在施工过程中使用钢材制作固定架，将地脚螺栓安置在与基础模板分开的固定架上，然后再进行混凝土的浇筑。为了保护地脚螺栓螺纹不受损伤，在使用前应涂抹黄油，并使用套子套住以确保其完整性。这样可以确保地脚螺栓在混凝土浇筑过程中保持准确的位置，并且防止其受到损坏。

为了保证基础顶面标高符合设计要求，可根据柱脚形式和施工条件，采用下面两种方法进行浇筑。

（一）一次浇筑法

一次浇筑法是一种施工方法，指在进行混凝土浇筑时将所有的混凝土一次性倒入模板中，然后进行振实和养护的工艺。这种方法通常适用于小型结构或对施工周期要求不严格的情况。相比于分层浇筑法，一次浇筑法可以减少浇筑接缝，提高施工效率，但需要在混凝土浇筑后及时进行振实和养护，以确保混凝土的质量和强度。

（二）二次浇筑法

柱脚支承面混凝土分两次浇筑到设计标高。先进行第一次浇筑，将混凝土浇筑到比设计标高低40～60 mm处。待混凝土达到一定强度后，放置钢垫板并精确校准钢垫板的标高，然后吊装钢柱。一旦钢柱校正到位，在柱脚底板下方进行第二次浇筑，使用细石混凝土。尽管二次浇筑法增加了一道工序，但由于钢柱易于校正，因此被广泛应用于重型钢柱的安装。

五、施工安装步骤

钢构件的施工安装步骤应根据建筑的特点和选用的吊装方法来制定，因为不同的吊装方法对应着不同的安装步骤。在整个安装过程中，必须确保结构形成一个稳定的结构体系，同时避免钢构件发生变形。这意味着需要在安装过程中考虑到吊装点的位置、支撑方式、连接方式以及结构的整体稳定性等因素，以确保安全可靠地完成钢构件的安装工作。常用的吊装方法有节间吊装、分件安装和综合吊装三种。

（一）节间吊装的安装步骤

（1）从有柱间支撑的节间开始，先安装四根钢柱及其间的柱间支撑，使之形成稳定体系。

（2）再安装两柱间的屋面梁及次构件，这样就形成了一个稳定的安装单元。

（3）在最后的扩展安装阶段，按照顺序安装钢柱、起重机梁、屋面梁等构件。对于屋面梁的安装，应尽可能地整体吊装，如果不能整体吊装，则在确保刚架整体稳定性、施工安全性和方便安装的前提下，合理地分段吊装。如果跨度较长，也可以从中间开始，依次安装两榀刚架、柱间梁、屋面斜梁、支撑、檩条，使两榀刚架与中隔墙连成整体，形成稳定的空间体系，然后再向两端延伸安装。这样的安装方式可以确保结构的稳定性和整体性，同时提高施工效率和安全性。

当山墙墙架宽度较小时，可先在地面拼装好，再整体起吊安装。

（二）分件安装的安装步骤

分件安装方法通常包括以下步骤：首先，按照设计图纸和施工方案准备好所需的钢构件和吊装设备，并对吊装点进行检查和确认；其次，根据安全要求，搭设好必要的安全设施和防护措施；再次，根据安装顺序，先安装主要构件或支撑结构，然后逐步安装其他次要构件，在安装过程中，需要严格按照规范要求进行钢构件的对接、连接和固定，确保构件的稳固和准确连接；最后，进行安装完毕后的检查和清理工作，确保安装质量符合要求，并做好安全交接记录。整个安装过程需要严格遵守施工计划和安全规范，保证施工的顺利进行和施工过程的安全性。

（三）综合吊装的安装步骤

综合吊装法一般包括以下几个步骤：首先，根据设计图纸和施工方案准备好所需的钢构件和吊装设备，并对吊装点进行检查和确认。其次，搭设好吊装设备并做好安全措施，确保吊装过程安全稳定。再次，根据安装顺序和构件特点，将各个构件用吊装设备进行吊装，并在适当的位置进行调整和对齐，确保构件安装准确。在吊装过程中，需要严格控制吊装速度和力度，确保吊装过程平稳无误。最后，完成所有构件的吊装后，进行安装质量检查和清理工作，确保安装质量符合要求，并做好安全交接记录。整个安装过程需要严格遵守施工计划和安全规范，保证施工的顺利进行和施工过程的安全性。

六、钢构件安装

（一）钢柱的安装

1. 安装流程

吊装→就位、校正。

2. 安装细节

（1）钢柱的吊装通常采用自行式起重机，根据钢柱的重量、长度和施工现场条件，可选择单机、双机或三机吊装方案。吊装方法可采用旋转法、滑行法和递送法等。旋转法是通过起重机将钢柱从水平位置转移到竖直位置；滑行法则是通过滑行架将钢柱从地面或平台滑行至目标位置；而递送法则是将钢柱从一台起重机传递到另一台，适用于跨越较长距离的施工现场。在选择吊装方法时，需要根据具体的情况和施工要求进行合理的选择，以确保吊装过程安全、高效。

在不采用焊接吊耳的情况下，直接使用钢丝绳绑扎钢柱时，需要注意以下两点：首先，在钢柱的四个角落处应做包角处理，以防止钢丝绳因为角落处的尖锐而折断；其次，在绑扎点处，为了防止工字形钢受到局部挤压而损坏，可以增加加强肋板。对于吊装格构柱，在绑扎点处还应设置支撑杆，以增加稳定性和安全性。这些措施可以确保钢柱在吊装过程中保持稳定，并避免因为绑扎不当而造成意外情况发生。

（2）在吊装柱子之前，为了保护地脚螺栓的螺纹不受损伤，可以采用薄钢板卷成套筒的方式套在螺栓上。当钢柱就位后，将套筒取下。在柱子吊起后，当柱底距离基准线达到准确位置时，指挥起重机下降到位，并紧固全部基础螺栓。为了临时加固柱子，可以使用缆风绳。这些措施有助于确保柱子的安全吊装和稳固固定。

（3）柱的校正包括平面位移、标高和垂直度的校正。

①位移的校正可用千斤顶顶正。

②柱基标高校正是根据钢柱的实际长度、柱底平整度以及钢牛腿顶部与柱底部的距离来确定的。重点在于确保钢牛腿顶部的标高值，以此来控制基础找平的标高。具体操作方法是，安装钢柱时，在柱底板下的地脚螺栓上添加一个调整螺母，通过调整螺母来控制柱子的标高。

③垂直度校正通常使用经纬仪或吊线坠进行检验。如果存在偏差，可以采用液压千斤顶或丝杠千斤顶进行校正，同时在底部空隙处使用铁片或铁垫塞进行紧固。此外，也可以在柱脚和基础之间打入钢楔抬高或降低，以增加或减少垫板来进行校正。

（4）对于杯口基础，柱子对位时应采取以下步骤：首先，在柱子四周放入8个楔块，并用撬棍拨动柱脚，使柱的吊装中心线对准杯口上的吊装准线，并使柱基本保持垂直。柱对位后，应先略微打紧楔块，然后放松吊钩，检查柱是否沉至杯底并保持对中。如果符合要求，即可将楔块打紧，作为柱的临时固定，然后起重钩便可脱钩。对于吊装重型柱或细长柱，除了按上述步骤进行临时固定外，还应考虑增设缆风绳拉锚以增强安全性。

（5）柱校正后，需执行以下步骤：首先，紧固地脚螺栓，并将承重钢垫板进行上下点焊固定，以防止移动。对于杯口基础，钢柱校正后应立即进行固定，随后及时在钢柱脚底板下浇筑细石混凝土并加固。这一步骤的目的是防止已经校正过的柱子发生倾斜或移位。

（6）钢柱校正固定后，随即安装柱间支撑并固定，使其成为稳定体系。

（二）钢屋架的安装

1. 安装流程

第一榀钢屋架吊装→就位、固定→第二榀钢屋架吊装→就位、校正并固定→

安装第一、二榀钢屋架间的钢支撑、系杆或檩条→按照以上次序安装直至钢屋架安装完毕。

2. 安装细节

（1）屋面梁在出厂时通常是分段的，每跨屋面梁一般分为两段或三段，每段屋面梁之间由高强螺栓连接。在现场，首先在跨内设置可移动式拼装台架，其次在地面将各段屋面梁拼装成整体，最后利用吊装设备将整体吊装至预定位置。

（2）钢屋架的吊装通常采用两点吊装，但当跨度超过21 m时，常会采用三点或四点吊装。吊点应精确地位于屋架的重心线上，并在屋架的一端或两端绑溜绳，以确保吊装过程平稳。考虑到屋架平面外的刚度较差，通常会在侧向绑上两道杉木或方木进行加固。此外，钢丝绳的水平夹角不应小于45°，以确保吊装的稳定性和安全性。

（3）屋架通常采用高空旋转法进行吊装。具体步骤为：先将屋架从垂直位置吊起，使其超过柱顶200 mm，然后旋转臂杆转向安装位置。在此过程中，起重机逐渐回转，同时工人拉动溜绳，使屋架缓慢下降，最终平稳地落在柱头设计位置上。在这个过程中，需要确保屋架端部的中心线与柱头的中心线轴线对准，以保证吊装的准确性和稳定性。

（4）第一榀屋架就位并初步校正垂直度后，应在两侧设置缆风绳临时固定，方可卸钩。

（5）第二榀屋架使用相同的方法吊装到位后，首先用杉木或木方与第一榀屋架进行临时连接和固定。然后，在卸下吊钩后，立即安装支撑系统和部分檩条，以进行最后的校正和固定。这样可以形成一个具有空间刚度和整体稳定性的单元体系。随后的屋架安装过程会采用在上弦绑水平杉木杆或木方的方法，与已经安装好的前一榀屋架连接，以保持整体结构的稳定性。

（6）钢屋架的垂直度可以通过线坠和钢尺对支座和跨中进行检查。对于弯曲度的检查，可以使用拉紧的测绳进行检查。如果发现不符合要求，可以通过推动屋架上弦来进行校正。

（7）钢屋架临时固定时，如果需要使用临时螺栓，则每个节点的螺栓数量应不少于安装孔总数的1/3，并且至少应该穿入两个临时螺栓。对于冲钉，其穿入数量不宜超过临时螺栓总数的30%。当屋架与钢柱的翼缘连接时，应确保屋架连接板与柱翼缘板接触紧密，若未能达到紧密接触，应该垫入垫板以确保紧密连接。在屋架的支承力靠钢柱上的承托板传递时，屋架端节点与承托板的接触应紧密，其接触面积不得小于承压面积的70%。边缘最大间隙不应大于0.8 mm，若存在较大的缝隙，应使用钢板垫进行填实。

（8）在钢支撑系统中，每次吊装完一榀屋架并进行校正后，应该紧接着吊装与前一榀屋架间的支撑系统。每一个大节之间的钢构件在校正和检查合格后，可以使用电焊、高强螺栓或普通螺栓进行最后的固定。

（9）天窗架安装一般采取以下两种方式。

①吊装安装：通过吊装设备将天窗架整体吊装至安装位置，然后进行调整和固定。这种方式适用于较大型的天窗架，需要使用起重机等吊装设备进行安装，通常需要多人协同操作，并确保吊装过程的安全和稳定。

②分段组装安装：将天窗架分成若干个较小的部件，在地面上进行组装，然后将组装好的部件运输至安装位置进行组装。这种方式适用于天窗架较大但无法整体吊装的情况，可以减少对吊装设备的需求，并且便于在地面上进行组装和调整。

（10）檩条的安装多采用一钩多吊、逐根就位的方法。安装时，首先通过一钩多吊的方式将檩条提升到预定的位置，然后逐根就位。间距通常用样杆顺着檩条来回移动检查，如果发现间距有误差，可通过放松或扭紧檩条之间的拉杆螺栓进行校正。

在安装过程中，平直度是一个关键指标。可以使用拉线和长靠尺或钢尺进行检查，确保檩条的平直度符合要求。如果发现平直度有问题，需要及时校正。校正后，可以使用电焊或螺栓进行最后固定，确保檩条稳固可靠。

（11）在安装连接屋盖构件时，务必注意以下事项：第一，若发现螺栓孔位置不对，绝不能采用气割扩孔或转为焊接处理；第二，每个螺栓只能使用一个垫圈，严禁使用两个以上；第三，螺栓露出外部的丝扣长度不得低于3扣，并需采取措施防止螺栓与螺母松动，绝对不可用螺母替代垫圈；第四，精确制作的螺栓孔绝对不能使用冲钉，也不得用气割扩孔；第五，如果构件表面存在斜度，务必使用相应斜度的垫圈。以上措施保证了屋盖构件的稳固连接和安全性。

（12）支撑系统安装就位后，必须立即进行校正并固定。在这个过程中，绝对不能使用定位点焊来替代安装螺栓或焊接连接。这样做可能会导致遗漏，从而造成结构的不稳定。因此，务必确保所有的连接点都经过适当的校正，并采取适当的固定措施，以确保支撑系统的稳固和安全。

（13）安装后节点的焊缝或螺栓经过检查合格后，必须立即进行底漆和面漆的涂覆工作。对于设计要求使用油漆腻子封闭的焊缝，必须确保在腻子封闭后，再进行油漆的涂刷工作。任何时候，如果构件表面的油漆涂层被损坏，都应及时进行补涂，补涂的颜色应与原构件油漆颜色保持一致，以确保外观的统一和保护构件表面的质量。

（14）在已经安装好的屋顶钢构件上，严格禁止随意进行开孔或切断任何杆件，也不得随意割断已经安装好的永久螺栓。这项规定的目的是确保结构的完整性和稳定性，以及防止因为不当的操作而对结构造成损坏或影响其承载能力。任何对屋顶钢构件的改动都必须经过审批和合格的工程师设计，并严格按照相关规范和要求进行操作。

（15）在利用已安装好的钢屋顶悬挂其他构件和设备时，必须经过设计人员同意，并采取适当的措施来防止结构损坏。这可能涉及使用合适的吊装设备、正确安装悬挂点、确保负载均衡以及加强结构以适应额外的负荷等措施。所有操作必须符合相关的安全规范和工程要求，确保不会对钢屋盖结构造成不必要的损坏或安全隐患。

（三）钢起重机梁的安装

1. 安装流程

吊装测量→起重机梁绑扎→就位临时固定→校正与最后固定。

2. 安装细节

（1）先用水准仪测出每根钢柱上原先弹出的±0.000基准线在柱子校正后的实际变化值，水准仪的精度要求为±3 mm/km。

（2）在一般情况下，首先对起重机梁横向靠近牛腿处的两侧进行实测，并做好实测标记。接着，根据各钢柱搁置起重机梁牛腿面的实测标高值，确定全部钢柱搁置起重机梁牛腿面的同一标高值。以此标高值为基准，计算出各搁置起重机梁牛腿面的标高差值。根据各个标高差值和起重机梁的实际高差，制作不同厚度的钢垫板。在同一搁置起重机梁牛腿面上，钢垫板一般分层加工，以便调整两根起重机梁端头的高度差异。这样的加工和调整过程可以确保起重机梁在安装过程中的平稳、准确。

（3）在安装过程中，需要严格控制起重机梁的定位轴线，这意味着必须认真设置钢柱底部的临时标高垫块。同时，需要时刻关注钢柱吊装后可能出现的位移和垂直度偏差，确保在可接受范围内。此外，还需要对实测起重机梁搁置端部梁高的制作误差值进行监测和控制，以确保安装的精准度和稳定性。

（4）起重机梁通常采用带卸扣的轻便吊索进行绑扎。绑扎方法主要有两种：双斜索绑扎和两点双直索绑扎法。双斜索绑扎适用于一般起重机梁，使用一台起重机进行吊装，吊索的倾斜角度不应大于45°。而两点双直索绑扎适用于重型起重机梁，需要使用两台起重机进行起吊。

（5）起重机梁的起吊通常采用悬吊法进行，当起重机梁吊至设计位置时，必须准确地使其轴线与安装轴线相吻合。在就位时，应使用经纬仪观察柱子的垂直情况，以检查是否因起重机梁安装而导致柱子产生偏斜。如果发现柱子有偏斜情况发生，应立即将起重机梁吊起，并重新进行就位，确保安装的准确性和稳定性。

（6）起重机梁校正与最终固定。起重机梁高低校正主要是对梁端部标高进行校正。可先用起重机吊空、特殊工具抬空或者油压千斤顶顶空，然后在梁底填设垫块。

起重机梁在水平方向移动校正通常使用撬棒、钢楔和千斤顶。对于重型起重机梁，常采用油压千斤顶和链条葫芦来解决水平方向移动问题。校正工作通常在梁全部安装完毕、屋面构件校正并最后固定后进行。对于重量较大的起重机梁，也可以一边安装一边进行校正。校正的内容包括中心线的位移、轴线间距，以及标高垂直度等。由于纵向位移在就位时已经校正过，因此主要校正横向位移。

校正起重机梁中心线与起重机跨距时，首先在起重机轨道的两端地面上，根据柱的轴线放出起重机轨道的轴线，其次使用钢尺校正这两条轴线之间的距离，最后可以采用经纬仪放线、钢丝挂线坠或在两端拉钢丝等方法进行校正，以确保起重机梁的中心线与起重机轨道的轴线相符。

在进行起重机梁的标高校正时，首先将水平仪放置在厂房中部某一起重机梁上，或者在地面上测出一定高度的水准点。然后，使用钢尺或样杆量出水准点至梁面铺轨需要的高度，在每根梁上观测两端及跨中三个点，并根据测定的标高进行校正。在校正时，可以用撬杠撬起或者在柱头屋架上的端头节点上挂倒链，将起重机梁需要垫板的一端吊起。

（四）钢桁架与水平支撑的安装

1. 安装流程

桁架（整榀或分段）绑扎→就位临时固定→校正与最后固定。

2. 安装细节

①准备工作：在进行钢桁架安装之前，需要完成施工现场的准备工作，包括清理施工区域、确保吊装设备的安全性和可用性，以及准备好所需的工具和材料。

②吊装计划：制定详细的吊装计划，包括吊装顺序、吊装点的选择、吊装设备的配置等。可根据钢桁架的尺寸、重量和形状，确定最佳的吊装方案。

③吊装设备：根据钢桁架的特点，选择合适的吊装设备，可能包括起重机、吊车、吊篮等。确保吊装设备的稳定性和安全性。

④吊装过程：在进行钢桁架的吊装时，操作人员要保持高度警觉，严格按照吊装计划进行操作。在吊装过程中，要确保钢桁架的平稳吊装，并随时注意安全事项。

⑤连接固定：钢桁架安装完成后，需要进行连接和固定。这可能涉及焊接、螺栓连接或其他连接方法。要确保连接牢固可靠，并符合设计要求。

⑥质量检查：完成钢桁架安装后，进行质量检查是必不可少的。应检查各

个连接点是否牢固，各部件是否符合要求，并进行必要的调整和修正。

⑦安全措施：在整个安装过程中，始终要严格遵守安全操作规程，确保施工现场的安全。使用安全防护装备，如安全带、头盔等，并严格控制施工现场的人员和车辆通行。

3. 水平支撑安装细节

吊装时，应采用合理的吊装工艺，防止构件产生弯曲变形。可采用下列方法防止变形。

（1）如十字水平支撑长度较长、型钢截面较小、刚性较差，吊装前应用圆木杆等材料进行加固。

（2）吊点位置要合理，使其在平面内均匀受力，以吊起时不产生下挠为准。

在安装水平支撑时，应使其略微上拱或略大于水平状态，然后再与屋架连接。通过这种安装方式，安装后的水平支撑可以自然消除下挠。如果连接位置发生较大偏差，导致无法正确安装到位，不应该使用牵拉工具施加较大的外力来强行使其连接。因为这样做会导致屋架下弦侧向弯曲或水平支撑产生过大的上拱或下挠，同时还会给连接构件带来较大的结构应力，从而影响结构的安全性和稳定性。因此，在安装过程中，必须注意合理安排连接位置，并避免使用过大的外力。

（五）檩条的安装

1. 整平

在安装檩条之前，需要对支承进行检测和整平，确保支承平稳可靠。然后逐根检查檩条的平整度，确保其符合要求。在安装过程中，需要控制檩条之间的高差在±5 mm范围内。这样可以确保檩条安装后的平整度和水平度符合设计要求，从而保证整个结构的稳定性和安全性。

2. 弹线

在安装檩条时，必须按照设计要求的支承点位置进行固定。为此，在支承点位置应该用线做出标记，以确保安装的准确性。安装时需要根据檩条布置图进行验收，以确认支承点的位置是否符合设计要求。这样可以确保檩条的正确布置和稳固支撑，从而保证整个结构的安全性和稳定性。

3. 固定

按设计要求进行焊接或螺栓固定，固定前再次调整位置，偏差控制在±5 mm范围内。

4. 檩条安装的注意事项

（1）檩条和墙梁安装时，应设置拉条并拉紧，但不应将檩条和墙梁拉弯。

（2）除最初安装的两榀刚架外，其余刚架间的檩条、墙檩的螺栓均应在校准后再拧紧。

（六）彩钢板的安装

彩色钢板铺设顺序，原则上是由上而下，从常年风尾方向起铺。

1. 屋面

铺设屋面板时，应以山墙边作为起点，然后按照从左向右或从右向左的顺序依次铺设。在安置第一片板后，应沿着板的下缘拉一条准线，然后每片板都要根据这条准线进行安装，以确保铺设的板不会偏离。铺设时要使用含防水垫片的自攻螺钉，将其沿着每块板的中心固定在檩条上。这样可以确保屋面板的安全固定和防水效果。

2. 墙板

施工原则与屋面板相同。

3. 收边

在屋面（包括雨篷）的收边处，需要使用含防水垫片的自攻螺钉进行固定。对于屋脊盖板和檐口处的泛水部位（包括天沟），应该铺设山型发泡聚乙烯（PE）封口条进行密封。如果在现场测量后需要进行变更，必须以确认后的制作图为准来进行施工固定。

4. 安装注意事项

（1）彩色钢板切割时，其外露面应朝下，避免切割时产生的锉屑贴附于涂膜面，引起面屑气化。

（2）施工人员在屋面行走时，沿排水方向应踏于板谷，沿檩条方向应踏于檩条上，且须穿软质平底鞋。

（3）屋面须做纵向（排立向）搭接时，搭接长度应在150 mm以上，止水胶依设计图施作，其搭接位置应该在桁条位置上，墙面搭接长应在100 mm以上，搁置于檩条上。

（4）自攻螺钉固定于肋板，其凹陷以自攻螺丝底面与肋板中线对齐为原则。

第三节　多层及高层钢结构安装

一、钢结构安装条件及要求

①施工现场条件：应确保施工现场的平整度、承载能力和安全性，保证足够的操作空间和施工通道，方便安装人员和设备的运输和作业。

②安全措施：采取必要的安全措施，包括设置安全警示标志、配备安全防护装备、严格执行安全操作规程，确保施工过程中的人身安全和设备安全。

③材料质量：钢结构材料的质量必须符合相关标准和规定，材料表面不得有明显的损伤、变形或腐蚀，以保证结构的稳定性和可靠性。

④工艺要求：按照设计要求和施工图纸进行施工，确保结构的准确性和稳定性，严格执行焊接、连接、固定等工艺要求，确保施工质量。

⑤环境条件：施工过程中要考虑风力、温度、湿度等环境因素对钢结构安装的影响，必要时采取相应的防护措施。

⑥验收标准：施工完成后，需要进行验收，验收项目包括结构的尺寸、形状、平整度、垂直度、水平度等，确保达到设计要求和规范要求。

⑦施工组织和管理：合理安排施工进度，严格控制施工质量，做好施工记录和档案管理，确保施工过程的顺利进行和施工质量的可控性。

二、多层及高层钢构件吊装方法的选择

多层及高层钢构件吊装常采用综合吊装和分件吊装两种方法，主要内容见表6-2所列。

表6-2　吊装方法的分类

吊装方法	主要内容	适用范围
综合吊装	（1）用1台或2台履带式起重机在跨内开行，起重机在一个节间内将各层构件一次吊装到顶，并由一端向另一端开行，采用综合法逐间、逐层把全部构件安装完成。 （2）起重机所在的跨采用综合吊装法，其他相邻跨采用分层分段流水吊装进行。为了保证已吊装好结构的稳定性，每一层结构构件吊装均需在下一层结构固定完毕和接头混凝土强度等级达到设计强度的70%后进行。同时应尽量缩短起重机往返行驶路线，并在吊装中减少变幅和更换吊点的次数，妥善考虑吊装、校正、焊接和灌浆工序的衔接，以及工人操作的方便性和安全性	适用于构件重量较大和层数不多的框架结构吊装
分件吊装	用1台塔式起重机沿跨外侧或四周开行、逐类构件依次分层吊装。根据流水方式的不同，可分为分层分段流水吊装和分层大流水吊装两种。 （1）分层分段流水吊装是指将每一楼层（柱为两层一节时，取两个楼层为一个施工层）根据劳力组织（安装、校正、固定、焊接及灌浆等工序的衔接）以及机械连接作业的需要，分为2～4段进行分层流水作业。 （2）分层大流水吊装是指不分段进行分层吊装	适用于面积不大的多层框架吊装

三、钢柱基础要求

（1）在进行钢结构安装前，必须对建筑物的定位轴线、基础轴线和标高、地脚螺栓位置、规格等进行全面检查，确保建筑物的基础符合设计要求并与施工图纸一致，地脚螺栓位置准确且符合规格，以及所有相关尺寸和标高符合建筑设计规范。此外，还需要进行基础检测，以验证基础的承载能力和稳定性，并办理交接验收手续，确保所有相关方都已确认建筑物的基础条件和准备情况，为钢结构的安装奠定基础。当基础工程分批进行交接时，每次交接验收不应少于一个安装单元的柱基基础，并应符合下列规定：

①基础混凝土强度达到设计要求；

②基础周围回填夯实完毕。

（2）基础标高的调整应根据钢柱的长度、钢牛腿和柱脚距离来决定基础标高的调整数值。

在进行基础标高调整时，对于双肢柱，应设两个调整点，而对于单肢柱，则设一个调整点。调整的方法如下：首先，根据标高调整数值，制备压缩强度为55 MPa的无收缩水泥砂浆，制成无收缩水泥砂浆标高控制块；其次，利用这些标高控制块进行调整，根据实际情况移动基础或柱底板，以使标高达到要求。这种调整方法的优点是标高调整的精度较高，通常可以达到±1 mm以内的精度要求。

四、施工安装步骤

（一）采用综合吊装法的安装步骤

（1）在进行钢结构安装时，通常会从一端或中间有柱间支撑处开始，逐节安装柱子。首先安装四根柱子及柱间的主梁、次梁，通过逐步安装并连接这些构件，使之形成一个稳定的体系。这样的安装顺序有助于确保结构的稳定性和安全性，同时也有利于后续构件的安装和连接工作。

（2）依次向另一端由下向上逐层安装钢柱、主梁、次梁。

（3）安装与楼层配套的楼梯，方便以上楼层施工安装。

（4）安装第一节柱间的楼承板。

（5）按以上次序循环安装第二节柱及其柱间的主梁、次梁、配套的楼梯、楼承板。

（二）采用分件吊装法的安装步骤

（1）安装第一节钢柱。

（2）由下向上安装与第一节钢柱间的主梁、次梁。

（3）安装与楼层配套的楼梯。

（4）安装第一节钢柱间的楼层板。

（5）按以上次序逐节逐层向上安装至顶层。

五、钢构件安装

（一）钢柱安装

1. 安装流程

吊装→就位→校正。

2. 安装细节

（1）钢柱吊装

起吊钢柱时，应确保其垂直度，尽量使其在起吊回转过程中保持垂直。在起吊过程中，要注意避免与其他已安装的构件相撞。吊索应提前预留足够的高度，以确保在起吊扶直之前可以安装登高爬梯和挂篮等设备，并将其牢固地绑扎在钢柱的预定位置上。一旦钢柱就位，应立即临时固定地脚螺栓，并校正其垂直度。在安装较长的钢柱时，应先将上节钢柱的顶部中心对准下节钢柱，然后使用螺栓固定钢柱的两侧，并临时固定连接板。只有在钢柱安装到位、对准轴线并临时固定后，才能松开起吊钢柱的钩子。

（2）钢柱校正

钢柱校正的主要目标是确保钢柱的水平标高、T字轴线位置和垂直度符合设计要求，在整个过程中，以测量为主，并需要满足以下要求。

①水平标高：校正过程中必须确保钢柱的水平标高符合设计规定的高度，通常通过测量仪器（如水平仪或水准仪）来进行准确的测量和调整。

②T字轴线位置：T字轴线是指钢柱的中心轴线，其位置应该与设计要求一致。在校正过程中，需要特别注意确保T字轴线的准确位置，以确保后续连接构件的正确对准。

③垂直度：钢柱的垂直度是指其在垂直方向上的偏差程度。在校正过程中，需要使用测量工具（如测角仪）来检查钢柱的垂直度，并进行必要的调整，以确保其垂直度符合设计要求。

④测量准确性：校正过程中所采用的测量工具和方法必须具有足够的准确性和精度，以确保对钢柱水平标高、T字轴线位置和垂直度的测量结果准确、可靠。

⑤校正记录：对钢柱校正过程中的测量数据和调整情况应当进行详细的记录，包括测量数值、调整方法和结果等信息，以便后续的验收和追溯。

（二）构件接头施工

钢结构现场接头主要涉及柱与柱、柱与梁、主梁与次梁、梁的拼接、支撑、楼梯及支撑等部位，通常采用栓焊结合的方式进行连接。在进行接头时，需要严格按照设计图纸的要求来确定接头形式和焊缝等级。

（1）多层、高层钢结构的现场焊接顺序应按照力求减少焊接变形和降低焊接应力的原则加以确定。

①在平面上，从中心框架向四周扩展焊接。

②先焊收缩量大的焊缝，再焊收缩量小的焊缝。

③对称施焊。

④同一根梁的两端不能同时焊接（先焊一端，待其冷却后再焊另一端）。

（2）当节点或接头采用腹板栓接、翼缘焊接形式时，翼缘焊接宜在高强螺栓最终拧紧后进行。

（3）钢柱之间通常采用坡口电焊连接。在进行柱与柱的接头焊接时，首先要确保上节柱和梁经过校正并固定后再进行柱接头焊接，以保证结构的稳定性和安全性。通常建议在本层梁与柱连接完成之后再进行柱与柱接头的焊接，以确保连接顺序的合理性和施工进度顺畅。在施焊过程中，应由两名焊工分别位于相对称的位置，以相等的速度同时进行焊接，以确保焊接质量和接头的均匀性。

①单根箱形柱节点的焊接顺序如下：由两名焊工在对称位置开始，逆时针转圈施焊。起始焊点距离柱棱角约50 mm，层间起始焊点要相互错开50 mm以上，直至完成整个节点的焊接。在接近转角处时，应放慢焊接速度，确保焊缝充实饱满。焊接完成后，应将柱连接耳板割除并进行打磨，使其表面平整。

②H形钢柱节点的焊接顺序：先焊翼缘焊缝，再焊腹板焊缝，翼缘板焊接时两名焊工对称、反向焊接。

（4）主梁与钢柱的连接一般为刚接，上下翼缘用坡口电焊连接，腹板用高强度螺栓连接。

①柱与梁的焊接顺序应为：先焊接顶部梁柱节点，然后焊接底部梁柱节点，最后焊接中间部分梁柱节点。在焊接同一层的梁柱接头时，应遵循相同的顺序。对于单根梁与柱的接头焊缝，宜先焊接梁的下翼缘，然后再焊接其上翼缘，确保上、下翼缘的焊接方向相反，以保障焊接质量和结构的稳定性。

②梁、柱接头的焊接通常在梁上、下翼板焊缝位置设有垫板，为保证起始焊缝质量，垫板长度宜超出梁翼板焊缝厚度的3倍，譬如：梁宽200 mm，焊缝厚度设计要求为10 mm，则垫板长度宜为200+10×3×2=260 mm。

（5）对于板厚大于或等于25 mm的焊缝接头，通常会采用多头烤枪进行焊前的预热和焊后的热处理。预热温度一般控制在60～150 ℃，而焊后的热处理温度则控制在200～300℃，恒温时间一般为1 h。这样的热处理能够有效地减轻焊接过程中的应力集中和减少焊接变形，提高焊接接头的质量和可靠性。

（6）采用手工电弧焊时，若风速超过5 m/s（五级风），或采用气体保护焊时，风速超过3 m/s（二级风），应采取防风措施再进行焊接操作，以确保焊接质量和操作安全。此外，雨天应立即停止焊接，以免雨水影响焊接效果和操作安全。

（7）焊接工作完成后，焊工应在焊缝附近打上自己的钢印，以标识自己的工作。随后，应按照要求进行焊缝的外观检查和无损检测，确保焊接质量符合相关标准和设计要求。

（8）次梁与主梁的连接一般采用铰接方式，主要是在次梁与主梁的腹板处通过高强度螺栓进行连接。仅有少量的连接位置可能会在上、下翼缘处采用坡口电焊连接。这种连接方式旨在确保结构的稳定性和安全性，同时尽可能减少焊接的使用，以确保连接的可靠性和持久性。

第四节　钢网架结构安装

一、钢网架结构安装的基本要求

（1）钢网架结构安装应符合以下规定。

①安全规范：安装过程中需遵守相关安全规范和标准，确保施工人员和周围环境的安全。

②设计要求：安装必须符合设计图纸和规格要求，包括尺寸、材料、连接方式等方面的规定。

③质量要求：安装过程中需保证结构件的质量，确保每个构件的制作和安装都符合标准，避免出现质量问题。

④基础检查：在安装前，要对基础进行检查和评估，确保基础的稳定性和承载能力满足要求。

⑤精准定位：安装过程要求精准定位，确保每个构件的位置和方向准确无误。

⑥连接方法：采用合适的连接方式，如焊接、螺栓连接等，确保连接牢固可靠。

⑦检验验收：完成安装后，进行必要的检验和验收，确保结构的安全性、稳定性和符合设计要求。

⑧清理整理：完成安装后，清理施工现场，将材料和设备妥善摆放整理，保持环境整洁。

（2）支承垫块的种类、规格、摆放位置和朝向，必须符合设计要求和国家现行有关标准的规定。橡胶垫与刚性垫块之间或不同类型刚性垫块之间不得互换使用。

（3）网架支座锚栓的紧固应符合设计要求。

（4）支座锚栓尺寸的允许偏差应符合表6-3的规定，支座锚栓的螺纹应受到保护。

表6-3　地脚螺栓（锚栓）尺寸的允许偏差　　（单位：mm）

项目	允许偏差
螺栓（锚栓）露出长度	±30 0.0
螺纹长度	±30 0.0

（5）建筑结构安全等级为一级、跨度在40 m及以上的公共建筑钢网架结构，且对设计有要求时，应按下列项目进行节点承载力试验，其结果应符合以下规定。

①节点承载力试验应包括静载试验和疲劳试验两项。

②静载试验应在节点所受最不利荷载组合下进行，荷载组合应包括建筑结构可能受到的全部主要荷载。

③疲劳试验应按设计要求进行，通过模拟建筑结构在设计使用年限内可能发生的载荷情况进行测试。

④试验结果应满足设计要求，并在实际应用中保证结构的安全、可靠。

（6）钢网架结构安装完成后，其节点及杆件表面应保持干净，不应有明显的疤痕、泥沙和污垢。特别是对于螺栓球节点，应将所有接缝用油腻子填嵌严密，以确保其密封性和防锈性，并应将多余的螺孔封口，以防止外部环境对节点造成不利影响。

（7）钢网架结构安装完成后，其安装允许偏差应符合表6-4的规定。

表6-4　钢网架、网壳结构安装的允许偏差　　（单位：mm）

项目	允许偏差
纵向、横向长度	$\pm l/2\,000$，且不大于±40.0
支座中心偏移	$l/3\,000$，且不大于30.0
周边支承网架、网壳相邻支座高差	$l_1/400$，且不大于15.0
多点支承网架、网壳相邻支座高差	$l_1/800$，且不大于30.0
支座最大高差	30.0

注：l为纵向或横向长度；l_1为相邻支座距离。

二、钢网架结构安装的方法

钢网架结构的节点和杆件在工厂内制作完成并经过检验合格后，会被运送至施工现场，然后拼装成整体。安装方法包括高空散装法、分条或分块安装法、高空滑移法、整体安装法、升板提升法、桅杆提升法、滑模提升法、顶升法等。安装方法的选择取决于具体的网架结构和现场条件。

（一）高空散装法

高空散装法是一种钢网架结构安装方法，其过程是将运输到现场的运输单元体（如平面桁架或锥体）或散件，使用起重机械吊升到高空对位，然后拼装成整体结构。这种方法适用于采用螺栓球或高强螺栓连接节点的网架结构。在拼装过程中，始终有一部分网架悬挑着，直到将网架悬挑拼接成一个稳定体系为止。拼接过程中，无须设置支架来承受其自重和施工荷载。但是，对于跨度较大的情况，拼接到一定悬挑长度后，可能需要设置单肢柱或支架来支撑悬挑部分，以减少或避免因自重和施工荷载而产生的挠度。

该方法不需要大型起重设备，对场地要求不高，但需搭设大量拼装支架，高空作业多。

小拼单元的允许偏差见表6-5所列。

表6-5　小拼单元的允许偏差　　（单位：mm）

项目		允许偏差
节点中心偏移	$D \leqslant 500$	2.0
	$D > 500$	3.0
杆件中心与节点中心的偏移	$d(b) \leqslant 200$	2.0
	$d(b) > 200$	3.0
杆件轴线的弯曲矢高	—	l_1/1 000，且不大于5.0
网格尺寸	$l \leqslant 5\ 000$	±2.0
	$l > 5\ 000$	±3.0
锥体（桁架）高度	$h \leqslant 5\ 000$	±2.0
	$h > 5\ 000$	±3.0
对角线尺寸	$A \leqslant 7\ 000$	±3.0
	$A > 7\ 000$	±4.0
平面桁架节点处杆件轴线错位	$d(b) \leqslant 200$	2.0
	$d(b) > 200$	3.0

注：D为节点直径，d为杆件直径，b为杆件截面边长，l_1为杆件长度，l为网格尺寸，h为锥体（桁架）高度，A为网格对角线尺寸。

（二）分条或分块安装法

分条或分块安装法是高空散装法的一种扩展应用。为了适应起重机械的起重能力以及减少高空拼装的工作量可以采取以下措施：首先将整个屋盖划分为若干个单元，在地面上将这些单元拼装成条状或块状，扩大组合单元体；其次，使用起重机械或者设在双肢柱顶部的起重设备（如钢带提升机、升板机等），将这些单元垂直吊升或提升到设计位置上；最后，将它们拼装成整体的网架结构。这种方法可以有效地利用起重机械，同时降低高空拼装的风险和复杂度。

该方法高空作业较高空散装法减少，同时只需搭设局部拼装平台，拼装支架量也大大减少，并可充分利用现有起重设备，比较经济。但施工应注意保证条（块）状单元制作精度和起拱，以免造成总拼困难。分条或分块单位拼装长度的允许偏差见表6-6所列。

表6-6　分条或分块单元拼装长度的允许偏差　（单位：mm）

项目	允许偏差
分条、分块单元长度≤20 m	±10.0
分条、分块单元长度＞20 m	±20.0

这种分条或分块安装法有许多优点。首先，它所需的起重设备相对简单，不需要大型起重设备，降低了设备投资成本；其次，可以与室内其他工种平行作业，有助于缩短总工期，加快工程进度。此外，由于在地面进行拼装，可以节省用工，减少高空作业，降低了劳动强度，同时施工速度也更快，整体费用相对较低。

然而，这种安装法也有一些缺点。首先，需要搭设一定数量的拼装平台，增加了施工准备工作的复杂度和成本；其次，拼装容易造成轴线的积累偏差，即各个单元之间的位置偏差可能会积累，导致最终整体结构的轴线不准确。因此，通常需要采取试拼装、套拼、散件拼装等措施来控制这种偏差。

对于场地狭小或跨越其他结构、起重机无法进入网架安装区域时尤为适宜。

（三）高空滑移法

高空滑移法是一种用于安装钢结构的施工方法。在这种方法中，预制好的钢构件通过高空滑移技术被安装到设计位置上。通常，这种方法需要使用起重机或其他适当的设备，将钢构件从固定位置滑移至目标位置。这种方法的主要优势在于它可以减少对地面的施工干扰，尤其适用于狭窄或高度限制的施工场地。然而，高空滑移法的实施需要精准的计划和操作，以确保施工安全性和准确性。

（四）整体安装法

整体安装法是一种用于安装钢结构的施工方法，通过起重机或其他适当的设备，将预制好的钢结构整体提升至设计位置并固定的工艺。在这种方法中，钢结构的整体性能得到有效保持，同时可以减少现场拼装的工序和时间，提高施工效率。整体吊升法通常适用于大型的钢结构件，例如屋盖、梁、柱等，它需要精确的计划和操作以确保安全、可靠地完成吊升和固定过程。

（五）升板提升法

升板提升法是一种针对大型钢结构件进行安装的施工方法，通过专用的升板机或类似设备，将预制好的钢结构件垂直提升至设计位置的工艺。在这种方法中，钢结构件可以分段或整体进行提升，以满足不同的工程需求。升板提升法通常适用于需要垂直提升的场景，如高层建筑的梁、柱等结构件安装。这种方法需要精确的操作和配合，以确保钢结构件的安全提升和准确定位。

（六）桅杆提升法

桅杆提升法是一种用于安装高大结构件的施工方法，该方法利用桅杆或类似设备，将结构件垂直提升至设计位置。在这种方法中，桅杆被设置在结构件旁边或附近，然后使用绳索或索具将结构件吊起，通过升降操作来控制结构件的高度，直至达到预定的安装位置。桅杆提升法通常适用于高层建筑、桥梁、大型机械设备等需要垂直提升的场景。这种方法需要专业的操作技术和人员配合，以确保结构件的安全提升和准确安装。

（七）滑模提升法

滑模提升法是一种用于安装大型混凝土构件的施工方法。在这种方法中，首先在地面或临时支撑上搭建一个滑模（也称为“滑模模架”），然后将混凝土构件移动到滑模上。接着通过使用液压系统或其他推动装置逐步将滑模沿着特定轨道或导向装置向上移动，从而使混凝土构件随之垂直提升到设计位置。滑模提升法适用于安装大型桥梁、高架桥、水利水电工程中的大型混凝土构件。这种方法能够实现构件的准确定位和稳定提升，但需要专业的施工队伍和设备支持，以确保施工安全和质量。

（八）顶升法

顶升法是一种用于提升和安装建筑结构的施工方法。在这种方法中，首先要在地面或基础上搭建一个或多个顶升系统，通常由液压顶升器或液压缸组成；其次，将建筑结构的组件（如柱、梁、墙板等）安装在顶升系统下方。通过控制顶升系统的液压机构，可以逐步提升建筑结构的组件到设计位置。这种方法通常用于安装较大或较重的结构组件，例如高层建筑的楼板、桥梁的桥面板等。使用顶升法可以实现精确的位置控制和安全的安装过程，但需要考虑结构的稳定性和顶升系统的承载能力。

三、钢网架结构安装细节

（一）高空散装法安装细节

1. 支架设置

支架在网架结构的搭建中起着关键的作用，既要具有承担结构的承载功能，又要作为施工人员的操作平台。因此，在搭设支架时，需要确保支架位置与网架下部的节点准确对齐。支架通常由扣件和钢管组成，其设计应考虑到整体的稳定性和足够的刚度，以保证在荷载作用下不发生过度变形。此外，支架本身的弹性压缩、接头变形以及地基沉降等因素可能会导致总体的沉降，因此需要将这些影响控制在5 mm以下。为了便于调整沉降值和卸载，可以在网架下部节点与支架之间设置调整标高用的千斤顶。这样可以在保证结构稳定性的前提下，确保支架的稳固性和施工操作的顺利进行。

拼装支架有三种主要方法：全支架法、部分活动支架法和悬挑法。全支架法是指搭建一个与网架大小基本相同的工作平台，然后在平台上进行网架的拼装。这种方法可以较为容易地控制拼装质量，但是搭建脚手架的工作量较大。

拼装支架必须牢固，设计时应对单肢稳定、整体稳定进行验算，并估算沉降量。其中单肢稳定验算可按一般钢结构设计方法进行。

2. 拼装支架要求

（1）支架整体沉降量控制

支架整体沉降量的控制是确保网架安装质量和稳定性的关键之一。在施工过程中，需要采取措施来监测和控制支架的沉降量，确保其在可接受范围内。通常，支架的整体沉降量应控制在一定的标准范围内，一般要求不超过5 mm。为了实现这一目标，可以在支架下弦节点与地面之间设置调整标高用的千斤顶，以便在需要时对支架进行调整和卸载。

（2）支架的拆除

支架的拆除是钢结构安装工程的最后一步，需要谨慎进行以确保施工安全和安装顺利完成。在拆除过程中，首先需要检查支架是否有结构松动或损坏，确保支架的稳定性。然后，按照计划逐步撤除支架的各个部分，避免突然撤除导致结构不稳定或坍塌。拆除时要注意周围人员和设备的安全，采取必要的防护措施，并由专业人员操作，确保整个拆除过程安全有序。完成拆除后，要对拆除区域进行清理和检查，确保没有遗漏物品和安全隐患。

（3）拼装操作

拼装操作是钢结构安装的关键步骤之一，需要按照设计图纸和施工方案，精确组装各个构件，确保结构的稳固性和安全性。在操作过程中，需要严格控制各个环节，包括测量、定位、连接、校正和固定等，以确保构件的准确性和精度。同时，施工人员需要密切配合，采取有效的沟通和协作措施，确保施工进度和质量达到预期目标。

当采取分件拼装时，一般采取分条进行，顺序为：支架抄平、放线→放置下弦节点垫板→按格依次组装下弦、腹杆、上弦支座（由中间向两端，一端向另一端扩展）→连接水平系杆→撤出下弦节点垫板→总拼精度校验→油漆。

每条网架组装完，经校验无误后，按总拼顺序进行下条网架的组装，直至全部完成。

（二）分条或分块法安装细节

1. 单元划分

（1）条状单元组合体的划分

将屋盖划分为若干个单元是钢结构安装的一个重要步骤。这个过程通常被称为条状单元组合体的划分。通过将屋盖分割成若干个单元，可以简化安装过程，提高施工效率，并且有利于控制施工质量。在划分单元时，需要根据设计要求和实际情况，合理确定每个单元的大小和形状，确保单元之间的连接稳固可靠，同时需要考虑施工过程中的安全性和施工条件。这样的划分可以使施工过程更加有序和高效，有利于确保整个钢结构工程的顺利进行。

（2）块状单元组合体的划分

将屋盖划分为块状单元组合体是钢结构安装的重要步骤之一。这种划分方法将整个屋盖结构分割成若干个相对独立的块状单元，在施工过程中逐个完成单元的安装，从而提高安装的效率和精度。划分单元时需要考虑结构的整体稳定性、单元之间的连接方式、吊装点的设置以及施工条件等因素。合理地划分和组合可以使施工过程更加有序，有助于确保工程的质量和安全。

2. 拼装操作

吊装有两种主要方法：单机跨内吊装和双机跨外抬吊。在单机跨内吊装中，起重机仅在建筑结构内部操作，用于吊装和安装构件。而双机跨外抬吊则需要两台起重机协同作业，一台用于吊装，另一台用于支撑和平衡。在跨中下部设置可调立柱和钢顶撑等支撑结构，以便调节网架跨中的挠度和保证结构稳定性。吊装完成后，焊接半圆球节点并安装下弦杆件。待全部工作完成后，拧紧支座螺栓，拆除网架和支撑结构，完成整个安装过程。

在网架条状单元的吊装过程中，其受力状态是属于平面结构体系，而整个网架结构是按照空间结构设计的。因此，在总拼前，条状单元在合拢处的挠度通常会比整体网架形成后该处的挠度要大。为了使条状单元的挠度与整体网架的挠度保持一致，必须在总拼前使用支撑结构将其顶起，并调整其挠度使之符合整体网架的设计要求。

对于块状单元，在地面制作完成后，应该模拟高空支承条件，即拆除全部地面支墩后观察其施工挠度。如果有必要，也应该调整其挠度，以确保其与整体网架的施工挠度符合设计要求。

条（块）状单元尺寸必须准确，以保证高空总拼时节点吻合或减少积累误差，一般可采取预拼装或现场临时配杆等措施。

（三）高空滑移法安装细节

1. 高空滑移方式

（1）单条滑移法

单条滑移法是一种用于安装钢结构的方法。采用这种方法时，单根钢梁或钢柱通过滑动的方式安装到预定位置。通常情况下，先将钢构件吊装至一侧，然后利用推拉或滑动的方式将其移动到最终位置。这种方法通常适用于较小规模的钢结构安装，可以通过简单的机械设备和人力完成。使用单条滑移法能够快速高效地完成钢结构的安装，同时也能够减少对周围环境的影响。

（2）逐条积累滑移法

逐条积累滑移法是一种钢结构安装方法，通过逐个移动钢构件到安装位置来完成结构的组装。采用这种方法时，首先将一根钢构件移动到目标位置，然后再移动下一根钢构件，逐渐累积形成完整的结构。这种方法通常需要精确的测量和调整，以确保每根钢构件的位置和姿态都准确无误。逐条积累滑移法适用于需要精密安装和对结构位置要求较高的工程项目，例如大型建筑物或桥梁等工程。

2. 滑移装置

（1）滑轨

滑移所使用的滑轨有多种形式可选，针对中小型网架，可以使用圆钢、扁铁、角钢以及小型槽钢等制作轨道；而对于大型网架，则可以采用钢轨、工字钢、槽钢等制作。这些轨道可以通过焊接或者螺栓固定在梁上。在安装过程中，需要确保轨道的安装水平度以及接头符合相关的技术要求。完成滑移后，支座将被固定在底板上，以便进一步的连接操作。

（2）导向轮

导向轮通常被设计用作安全保险装置，一般安装在导轨的内侧。在正常的滑移过程中，导向轮之间会保持一定的间隙，通常为10～20 mm，以确保滑移顺畅。只有当同步误差超出规定值或者在某些地方存在较大的拼装误差时，导向轮才会接触到滑轨。然而，在滑移过程中，如果左右两台卷扬机启动或停止的时间不同，也可能导致导向轮与滑轨接触的情况发生。

（3）拼装操作

滑移平台通常由钢管脚手架或升降调平支撑构成，起始点优先考虑利用已建的结构物，例如门厅或观众厅。平台的高度应该比网架的下弦低40 cm，以便在网架下弦节点与平台中间安置千斤顶，用于调整标高。在平台上铺设安装模架，平台的宽度应略大于两个节间的距离。

网架安装通常分为几个步骤：首先，在地面将杆件组装成小型构件，如两球一杆和四球五杆，然后使用悬臂式桅杆、塔式或履带式起重机，按照预定的顺序将这些构件吊到拼装平台上进行扩大拼装。拼装时，首先进行就位点焊，将网架的下弦方格焊接好，然后焊接立起横向跨度方向的角腹杆。每个节间单元的网架部件的焊接顺序应该是从跨中向两端对称进行，焊接完成后进行加固。在牵引过程中，可以使用慢速卷扬机或绞盘，并设置减速滑轮组。牵引点应该分散设置，控制滑移速度在1 m/min以内，并要求两边同步滑移。当网架跨度超过50 m时，应在跨中增设一条平稳的滑道或辅助支顶平台。

在拼装精度要求不高的情况下，可以在网架的两侧梁面上标出尺寸，并在牵引时同时报告滑移距离，以实现基本的同步。而当同步要求较高时，则需要采用自整角机同步指示装置。这样的装置可以安装在指挥台上，让操作人员随时观察到牵引点的移动情况，计数精度可达1 mm，从而确保同步进行得更加精确。

当网架进行单条滑移时，其施工挠度的情况与采用分条、分块法时完全相同。而当采用逐条积累滑移法时，网架的受力情况仍然是两端自由搁置的主体桁架。尽管滑移过程中网架仅承受自身重量，但其挠度仍然比形成整体后的挠度要大。因此，在连接新的单元之前，必须对已滑移好的部分网架进行挠度调整，然后再进行拼接。

（四）整体吊装安装细节

1. 多机抬吊作业

在进行多机抬吊施工时，必须考虑各台起重机的工作性能以及网架在空中移位的要求。在布置起重机时，需要确保每台起重机的位置合理，以便协调吊装作业和确保施工安全。在实际起吊前，必须测量每台起重机的起吊速度，以便在起吊作业中进行控制。另一种方法是通过滑轮将各台起重机的吊索连通，这样，即使各台起重机的起吊速度不一致，连通滑轮的吊索也可以自行调整，确保起吊作业同步进行。

多机抬吊通常涉及四台起重机的协同操作，用于将地面上预先拼装好的网架整体吊升至柱顶，然后在空中进行移位，并最终安装到指定位置。这种作业方式常见的有四侧抬吊和两侧抬吊两种。在四侧抬吊中，四台起重机分别位于网架的四个侧面，各自负责提升和移动网架的一个角落或一侧，以确保网架保持平衡和稳定。而在两侧抬吊中，两台起重机位于网架的两侧，分别负责提升和移动网架的两个对称的角落或一侧。这种方法需要更高的协调性和平衡性，在某些情况下可能更加适用。

如果网架相对较轻，或者四台起重机的承重能力都足够，最好将这四台起重机布置在网架的两侧。这样，当四台起重机将网架垂直吊升超过柱顶后，只需稍微旋转一个小角度，就可以满足网架在空中移位的要求。这种布置方式不仅简化了操作流程，而且提高了效率，适用于相对轻型的网架以及起重机承重能力充足的情况。

四侧抬吊方法可用于防止起重机因升降速度不一而导致荷载不均匀的情况。采用这种方法时，每个起重机都设置两个吊点，相邻的两台起重机的吊索通过滑轮连接，以确保各吊点受力均匀，使网架在被四台起重机同时吊升时，荷载分布更加平稳，从而使得网架的升降过程更为稳定。

在进行网架的空中移位时，通常会采用四台起重机联合作业。其中，起重机A和起重机B分别执行不同的动作：起重机A一边落起重臂，一边升钩；而起重机B则相反，一边升起重臂，一边落钩。与此同时，起重机C和起重机D则松开旋转刹车，跟随网架进行旋转。当网架旋转到支座中心线与柱子中心对准时，四台起重机同时落钩，并通过设置在网架四角的拉索和倒链拉动网架，使其落到柱顶就位。这种操作方法确保了网架在空中移位过程中的平稳和精确对位。

2. 单提网架法

单提网架法是一种用单台起重机进行网架吊装的方法。使用这种方法时，起重机通过一个吊点将整个网架吊起，并在空中进行移位，然后将其放置到预定位置上。这种方法通常适用于较小规模的网架，或者在空间有限的情况下使用。

3. 网架的空中移位

在多机抬吊作业中，起重机的变幅相对容易调整，因此网架在空中的移位并不困难。然而，在采用多根独角拔杆进行整体吊升网架的方法中，关键在于网架吊升后的空中移位。由于拔杆的变幅调整较为困难，因此网架的移位是通过拔杆两侧起重滑轮组施加的不等水平力来推动的。

网架空中移位的方向与桅杆及其起重滑轮组的布置密切相关。如果桅杆被对称地布置，则桅杆的起重平面（即由起重滑轮组和桅杆构成的平面）的方向将与网架的一侧平行，导致网架产生单向移位，因为使网架运动的水平分力都平行于网架的一侧。类似地，如果桅杆布置在同一圆周上，并且桅杆的起重平面垂直于网架的半径，则使网架产生运动的水平分力与桅杆起重平面相切。由于切向力的作用，网架将绕其圆心做旋转运动。

（五）升板机提升法安装细节

1. 提升设备布置

提升设备的布置需要考虑多个因素，包括工地的具体情况、起重机械的类型和数量、吊装物体的重量和形状，以及安全和效率等因素。通常情况下，起重设备应布置在距离吊装物体适当的位置，以便进行稳定而有效的吊装操作。同时，还需要确保起重机械的支撑稳固，操作空间充足，并符合相关的安全标准和规定。

2. 提升过程

提升机提升一节吊杆后（升速为3 cm/min），先使用U形卡板将其塞入下横梁上部和吊杆上端的支承法兰之间，以卡住吊杆。然后卸去上节吊杆，将提升螺杆下降与下一节吊杆接好，继续上升。如此循环直至网架升到托梁上。接着将预先放置在柱顶牛腿的托梁移至中间位置，使其就位。最后将网架下降到托梁上，完成整个提升过程。

（六）桅杆提升法安装细节

在完成网架地面错位拼装后，用多根独角桅杆将其整体提升到柱顶以上，然后进行空中旋转和移位，落下就位安装。

1. 提升准备

在安装长方形或八角形网架时，在网架接近支座处竖立四根钢制格构独角桅杆是必要的。每根桅杆的两侧各挂一副起重滑车组，每副滑车组下设两个吊点，并配备一台卷筒直径和转速相同的电动卷筒。这样可以确保提升动作同步进行。此外，每根桅杆应设立6根缆风绳，与地面的夹角为30°～40°，以增加稳定性。

2. 提升操作

在网架拼装过程中，首先需要将支座逆时针转角25°，使其偏离柱1.4 m。然后，通过多根桅杆将网架吊过柱顶后，需要在空中进行移位或旋转4 m。在提升过程中，4根桅杆和8副起重滑车组同时收紧，确保网架平稳上升。同时，需要注意相邻两桅杆处的网架高差不应超过100 mm。当网架提升到柱顶以上50 cm时，放松桅杆左侧的起重滑车组，使其松弛，然后进行网架的移位或旋转。待完成轴线和标高校正后，使用电焊进行固定。最后，利用网架悬吊，采用倒装法拆除桅杆。

（七）滑模提升法安装细节

先在距地面一定高度上正位拼装好网架后，利用框架柱或墙的滑模装置将网架随滑模顶升到设计位置。

1. 提升设备

顶升前先将网架拼装在1.2 m高的枕木垫上，使网架支座位于滑模升架所在柱（或墙）截面内，每柱安4根ϕ28钢筋支承杆，安设4台千斤顶，每根柱一条油路，直接由网架上操作台控制，滑模装置同常规方法。

2. 提升操作

在滑升过程中，利用网架结构作为滑模操作平台，随同网架滑升到柱顶就位。每提升一节网架，使用水平仪和经纬仪检查一次水平度和垂直度，以保持同步正位上升。当网架提升到柱顶后，需要将钢筋混凝土连系梁与柱头浇筑混凝土，以增强结构的稳定性。

（八）顶升法安装细节

网架整体拼装完成后，用支承结构和千斤顶将网架整体顶升到设计位置。

1. 顶升准备

顶升过程中所使用的支承结构通常利用网架的永久性支承柱，并在原支点处或其附近设置临时顶升支架。顶升所需的千斤顶可以选择普通液压千斤顶或螺栓千斤顶，要求各个千斤顶的行程和起重速度一致。网架的支承柱常采用伞形柱帽的形式，在地面按原位整体拼装。临时支架由4根角钢组成，穿过腹杆间隙，在柱上设置缀板作为搁置横梁、千斤顶和球支座的支撑。上、下临时缀板的间距根据千斤顶的尺寸、冲程和横梁尺寸等确定，应使其恰好为千斤顶使用行程的整数倍，标高偏差不得超过5 mm。举例来说，如果使用320 kN普通液压千斤顶，缀板的间距为420 mm，即顶一个循环的总高度为420 mm，千斤顶分3次（150 mm+150 mm+120 mm）顶升到该标高。

2. 顶升操作

顶升过程中应确保同步性，各个顶升点的升差不应超过相邻两个支承结构间距的1/1 000，且不得超过30 mm。当在一个支承结构上设置了两个或两个以上的千斤顶时，其升差不应超过10 mm。如果发现网架偏移过大，可以通过在千斤顶下垫斜垫或者故意制造反向升差的方法逐步进行纠正。同时，在顶升过程中，网架支座中心相对于柱基轴线的水平偏移值不得超过柱截面短边尺寸的1/50以及柱高的1/500，以确保支承结构的稳定性。

3. 升差控制

顶升施工中的同步控制主要是为了减少网架的偏移，这是因为偏移会影响整体结构的稳定性和安全性。此外，同步控制也有助于避免因升差过大而产生的附加杆力，因为这可能会导致结构的不稳定或损坏。相比之下，在提升法施工中，虽然升差也会造成网架的偏移，但其对结构的危害程度要比顶升法小，因此升差的控制相对更为灵活，但仍然需要密切监测和调整，以确保整体施工的顺利进行和结构的安全稳定。

在顶升过程中，一旦网架出现偏移，需要及时进行纠正。纠正方法包括使用千斤顶垫斜垫或人为造成反向升差逐步进行调整。在进行纠偏时必须谨慎行事，不能操之过急，以免引发安全事故。由于网架偏移是一个随机过程，柱的柔度和弹性变形可能会对纠偏造成干扰，导致纠偏的方向和尺寸并不完全符合预期。因此，在顶升施工过程中，预防网架偏移至关重要，必须严格控制升差并设置导轨，以确保施工的顺利进行和结构的安全稳定。

第七章

装配式建筑项目管理

第一节　装配式建筑项目进度管理

一、进度管理概述

（一）项目进度管理的概念

项目进度管理是确保项目按时顺利完成的关键管理活动，需要综合考虑成本管理和质量管理，并与其协调和控制。在项目实施过程中，项目进度受到多种约束条件的影响，因此需要进行合理化管理。此过程涉及不同阶段的活动工序的管理，以及项目管理的各个组成部分的管理。为了保证项目能够按计划实施，制定详细的进度计划至关重要，这需要从工序搭接、人力、设备资源的分配等多个方面进行全面管控。

项目进度管理包括项目工期管理和项目时间管理，是工程项目管理的关键环节之一。它与项目的成本管理和质量管理密切相关，需要在满足成本和质量要求的前提下，对施工生产进度进行合理控制。在项目进度管理中，我们需要综合考虑三个不同方面的因素，从而对工程项目进行整体管控和管理，确保项目能够按时高质量完成。

项目进度管理涉及对项目的施工工序进行分类和组合，以合理安排工期。其目标是确保各阶段的项目活动资源得到合理安排，以满足项目建设方的要求。当工期发生拖延或无法实现工期目标时，需要对各阶段工序活动的人力和器具资源进行协调，以尽量减少延误，确保项目按时完成。

（二）项目进度管理的流程及内容

项目进度管理是项目管理中至关重要的一环，它是项目目标管理的三个要素之一。该管理过程涉及在项目实施的各个阶段制定相应的进度计划，并通过实时监督项目的实际进度，对比分析是否存在进度误差。通过这种比对分析，可以找出导致进度偏差的各种影响因素，并及时调整进度计划，以确保项目能够顺利完成。

项目如期交付对于建筑企业来说至关重要，它直接关系到企业的声誉和经济回报。因此，进度管理在建筑企业中被高度重视。有时为了确保工程按时完成，企业可能会不惜增加成本预算。项目团队管理能力的重要标志之一就是项目是否能按计划如期完成，是否能有效组织施工，并能妥善处理各种可能导致工程延期的不确定因素。项目进度管理的最基本要求是保证项目能够按计划及时竣工，进一步的要求则是在保证质量和成本符合标准的前提下，尽量缩短工期。

项目进度管理内容包括项目实施前的进度管理、项目实施中的进度管理和项目竣工后的进度管理三方面。

1. 项目实施前的进度管理

在项目实施前的进度管理阶段，关键是制定详细的进度计划。这需要对项目进行全面的分析和评估，包括确定项目的目标和范围、识别关键活动和里程碑、评估资源需求和可用性、确定工期和交付日期等。进度管理团队应与相关利益相关者密切合作，确保制定的进度计划充分考虑了各方利益和需求。同时，要及时识别和解决可能影响项目进度的风险和挑战，以确保项目在实施阶段能够顺利推进并如期完成。

2. 项目实施中的进度管理

在项目实施中的进度管理阶段，关键是执行制定好的进度计划，并持续监控项目的实际进度情况。这包括跟踪关键活动的完成情况、及时更新进度计划以反映实际情况、识别和应对可能导致进度偏差的问题或风险、协调资源分配以确保项目按时完成。通过有效的沟通和协调，及时调整和优化工作流程，确保项目的各项活动按计划有序进行，最大限度地降低进度风险，保障项目按时交付。

3. 项目竣工后的进度管理

在项目实施阶段结束后，首先进行各个专业的竣工验收工作，确保项目各项工作符合相关标准和要求，保证项目的顺利交付和验收。同时，对整个项目的进度计划完成情况进行事后分析和总结，评估实际进度与计划进度之间的差距，找出造成偏差的原因和影响因素。通过总结项目的进度管理经验，提炼出成功的做法和经验教训，为未来类似项目的进度管理提供参考和借鉴，不断提升项目管理水平和能力。

（三）影响项目进度的因素

影响项目进度的因素非常广泛，包括人的因素、技术因素、资金因素以及环境气候因素等。其中，人的因素是最为复杂和影响最为严重的因素之一。这些人的因素涉及项目的各个相关方，包括业主方、设计单位、承包商、材料设备供应商、监理单位、政府相关部门等。这些因素可能包括人力资源不足、技能水平不高、沟通不畅、决策延迟、责任不明确等问题，都可能对项目进度产生不利影响，因此在项目管理中需要重点关注和有效应对人的因素。

1. 来自业主方的因素

来自业主方的因素可能包括项目需求变更、审批流程烦琐、决策拖延、资金支付延迟、沟通不畅等。业主方可能在项目进行中提出额外的要求或变更设计方案，导致项目进度受到影响。审批流程的烦琐和决策拖延可能延误项目的下一步行动。此外，如果业主方未能按时支付工程款项，可能会导致承包商资源不足，影响施工进度。良好的业主方沟通和及时的决策对于项目进度的控制至关重要。

2. 来自设计单位的因素

设计单位可能影响项目进度的因素包括设计方案变更、设计文件审核延迟、设计质量问题等。设计单位在项目进行中可能会因为各种原因修改设计方案，这可能导致施工过程中需要重新调整或修改工作，影响施工进度。此外，设计文件的审核过程如果延迟，会影响到后续施工的进行。设计质量问题可能导致施工方需要花费额外的时间和资源来解决，进而延误项目进度。因此，与设计单位之间的有效沟通和协作非常重要，可以确保设计方案的准确性和及时性，从而保持项目进度的稳定。

3. 来自承包商的因素

承包商可能影响项目进度的因素包括施工组织不合理、施工技术水平不足、人员流动性大、材料设备供应延迟等。施工组织不合理可能导致工程进度受到阻碍，施工技术水平不足可能影响施工效率，人员流动性大可能造成施工队伍的不稳定，进而影响工程的连续性和效率。另外，材料设备供应延迟也是影响项目进度的重要因素之一，如果承包商未能及时提供所需的材料和设备，将会导致施工工序无法按计划进行。因此，承包商需要采取有效的措施，确保施工组织合理、技术水平过硬、人员稳定、材料设备供应及时，以保证项目进度的顺利进行。

4. 来自材料设备供应商的因素

来自材料设备供应商的因素可能包括供货延迟、质量问题、供货量不足等。供货延迟可能由于生产制造周期长、运输问题或者供应商内部管理不善等原因造成，导致施工进度受到影响。质量问题可能导致施工现场需要进行返工或更换材料，增加施工时间和成本。供货量不足则可能造成施工进度停滞或延迟，因为材料或设备的缺乏会影响相应工序的进行。因此，材料设备供应商需要保证供货的及时性、质量和数量，以支持项目的顺利进行。

5. 来自监理单位的因素

监理单位在项目中拥有监督和管理的职责，其因素可能包括但不限于对施工质量的检查、工程变更管理、合规性审查、资料审核和审批，以及安全监管等。监理单位的建议、要求或发现可能会影响工程的进行和进度，因此与监理单位的沟通和合作至关重要，以确保项目顺利进行并按计划完成。

（四）装配式建筑进度管理过程分析

1. 设计阶段

装配式建筑设计阶段的进度管理至关重要，因为其设计工作的技术性和复杂性较高，直接影响着整个项目的效益和后续工作的进行。相比传统建筑，装配式建筑设计涉及预制构件的拆分设计和总体施工方案设计等方面，其深度和细节决定了后续工作的难度。然而，由于我国装配式建筑相关标准和规范尚未统一，各地的设计标准和差异性较大，设计单位与后续工作单位之间的沟通障碍，以及招投标的地域性广泛，都会对后续预制构件生产和安装的进度造成影响。因此，在装配式建筑设计阶段，有效的进度管理措施和协调工作显得尤为重要，以确保项目顺利进行并按时完成。

2. 生产阶段

目前，装配式建筑预制构件通常在专门的构件厂进行生产，选择距离项目施工地点较近的合作厂家是一种明智的做法。这些构件厂经过长期发展，已经建立了相对规范和标准的生产工艺流程，相较于自行建立临时性厂房和生产队伍，其生产效率和进度优势更为明显。然而，尽管构件厂在获取设计图纸后可以按照设计方案进行生产，但仍存在一些问题。首先，预制构件拆分标准和模数制度尚未统一规范，因此针对不同的拆分方案，构件厂可能需要重新生产或购买模具，这会影响生产进度；其次，由于缺乏与设计单位的充分技术交流，生产工人可能无法深入理解设计理念，导致生产出的预制构件不符合设计要求，预埋孔洞位置产生偏差，需要返工重生产，从而延误整体进度。因此，在装配式建筑的预制构件生产过程中，确保与设计单位之间的有效沟通和技术交底，以及规范的生产标准和流程，都是确保项目进度的关键因素。

3. 运输阶段

装配式建筑的运输阶段与传统建筑有着明显的差异。在传统建筑中，主要是对原材料如钢筋、水泥和石子等进行运输，而这些原材料的运输已经形成了成熟的运输链和管理政策。然而，在装配式建筑中，主要是对预制构件进行运输，由于这些构件的几何结构复杂、尺寸庞大，并且运输链不成熟，存在着较多的不可预见因素，因此运输难度较大，往往会导致项目进度延误。

由于预制构件的需求量庞大，通常需要大量的大型载重汽车进行运输。在制定运输方案时，必须根据现场安装进度制定详细合理的方案，包括运输路线的规划和时间的选择。一方面，如果预制构件延误到达施工现场，就会导致施工进度受阻，因为缺少必要的构件无法按时进行安装，从而可能出现窝工、停工等现象，严重影响整个项目的进度推进；另一方面，如果预制构件提前到达施工现场，就会造成构件堆积，占用施工场地，影响其他工序的工作效率，同样会对施工进度造成负面影响。因此，有效的运输管理对于确保装配式建筑项目的顺利进行和按时交付至关重要。

4. 施工阶段

装配式建筑的结构体系复杂，安装过程需要高水平的专业人才。然而，目前大部分装配式建筑的安装工作人员对于新技术和新事物的学习态度和接受能力相对较低，这导致了预制构件安装效率的不高。预制构件的安装涉及大量特种设备的操作，安装人员需要具备强大的专业技能。此外，安装过程还需要根据预制构件的供给节奏灵活调整施工方案。因此，相较于传统建筑，装配式建筑的安装阶段的进度管理难度更大。预制构件的安装需要特种设备操控人员和现场施工技术人员之间的高效配合和协同工作。工作人员的技术水平和合作能力至关重要。若预制构件两次安装不当，不仅会影响施工进度，还可能导致构件损坏，进而影响整个项目的进度。此外，随着吊车等机械设备的使用频率和数量增加，安全隐患也随之增加。为了有效管理进度，必须制订应急预案以应对特种设备故障等意外事件。同时，需要加大现场施工的安全检查和管控力度，以确保安全生产。意外事故对进度管理的影响是致命的，因此必须将安全隐患消除在萌芽状态。

管理方法的不当应用可能会对进度管理产生重大影响。在项目实施过程中，由于各种因素的存在，通常会产生一定程度的进度偏差。如何应对、处理和解决这些偏差是考验项目团队管理能力的关键。目前，针对偏差管理一般采用事后控制法。一旦进度计划执行出现偏差，就需要采取措施进行补救。然而，由于项目实施涉及多个参与单位，纠偏措施的制订、传递和执行需要经过多个环节的审批。在一些管理模式较为粗放的情况下，纠偏措施可能不会形成书面文件，而是通过口头传递信息的方式。这种情况下，整个过程可能需要消耗3～5天的时间，而偏差可能已经积累成了更严重的问题，错失了解决问题的最佳时机，导致施工进度进一步延误。因此，及时传递信息、适当简化审批流程，并采取科学合理的事前控制管理方法是提升进度管理效率的必要手段。这些举措有助于加快决策和执行速度，减少偏差处理的时间，从而更有效地管理项目进度。

二、施工进度计划的编制

（一）项目进度计划的概念及作用

1. 项目进度计划的概念

项目进度计划是项目管理中的重要工具，用于规划和安排项目活动的执行顺序、持续时间和资源分配，以实现项目的目标和里程碑。这个计划提供了一个详细的时间框架，指导项目团队在特定时间内完成各项任务和交付成果。项目进度计划通常由一个或多个时间表、进度图表和资源分配表组成，这些表格和图表清晰地展示了项目活动的安排和时间表。

项目进度计划的制定涉及以下几个主要步骤：首先，确定项目的工作范围和目标，包括项目的主要阶段和交付成果。其次，识别和列出实现这些目标所需的具体任务和活动。再次，估算每个活动的持续时间和所需资源，并确定它们之间的逻辑关系和依赖性。在这个过程中，通常使用网络图、甘特图等工具来可视化和规划项目的时间安排。最后，根据这些信息制定出完整的项目进度计划，确保在项目执行期间能够及时监控和调整项目的进度。

项目进度计划的重要性在于它为项目管理人员和团队提供了一个有效的工具，用于跟踪项目的进展情况，及时识别和解决可能出现的延迟或问题，并确保项目按时完成。它还有助于提高团队的协调性和沟通效率，确保资源的合理利用和分配，最大程度地优化项目的执行过程。因此，一个全面、准确的项目进度计划对于项目的成功实施至关重要。

2. 项目进度计划的作用

每个项目都需要在施工进度、项目费用和产品质量之间进行权衡，并确定一个最终目标。项目进度计划的主要内容包括根据项目最终目标确定实现目标所需完成的各项工作任务，依据各项工作之间的逻辑关系明确各道工序的先后顺序以及施工工期，同时规划好各项工作所必须具备的人力、物力资源等。

项目进度计划是对企业项目的所有工作进行全面分析的结果。项目实施者结合目前项目进度安排来分析项目进度计划执行的可能性，同时也可以研究和探讨通过优化设计来加快施工进度、降低项目费用等方面的可能性。在某种程度上，增加项目费用和加大投资力度可以帮助提高项目质量和加快项目进度，但严格把关项目质量也是至关重要的，以避免因质量问题而导致的经济损失和声誉损失。项目进度计划的制订和执行速度对项目质量起着非常重要的作用。如果项目进度过快，可能会影响项目的完成质量；而如果项目进度过慢，则可能需要增加项目的费用支出以赶上计划进度。因此，一个合理、高效的项目进度计划必须在施工进度、项目费用和项目质量三者之间寻求一个有机的平衡点。

（二）施工进度计划的分类及分解

1. 施工进度计划的分类

施工进度计划根据编制对象的不同可以分为建设项目施工总进度计划、单位工程进度计划、分阶段工程（或专项工程）进度计划以及分部分项工程进度计划。建设项目施工总进度计划是对整个项目的总体进度进行规划和安排，单位工程进度计划则是针对单个工程单元的具体进度安排，而分阶段工程（或专项工程）进度计划则对工程项目中特定阶段或专项工程的进度进行规划，分部分项工程进度计划则进一步细化至特定部位或部件的进度安排。这些不同级别的进度计划相互关联，共同构成了全面的施工进度管理体系，有助于确保建设项目的顺利进行。

（1）施工总进度计划

施工总进度计划是建设项目管理中的重要组成部分，它涵盖了整个项目的施工周期，并对项目的关键节点和主要活动进行规划和安排。这个计划通常由项目管理团队在项目启动阶段编制，在整个项目生命周期内会被不断更新和调整。施工总进度计划的制定需要综合考虑项目的需求、资源的可用性、技术的复杂性以及风险因素等。该计划通常包括项目的整体时间表、关键路径、里程碑事件、主要活动和任务的安排顺序、各项工作的持续时间、资源分配等内容。通过施工总进度计划，项目管理团队能够全面了解项目的整体进展情况，及时发现并解决可能影响项目进度的问题，确保项目按时完成并实现预期目标。

（2）单位工程进度计划

单位工程进度计划是建设项目管理中的重要组成部分，用于规划和安排单个单位工程的施工进度。这个计划通常是在施工总进度计划的基础上细化而成，针对每个单位工程的特点和要求进行制定。单位工程进度计划详细描述了该单位工程的施工时间表、工序顺序、关键活动、里程碑事件、资源分配等内容。通过单位工程进度计划，项目管理团队能够更加具体地了解每个单位工程的施工进度情况，及时调整和优化施工计划，确保每个单位工程按时完成，为整个项目的顺利进行提供支持和保障。

（3）分阶段工程（或专项工程）进度计划

分阶段工程（或专项工程）进度计划是针对建设项目中的特定阶段或专项工程而制定的进度计划。这种计划通常是在单位工程进度计划的基础上进一步细化而成，针对某个特定的阶段或专项工程的特点和要求进行制定。分阶段工程进度计划详细描述了该阶段或专项工程的施工时间安排、关键节点、工序顺序、资源调配等内容。通过分阶段工程进度计划，项目管理团队能够更加精细地管理和控制特定阶段或专项工程的施工进度，确保每个阶段或专项工程按时完成，为整个项目的顺利进行提供支持和保障。

（4）分部分项工程进度计划

分部分项工程进度计划是对建设项目中的各个分部分项工程进行详细规划和安排的进度计划。这种计划将整个项目按照不同的工程分部进行划分，然后针对每个分部分项工程分别制定进度计划，包括施工时间、工序顺序、资源分配等内容。通过分部分项工程进度计划，项目管理团队可以更加精细地掌控项目各个分部分项工程的施工进度，确保每个分项工程都能按时完成，从而保证整个项目的顺利进行。

2. 施工进度计划的分解

根据装配式建筑项目的总进度计划，需要编制装配式建筑项目结构施工进度计划。这个进度计划将整个建筑项目按照结构施工的不同阶段和工序进行详细规划和安排，包括施工时间、工序顺序、资源分配等内容。在此基础上，构件厂需要根据装配式项目结构施工进度计划编制构件生产计划，以保证预制构件能够按时、连续供应到施工现场。与传统项目不同的是，装配式建筑主体结构施工还需要编制构件安装进度计划，将总进度细化为季度计划、月计划、周计划等，并将其与构件厂进行对接，以指导预制构件的进场和安装工作。这样的计划和对接措施能够有效地协调和管理装配式建筑项目的施工进度，确保项目按时高效地完成。

（三）装配式建筑工程项目施工进度计划的编制

1. 施工进度计划的编制依据

装配式建筑项目施工进度计划的编制是一个复杂而系统的过程。首先，需要根据国家现行的设计、施工和验收规范进行制定，确保项目符合国家标准和规定；其次，根据省市地方规程和单位工程施工组织设计，考虑到地方性的要求和规定，保证项目的合法合规性；最后，根据工程项目施工合同、预制（装配）率、预制构件生产厂家的生产能力、预制构件的重量和数量、所使用的吊装机械规格和数量、施工进度目标以及专项构件的拆分和深化设计文件等因素进行编制。在编制过程中，需要结合施工现场的实际情况和相关技术经济资料，确保进度计划的合理性和可行性。这样的综合考虑和细致规划可以有效地指导和管理装配式建筑项目的施工进度，确保项目按时高质量完成。

2. 施工进度计划的编制方法

（1）横道图法

横道图法是一种常见的计划编制方法，其优点在于易于理解、简单明了，适合于现场施工管理。然而，横道图法也存在一些不足之处。首先，它不太直观地显示工作之间的依赖关系和制约关系；其次，无法清晰地确定哪些工作对总工期起决定性作用，以及各工作的伸缩余地；再次，由于不是数学模型，无法进行定量分析，也不能准确分析工作之间的数量关系；最后，当执行情况偏离原计划时，横道图法无法迅速简单地进行调整和控制，也无法实现多方案的优选。因此，在使用横道图法时，需要考虑其局限性，并结合其他方法进行综合应用，以实现更有效的计划管理。

（2）网络计划技术法

与横道图法相比，网络计划技术法能够清晰地反映工程各工序之间的相互制约和依赖关系，通过时间分析确定关键工序，有助于施工管理人员集中精力应对主要矛盾，减少盲目性。作为一个明确的数学模型，网络计划技术法可以建立各种调整和优化方法，并利用计算机进行分析和计算。在实际施工中，可以结合使用横道图法和网络计划技术法，首先利用网络计划技术法进行时间分析和关键工序确定，然后将结果输出为横道图，用于指导现场施工，这样可以更好地提高施工管理的效率。

装配式建筑项目的进度计划通常选择双代号网络计划图和横道图，图表中应包含资源分配情况。进度计划编制说明的主要内容包括进度计划的编制依据、计划目标、关键线路说明以及资源需求说明等内容。这些内容的明确阐述有助于确保进度计划的有效性和实施性，为项目的顺利进行提供指导和支持。

3. 施工进度计划的编制原则

在装配式建筑项目的施工进度计划编制过程中，需要充分考虑其与传统混凝土结构项目施工的不同点，以便有效组织施工。尽管施工程序和施工顺序受到施工规模、性质、设计要求以及项目施工条件和使用功能的影响而有所变化，但仍存在一些共同的规律。对于装配式建筑项目，其施工进度计划编制需要特别关注以下几个方面的不同点。

首先，装配式建筑项目的施工涉及预制构件的生产和安装，与传统混凝土结构的浇筑施工方式有着显著区别。因此，在编制施工进度计划时，需要考虑预制构件的生产周期和运输安装时间，以确保施工进度的合理安排。

其次，装配式建筑项目通常具有较高的工程标准化和模块化程度，这意味着施工过程中需要更加精准的工艺和安装要求。因此，施工进度计划的编制需要对每个工序的施工细节和质量要求进行全面考虑，确保施工过程顺利进行并达到设计要求。

再次，装配式建筑项目的施工过程可能涉及多个施工单位和供应商的协同合作，需要在施工进度计划中考虑不同单位之间的协调安排，避免因协作问题而影响整体施工进度。

最后，装配式建筑项目的施工具有一定的灵活性和可调性，可以根据实际情况对施工进度进行调整和优化。因此，在编制施工进度计划时，需要考虑到灵活调整的可能性，以应对施工过程中的变化和不确定性因素。

4. 施工进度计划的编制过程

装配式混凝土结构的施工进度安排与传统现浇结构有所不同，需要充分考虑生产厂家的预制构件以及其他材料的生产能力。通常情况下，应提前至少60天与预制构件生产厂家进行沟通，并签订合同，以确保所需预制构件及其他部件能够按时供应。在这期间，可以分批加工采购，合理预测预制构件及其他部件运抵现场的时间，并相应地编制施工进度计划。通过科学控制施工进度，合理利用材料、机械、劳动力等资源，动态地调整施工进度，从而有效控制施工成本，确保项目顺利进行。

（1）工程量统计

装配式结构项目的工程量计算需要将现浇部分、现浇节点以及预制构件分开进行考虑。单层工程量的计算能够清晰地展示出现浇施工与装配式结构施工在钢筋、模板、混凝土等主要材料消耗量上的差异。此外，单层的构件数量也能够帮助确定堆放场地的尺寸，以及模板架、装配式工器具的数量等。对于装配式结构的现浇部分工程量计算与传统建筑一致，因此在此不再详述。

①现浇节点工程量

装配层现浇节点的标准层钢筋、模板、混凝土消耗量需要逐一计算，包括每个节点以及电梯井、楼梯间等现浇区域的消耗量。

②预制构件分类明细及单层统计

预制构件的分类明细包括各种类型的构件，如墙板、楼板、梁、柱等，每种构件的规格、数量和用途都需要详细列出。单层统计则是对每一层的预制构件进行数量和规格的统计，以便确定每层的构件需求和具体使用情况。

③总体工程量统计

现浇部分、预制构件及现浇节点的工程量共同组成装配式工程总体工程量。

（2）流水段划分与单层施工流水组织

①流水段划分

流水段划分是指在施工现场根据实际情况将整个施工工序划分成连续的、相对独立的工作区段，以便于组织施工、提高施工效率。这种划分需要考虑工序的顺序、工程量的大小以及资源配置等因素，确保各个流水段的工序和工程量相对均衡。在实际施工中，可能需要根据施工现场的场地布置、机械设备的摆放情况、塔吊的施工半径以及装配式建筑的特点来灵活划分流水段，以便实现最优的资源配置和施工效率。

为了确保施工段划分的合理性和有效性，需要遵循以下原则：a. 保证流水施工的连续性和均衡性，确保同一专业工作队在划分的各个施工段中的劳动量大致相等，差异不宜超过15%；b. 充分考虑施工段对机械设备和专业工人的容量需求，以满足工种对工作面的空间要求，最大限度地发挥劳动资源的生产效率；c. 施工段的数量应与主要施工过程相协调，避免施工段划分过多导致工期延长，也不宜过少以充分利用工作面，避免产生窝工现象；d. 对于多层建筑或需要分层施工的工程，应根据实际情况既划分施工段，还应考虑分层施工的需要。

②吊装耗时分析

吊装耗时分析方法可以分为两种：一种是基于单个构件的吊装工序耗时分析，考虑钢筋或混凝土的吊装时间，然后推算出标准层的吊装耗时；另一种则是综合考虑不同构件种类，将高度对吊装耗时的影响纳入考虑。以高层装配式建筑项目中铝模板施工为例，可以将影响塔吊使用的工序按照竖向排列，而将塔吊本身的施工顺序按照横向排列，然后编制吊装次数计算分析表，以便全面评估吊装过程中的耗时情况。

一般情况下，装配式建筑项目的竖向模板支撑体系主要采用大钢模板和铝合金模板。在安装和拆卸过程中，大钢模板需要占用塔吊的吊装次数，而铝合金模板的安装和拆卸过程基本不需要使用塔吊。由于首层的吊装作业可能缺乏熟练度，因此耗时会相对较长。

③工序流水分析

根据计算得出的工序工程量，需要充分考虑定位甩筋、坐浆、灌浆，水平构件、竖向构件的吊装，以及顶板水电安装等工序所需的技术间歇。在以天为单位的计划中，需要确定流水中的关键工序。考虑到施工队伍熟悉图纸、现场施工班组之间的磨合等因素，初始阶段每层可能需要约10天的时间，到达第四个楼层时，施工磨合基本完成，可以实现每7天完成一层的进度。在理想情况下，装配式建筑项目的标准层施工可以达到每6天完成一层的效率。

第1天：混凝土养护好，强度达到要求后放线吊装预制外墙板、楼梯。

第2天：吊装预制内墙板、叠合梁（绑扎节点钢筋，压力注浆）。

第3天：吊装叠合楼板、阳台、空调板等（绑扎节点钢筋，节点支模）。

第4天：水电布管，绑扎平台钢筋，木工支模，叠合板调平。

第5天：绑扎平台钢筋，木工支模，加固排架。

第6天：混凝土浇筑、收光、养护，建筑物四周做好隔离防护。

④单层流水组织

单层流水组织是一种施工组织方式，旨在实现施工作业的连续性和高效性。在单层流水组织中，施工队伍按照工序顺序逐一进行作业，确保各项工作在时间上的连贯性和协调性。这种组织方式通常需要精细的计划和协调，以确保施工作业之间的衔接和顺利进行。同时，单层流水组织也可以有效地提高施工效率，减少资源浪费，从而更好地满足项目的施工进度和质量要求。

⑤装配式建筑主体结构施工进度计划

以标准层施工工期安排为基础，考虑到吊装从不熟悉到逐渐提高效率乃至稳定的过程，制定主体结构施工进度计划。

（3）工程项目总控计划

针对装配式建筑项目的特点，项目总控计划应该从优化工序、缩短工期的角度出发。为了实现这一目标，可以采取一系列措施，包括但不限于利用附着式升降脚手架、铝合金模板、施工外电梯等先进设备提前插入，同时设置止水层或导水层等防水措施，以确保结构施工、初装修施工和精装修施工能够同步进行。通过这种立体穿插施工的方式，可以实现从内到外、从上到下的有序施工，提高施工效率，缩短项目工期，保证项目按时完成。

针对装配式建筑项目，首先进行工序分析，逐一绘制工序施工图，从结构施工到入住的所有工序都要考虑进去；其次，在总工期要求的基础上，优化结构施工工序，提前插入初装修、精装修和外檐施工等环节，以实现总工期缩短的目标；最后，在确定了结构工期后，相应地确定大型机械的使用期限，在总网络计划图中清晰显示出租赁期限，并据此倒排资质报审时间、基础完成时间、进场安装时间等关键节点。同时，在机械运行期间，根据达到的层高标出锚固点，以便提前做好相关准备工作，确保施工进度的顺利进行。

①总控网络计划

总控网络计划是针对整个项目的施工过程，通过将各个施工任务以节点和路径的方式进行规划和组织，形成一个完整的网络结构图，从而清晰地展现出施工中各项任务之间的先后顺序、依赖关系和时间安排。这种计划方法可以帮助项目管理者全面了解项目的施工进度和关键路径，及时识别和解决可能出现的问题，从而确保项目能够按时、高效地完成。

②立体循环计划

根据总控网络计划及各分项计划，利用通过调整人员来满足结构施工、装修施工同步进行的原则形成立体循环计划。

楼层立体穿插施工可表现为：N 层结构，$N+1$ 层铝模倒运，$N+2$ 层和 $N+3$ 层外檐施工，$N+4$ 层导水层设置，$N+5$ 层上水管、下水管安装，$N+6$ 层主体框架安装，$N+7$ 层二次结构砌筑，$N+8$ 层隔板安装、阳台地面、水电开槽，N+9层地暖及地面，N+10层卫生间防水、墙顶粉刷石膏，N+11层墙地砖、龙骨吊顶，N+12层封板、墙顶刮白，N+13层公共区域墙砖、墙顶打磨，N+14层墙顶二遍涂料、木地板、木门、橱柜，N+15层五金安装及保洁。

（4）构配件进场组织

构配件进场组织是指在装配式建筑项目中，对预制构件进行组织安排、调配和管理的过程。这一过程包括但不限于与预制构件供应商的沟通协调、预制构件的运输安排、进场验收和存放等。通过合理的进场组织，可以确保预制构件按时到达施工现场，并在需要时顺利进行安装，从而保障施工进度的顺利推进。

（5）资金曲线

资金曲线是指在工程项目中，随着时间的推移，资金需求量的变化情况所形成的曲线图。通常，随着项目的进行，资金的投入会随着不同阶段的工作任务而发生变化，从而形成不同的资金需求曲线。这种曲线可以反映出资金在项目执行过程中的分配情况，帮助项目管理者合理安排资金使用，保障项目的顺利进行。

（6）劳动力计划

劳动力计划是指在项目管理中，对所需的各种劳动力资源进行规划和安排的过程。这个计划涉及确定项目所需的各种技能和专业的劳动力数量，以及他们在不同阶段和不同工作任务中的分配情况。劳动力计划通常要考虑到项目的工期、工作量和技术要求等因素，以确保项目能够按时高效地完成，并且在项目执行过程中保持人力资源的充分利用和合理配置。

三、施工进度计划实施和调整

在装配式建筑项目的实施过程中，动态监测进展是至关重要的。这意味着需要随时跟踪项目的实际进度情况，并将其与预先制定的进度计划进行对比分析。如果发现了任何偏差，就需要及时找出其原因，并预估这些偏差对工期的影响程度。随后，必须采取有效的措施进行调整，以确保项目能够按照预定的进度目标顺利进行。因此，项目进度控制的主要目标是确保项目能够按照既定的工期目标顺利完成，或者在保证项目目标实现的前提下适当地缩短工期。

（一）施工进度计划的实施

1. 细化施工作业计划

施工项目的总进度计划、单位工程施工进度计划和分部分项工程施工进度计划都旨在实现项目总目标，它们之间存在层次结构，高层次计划为低层次计划的编制提供依据，而低层次计划则是对高层次计划的深入和具体化。在实施过程中，采用多级进度计划管理体系，将施工进度总计划逐级分解至月（旬）、周、日等更具体的时间段，以便更好地实施和监控项目的施工进度。

专项施工员在装配式建筑项目中扮演着重要角色，他们需要负责编制日、周、月（旬）等不同时间段的施工作业计划，这些计划需要细化预制构件安装及相关的辅助工序，如后浇混凝土中的支模、钢筋绑扎、混凝土浇筑，以及预留预埋管、盒、洞等工序也需要进行详细的规划和优化。在制定这些计划时，专项施工员需要明确计划时期内应完成的具体施工任务，确定完成计划所需的各种资源量，同时制定提高劳动生产率和节约资源的措施，以及确保施工质量和安全措施。这样的细化和明确可以帮助项目顺利进行，提高施工效率，确保工程质量和安全。

2. 签订承包合同与签发施工任务书

根据前面的各层次计划，需要以承包合同和施工任务书的形式，将施工进度任务分别下达给分包单位、承包队和施工班组。在这个过程中，总承包单位、分包单位、施工企业、项目经理部、各承包队、职能部门以及作业班组之间需要签订相应的承包合同。这些合同应明确规定合同工期、各自承担的经济责任、权限和利益，以确保各方按照计划目标履行责任，推动项目顺利进行。

专项施工员应负责签发施工任务书，将具体任务下达给作业班组或劳务队。施工任务书的编制由工长根据计划要求、工程数量、定额标准、工艺标准、技术要求、质量标准、节约措施和安全措施等进行。任务书下达给班组时，由工长进行详细交底，包括任务、操作规程、施工方法、质量和安全要求、定额、节约措施、材料使用情况、施工计划以及奖惩要求等。交底的目的是确保任务明确、报酬可预知，并明确责任。施工班组在接到任务书后，应安排人员分工执行，确保保质量、保进度、保安全、保节约和保工效。任务完成后，班组进行自检，确认完成后向工长报请验收。工长验收时会查看数据、质量、安全、用工和节约情况，然后回收任务书，进行施工队的结算登记。

3. 施工过程记录

施工过程记录是对施工活动进行全面、系统记录的过程，旨在记录施工现场的各项活动、工作进展、问题及解决方案、安全措施、质量控制等内容。这些记录包括但不限于施工日志、施工会议纪要、工程变更通知、质量检查记录、安全会议记录、材料使用记录、人员出勤记录等。通过施工过程记录，可以及时了解工程进展情况，保证工程质量和安全，解决问题，保持沟通和协调，为项目管理提供有效支持和依据。

4. 施工协调调度

专项施工员在施工过程中扮演着重要的协调调度角色，需要随时掌握施工计划的实施情况。他们负责协调预制构件安装施工与主体结构现浇或后浇施工、内外装饰施工、门窗安装施工以及水电空调采暖施工等各专业施工之间的关系。这包括安排施工进度、解决施工过程中的问题、调配资源以及加强对薄弱环节的管理。通过有效的协调调度工作，可以确保各个专业施工之间的顺畅合作，提高施工效率，保证工程质量和进度的达成。施工协调调度工作的主要内容如下。

（1）执行合同对进度、开工及延期开工、暂停施工、工期延误、工程竣工的管理办法及措施，包括相关承诺。

（2）将控制进度具体措施落实到具体执行人，并明确目标、任务、检查方法和考核办法。

（3）监督作业计划的实施，协调各方面的进度关系。

（4）监督检查施工准备工作，如督促资源供应单位按计划供应劳动力、施工机具、运输车辆、材料构配件等，并对临时出现的问题采取调配措施。

（5）跟踪调控工程变更引起的资源需求变化，及时调整资源供应计划。

（6）按施工平面图管理施工现场，结合实际情况进行必要调整，保证文明施工。

（7）第一时间了解气候、水电供应情况，采取相应的防范和保障措施。

（8）及时发现和处理施工中的各种事故和意外事件。

（9）定期召开现场调度会议，贯彻施工项目主管人员的决策，发布调度令。

（10）及时与发包人协调，保证发包人的配合工作和资源供应在计划可控范围内进行，当不能满足时，应立即协商解决，如有损失，应及时索赔。

5. 预测干扰因素，采取控制措施

在施工过程中，预测可能出现的干扰因素至关重要，并应及时采取有效的控制措施以应对这些干扰因素。这些干扰因素可能包括但不限于天气变化、物资供应延误、人力资源不足、设备故障等。为了有效应对这些干扰因素，施工管理团队需要提前制定相应的预案，并严格执行。预案内容应包括建立健全沟通机制，加强供应链管理，提前备货备料，合理安排人力资源，定期检查和维护设备，以确保施工进度和质量不受干扰因素影响。

（二）施工进度计划调整

在计划执行过程中，偏差的产生是常态，但如果不能及时纠正，将直接影响项目进度目标的实现。因此，必须采取相应措施进行管理，以保障计划目标的顺利实现。施工进度计划调整包括：建立有效的监控机制；定期搜集、分析和评估实际进度数据；与计划进度进行对比，及时发现偏差，并迅速采取调整措施；同时，要加强沟通与协调，促进各参与方之间的密切合作，共同应对可能影响计划执行的各种因素，确保项目按时按质完成。

进度计划执行中的管理工作主要包括以下几个方面：首先，需要对进度计划进行检查，并对检查结果进行分析，确保与实际进展情况一致；其次，要深入分析进度偏差产生的原因，并明确需要调整的对象和目标；再次，选择适当的调整方法，制定具体的调整方案；最后，对调整方案进行评价和决策，并进行必要的调整，确定新的施工进度计划，以确保项目能够按时高质量完成。

1. 进度计划检查

进度计划检查主要是搜集施工项目计划实施的信息和有关数据，为进度计划控制提供必要的信息资料和依据。进度计划检查主要从以下几个方面着手。

（1）跟踪检查施工实际进度

跟踪检查施工实际进度是确保项目按计划进行的关键步骤之一。这涉及定期检查工地上的实际工作情况，包括施工进展、资源使用情况、工艺操作是否按照要求进行等方面。通过跟踪检查，可以及时发现进度偏差或问题，并采取必要的措施进行调整，确保项目能够按时、按质、按量完成。这种持续的监控和反馈机制有助于及时发现问题并加以解决，从而最大程度地降低项目风险，保证项目顺利进行。

（2）整理、统计检查数据

整理、统计检查数据是确保施工进度管理有效执行的重要环节之一。这一过程涉及收集、整理和分析施工现场的各项数据，如实际完成工作量、资源使用情况、工期消耗等。通过对这些数据进行整理和统计，可以得出实际进度与计划进度之间的差距，评估施工的整体情况，并为后续的决策提供依据。同时，这也有助于发现潜在的问题和瓶颈，并及时采取措施加以解决，以确保项目能够顺利进行。

（3）对比实际进度与计划进度

对比实际进度与计划进度是项目管理中至关重要的一步，它有助于评估项目的执行情况并及时发现偏差。这一过程包括收集实际完成的工作量和进度数据，然后将其与预先制定的项目进度计划进行对比分析。通过比较实际进度与计划进度之间的差异，可以评估项目的执行效率，识别潜在的问题和风险，并及时采取必要的措施进行调整和优化，以确保项目能够按计划顺利进行。

2. 计划偏差原因分析

对计划偏差进行原因分析是项目管理中的关键步骤，这有助于识别问题根源并采取正确的纠正措施。计划偏差可能由多种因素引起，包括但不限于人力资源不足、材料供应延迟、技术问题、天气影响、沟通不畅、管理不当等。通过仔细分析每个偏差的原因，可以确定是内部因素还是外部因素导致的，进而采取针对性的措施进行调整和改进。这样的分析有助于提高项目管理的效率和质量，确保项目能够顺利地按计划进行。

3. 进度计划调整

（1）进度计划调整的内容

装配式建筑项目和传统建筑项目在进度计划调整方面具有相似之处。调整内容包括但不限于工程量、起止时间、持续时间、工作逻辑关系以及资源供应等方面。在调整进度计划时，需要考虑各项工作任务的实际完成情况，结合项目的实际情况和需求，灵活地调整计划内容以保证项目顺利进行。调整的目的是确保项目能够按时完成，并在不影响质量的前提下提高效率和资源利用率，以应对各种可能出现的变化和挑战。

（2）进度计划调整的方法

①调整关键线路

调整关键线路的方法通常包括重新评估工程各项任务的优先级和依赖关系，以确定新的关键路径。这可能涉及重新安排工程任务的顺序，调整资源分配以及重新评估工程任务的持续时间。在调整关键线路时，需要特别关注对整体工期和项目目标的影响，并确保调整后的计划能够在资源利用、成本和时间方面达到最优化。

②非关键工作时差的调整

非关键工作时差的调整通常包括缩短任务持续时间、重新安排任务顺序、调整资源分配和优化工作流程等。这些方法有助于提高非关键路径上的效率，以缩短整体工期或者为关键路径上的任务提供更大的灵活性。通过对非关键工作时差的调整，可以更好地适应项目需求变化和优化资源利用情况，从而提高项目的整体效率和成功完成的可能性。

③增、减工作项目的调整

增减工作项目应遵循以下规定：首先，不得打乱原网络计划的总体逻辑关系，只能对局部逻辑关系进行调整；其次，增减工作项目后，必须重新计算时间参数，分析对原网络计划的影响，若对工期产生影响，则需采取调整措施，以确保计划工期不变。这样的规定有助于保持计划的连贯性和准确性，以及对项目整体工期的控制。

④调整逻辑关系

调整逻辑关系是指在项目进度计划中重新安排各项工作任务之间的先后顺序或依赖关系。这种调整可能涉及重新安排任务的开始和结束时间，以确保项目按照最有效的方式推进。调整逻辑关系的方法包括重新评估工作之间的依赖关系，更改任务的前驱关系或后继关系，调整任务之间的等待时间或重叠时间，以及重新分配资源以满足新的逻辑关系。这样的调整有助于优化项目进度计划，使其更符合实际情况和项目需求。

⑤调整工作的持续时间

调整工作的持续时间是指对项目进度计划中各项工作任务的执行时间进行调整，以适应实际情况或达到特定的目标。这种调整可能涉及延长或缩短工作任务的执行时间，以确保整个项目能够按照预定的工期目标进行。调整工作持续时间的方法包括重新评估任务的执行所需资源和条件，重新安排资源的分配以加快或减慢任务的完成速度，以及重新制定工作方法或流程以提高效率或满足质量要求。通过调整工作的持续时间，可以更好地控制项目进度，应对变化和挑战，确保项目能够按时完成。

⑥调整资源的投入

当资源供应出现异常时，必须及时采取措施来调整计划，将对工期的影响降至最小。这种调整通常涉及资源的重新分配和优化，或者采取应急措施来应对资源短缺或延迟。常见的一种方法是重新评估可用资源的情况，并根据实际情况重新安排工作任务的顺序或时间表，以便更有效地利用现有资源。另一种方法是寻找替代资源或供应来源，以弥补缺口或延迟。此外，可以采取加班、加快施工速度或调整工作方法等应急措施，以尽快解决资源问题并减少对工期的影响。总之，调整网络计划应该是一个定期进行的过程，同时也应根据实际情况在必要时灵活地进行调整，以确保项目能够按时完成。

（3）进度计划调整的具体措施

进度计划调整的具体措施包括但不限于重新评估工作量和时间参数、重新安排工作任务的顺序或时间表、重新分配资源、优化资源利用、寻找替代资源或供应来源、加快施工速度、采取应急措施应对资源短缺或延迟、调整工作方法或流程以提高效率、重新定义关键路径和关键活动、修改工作逻辑关系、更新进度计划文档、与相关方进行沟通和协调，以确保项目能够按时完成。这些措施旨在应对计划执行过程中出现的各种挑战和变化，以保持项目进度的稳定和可控性。

第二节　装配式建筑项目质量管理

一、质量管理概述

（一）质量管理的概念和内涵

1. 质量管理的概念

质量管理是一种系统性的方法，旨在确保产品或服务符合特定标准、要求和客户期望的过程。它涉及规划、控制和改进组织内部流程、产品和服务，以确保它们达到或超出质量标准，并不断满足客户的需求和期望。质量管理包括制定质量策略、制定质量目标、实施质量控制、进行质量评估和改进以及建立质量文化，以确保产品或服务的一致性、可靠性和可持续性。

2. 质量管理的内涵

建筑工程质量管理涉及工程实体质量、建造工序质量和管理工作质量三个方面。工程实体质量代表着工程项目本身的使用价值，是直接性结果质量；建造工序质量则指在生产产品的过程中，各个工序内部以及工序之间综合实现的施工质量，是直接性过程质量；而管理工作质量则是为了实现工程质量目标和标准所必需的组织、管理和技术性工作的质量，是间接性质量。工程实体质量的好坏直接影响着建造工序质量和管理工作质量标准的制定，而这两者又会直接影响工程实体质量的最终结果。因此，建筑工程质量管理需要综合考虑三个方面，制定明确合理的质量目标，并通过有效的管理组织、管理制度等来确保工程质量的全面提升和持续改进。

（二）装配式建筑项目质量管理的内容

1. 前期工程设计阶段质量管理的内容

前期施工图设计是建筑工程的起始环节，设计质量直接影响工程的成本和质量。设计应优先考虑建筑的使用功能，确保防水体系和保温体系达标。结构设计要注重整体安全性和关键节点连接的耐久性。在设计阶段需要全面考虑如何科学地将建筑框架拆分成各部件，并在施工现场将其组装成整体。与传统建筑相比，装配式建筑设计的挑战在于缺乏设计经验，需要对预制构件的设计、安装、预留孔洞等方面进行深入思考。

2. 预制构件生产加工阶段质量管理的内容

预制构件的质量对整体建筑的稳定性能至关重要。在加工之前，需要对原材料进行逐一检查，并确保符合设计要求。加工预制构件的模具必须具备良好的力学性能，保证刚度和精度。钢骨架尺寸应准确，使用现场成型模具，并采用特殊托架以确保PC构件的保护层尺寸正确。预制墙板中的嵌入部件、连接器和线保留孔部件需要精确到位。对于特殊构件，尺寸小的应选用小型振动设备，形状复杂的需要延长振动时间以确保混凝土分布均匀。混凝土凝固后需要进行养护，模板拆除后要检查构件外观质量，防止出现漏筋、裂缝等问题，并测量尺寸是否有偏差。

3. 预制构件运输阶段质量管理的内容

预制构件在运输阶段的质量管理至关重要，需要注意以下几个方面：首先，确保运输车辆的合法性和稳定性，以防止在运输过程中发生意外；其次，采取适当的包装和固定措施，以保护预制构件免受振动、碰撞和天气等因素的影响；再次，必须确保运输过程中的路线选择合适，避免突发情况和路况不良带来的损坏风险；最后，对运输过程中的每个关键环节进行监控和记录，及时发现并处理可能出现的问题，确保预制构件在运输过程中的质量安全。

4. 预制构件吊装和连接阶段质量管理的内容

预制构件的吊装和连接阶段是装配式建筑工程中至关重要的环节。在吊装过程中，必须选择与构件匹配的吊装设备，并严格控制吊装的平稳性和安全性，以避免可能的损坏或事故。在安装连接过程中，需特别注意构件的位置和偏差，确保安装的准确性和精度，从而减少后续施工中的问题。此外，调整安装后的构件水平和垂直度，以确保整体外观的美观性和质量。最后，在灌浆密实阶段，需要细致地填充构件之间的空隙，确保灌浆充分且到位，以保证整个建筑的结构完整性和使用性能。这些步骤的正确执行对项目的施工周期、质量和成本都具有重要影响。

在装配式建筑项目中，构件的连接至关重要，尤其需要注意钢筋接头的防腐处理。在进行灌浆连接时，要确保材质和套管均来自同一制造商的认证，以确保连接的质量和稳定性。对于受力构件的连接，最好采用现浇混凝土方式，并确保混凝土的强度等级高于构件的强度等级。水平接头应一次性浇筑，而垂直部分则可逐层浇筑，并在浇筑过程中进行充分的压实，同时需采取适当的围护措施，以保证连接部位的稳固和安全。

5. 建设项目工程质量验收阶段质量管理的内容

在施工过程中，质量验收分为四个环节。首先是检验批质量验收，由监理工程师对装配式建筑的各个构件进行抽样检验，并确保有充分的施工检验依据；其次是分项工程质量验收，分项工程由若干个检验批组成，由监理工程师组织施工单位项目专业负责人进行检验，分别对装配式建筑的施工工艺、材料性能及设备类别进行验收；其次是分部工程质量验收，这一环节的验收人员为施工单位项目负责人和质量负责人等，主要针对装配式建筑的地基和基础与主体结构之间的连接，以及设备部件的连接等进行相关安全及功能检验；最后是观感质量验收，这需要对装配式建筑整体观感质量进行检验，并给出综合评价。通过这四个环节的质量验收，可以有效确保装配式建筑项目的质量达到规定标准。

工程竣工的质量验收是整个工程使用前的最后一次验收。各方参与人员对装配式建筑的各个专业进行分别验收，例如检查各部件之间连接部分的防水问题、稳定性问题以及设备专业各部分连接是否正确等。只有经现场负责人签字确认后，方可通过验收。这一过程确保了工程的各项质量指标符合规定标准，为工程的正式使用提供了保障。

（三）装配式建筑项目质量管理的方法

1. 全面质量管理

全面质量管理（TQM）是一种通过调动全体工作人员参与，以保证产品质量为目标的一系列质量管理流程。TQM通过分析产品在生产、使用等过程中出现的问题，结合现有的质量管理体系和操作规范进行产品优化。优化后的产品再经过产品使用、问题分析和质量提升等流程，形成一个循环，以不断提高产品的质量水平，满足顾客的需求和期望。全面质量管理是一种现代化、科学化、智能化的质量管理方法，旨在持续提升产品质量和顾客满意度。

全面质量管理（TQM）的概念最早于20世纪50年代末提出，其宗旨是在提高质量管理效果的同时实现经济效益的最大化。TQM通过调动全体工作人员参与产品质量问题的发现、分析和改进，形成多次循环的质量改进过程，以确保产品能够充分满足客户的要求。60年代，美国正式提出了TQM质量管理方法，并随后在欧洲、日本等国家得到了广泛传播和迅速发展。特别是在日本，TQM经过探索得到了深远的发展，日本成立了相关组织来推动产品生产过程的质量管理活动，对TQM方法的进一步发展起到了积极的推动作用。

全面质量管理（TQM）方法借助数理统计方法对产品质量进行整理和归类，并通过质量提升的手段来提升产品质量。数理统计方法的运用使得质量管理过程由定性评价转变为定量管理，从而使管理目标更加明确，管理结果评价指标更加清晰，同时也实现了施工过程各阶段的质量管理。全面质量管理具有以下特点。

（1）管理内容的全面性

全面质量管理的一个重要特点是其管理内容的全面性。这意味着TQM方法不仅关注产品的最终质量，还关注整个生产过程中的各个环节和因素，如原材料的选择、生产工艺、设备维护、员工培训等。这种全面性确保了质量管理的全方位覆盖，从而更好地确保产品的质量和客户满意度。

（2）参与管理人员的全面性

全面质量管理还体现在参与管理人员的全面性上。这意味着TQM方法要求所有管理层和员工都积极参与质量管理过程，而不仅仅是质量控制部门或质量经理参与。从高层管理者到生产线上的操作人员，每个人都应该理解和实践质量管理的原则和方法，以确保每个环节都能为产品质量的提升贡献力量。这种全面性的参与可以促进沟通和协作，推动整个组织的质量文化建设。

（3）管理范围的全面性

全面质量管理体现了管理范围的全面性，其管理范围包括整个组织的各个方面，涵盖了从产品设计、生产制造、供应链管理到售后服务等全过程。这意味着TQM方法不仅关注产品质量的管理，还关注管理组织内部的流程、系统和人员等各个方面，以确保整个组织的运作都符合质量标准，并不断进行改进和优化。这种全面性的管理范围能够有效地提升整体质量水平，增强组织的竞争力和持续发展能力。

（4）质量管理方法的全面性

质量管理方法的全面性是指管理过程涵盖了所有与产品质量相关的方面，包括设计、生产、供应链、售后服务等各个环节。这种方法不仅关注产品的最终质量，还注重管理流程、员工培训、设备维护等方面，以确保产品的每一个环节都符合质量标准，并且持续改进以适应市场需求和技术进步。全面性的质量管理方法能够提高产品质量、增强客户满意度，同时也有助于提升组织的竞争力和可持续发展能力。

2. SDCA质量管理

SDCA是指由标准（standard，S）、执行（do，D）、检查（check，C）、总结（action，A）四个阶段组成的一个工作循环，能够维持产品构件的标准化生产。

SDCA质量管理方法能够确保产品质量达到一定标准并持续改进。在施工流程中，SDCA方法允许根据需要不断完善施工要求与标准，以确保工程项目的正常运行。通过对工程项目进行检查和评估，SDCA可以及时发现存在的问题，并通过采取合理的改进措施来提高产品质量的标准化水平。这种持续的改进过程有助于提高生产水平，确保产品质量达到可接受的水平。

SDCA质量管理的核心作用在于确保产品的规范化和标准化生产，通过持续改进生产工艺来实现产品性能，达到预期目标。SDCA代表了为满足产品质量而提出的四项管理流程：S代表了生产企业或整个行业对产品质量的一般要求，同时也需满足顾客的预期值；D代表质量管理体系的运行；C代表对质量管理体系的监督和检查；A代表对改善后产品质量的复核，以及为后续施工流程提供指导性意见。通过SDCA循环，不断完善质量管理体系，确保产品质量得到持续提升。

3. PDCA质量管理

PDCA质量管理，即“计划—执行—检查—调整”质量管理循环，是一种持续改进的管理方法，用于提高产品和服务的质量。在PDCA循环中，计划阶段是制定质量目标和计划的阶段，包括确定问题、设定目标、制定方案等；执行阶段是按照计划实施行动的阶段，包括执行方案、收集数据、开展实验等；检查阶段是对执行效果进行评估和监控的阶段，包括收集反馈、分析数据、评估结果等；调整阶段是根据检查结果对计划进行调整和改进的阶段，包括确定改进措施、实施调整、再次执行等。通过不断循环这一过程，PDCA质量管理方法可以持续地改进产品和服务，满足客户需求，提高组织绩效，促进持续发展。

4. 三阶段控制原理

三阶段控制原理是一种质量管理方法，旨在确保产品或过程的稳定性和一致性。这一原理通常应用于生产过程中，特别是在批量生产或连续生产中。三阶段控制原理包括前控制、过程控制和后控制三个主要阶段。

（1）前控制阶段，即在生产过程开始之前，通过设定合适的工艺参数、制定严格的工艺流程和标准操作规程等方式，预防潜在的质量问题。前控制包括对原材料和设备的检查与准备，以及对生产环境的调整和准备。通过前控制，可以在生产过程中预先识别和消除可能导致质量问题的因素，从而降低生产过程中出现问题的概率。

（2）过程控制阶段，即在生产过程中实时监控和调整各项关键参数，以确保产品质量符合预期。过程控制包括对生产过程中各项关键参数的实时监测、记录和分析，如温度、压力、速度等。通过过程控制，可以及时发现并纠正生产过程中出现的偏差，确保产品质量的稳定性和一致性。

（3）后控制阶段，即在生产过程结束后对产品进行全面的检查和评估。该阶段控制包括对成品进行全面的质量检验和评估，以确保产品符合质量标准和客户要求。通过后控制，可以及时发现并排除生产过程中未能被前控制和过程控制检测到的问题，保障产品质量的可靠性和稳定性。

总的来说，三阶段控制原理通过前控制、过程控制和后控制三个阶段的有机结合，实现对生产过程全方位、全过程的质量管理，确保产品质量的稳定性、一致性和可靠性。

二、施工质量控制

（一）装配式建筑施工质量的概念和特点

1. 装配式建筑施工质量的概念

装配式建筑施工质量是指在装配式建筑项目的施工过程中，确保各个预制构件及其组装部件、连接件等符合设计要求和相关标准的质量水平，以及保证整体建筑结构的安全性、稳定性和耐久性，同时满足客户要求并达到预期的使用功能。这涉及预制构件的制造过程、运输过程、吊装安装过程以及各个施工阶段的质量控制和质量保障措施的实施，旨在确保装配式建筑项目达到预期的质量标准和要求，最终提供安全、可靠、舒适的建筑产品。

2. 装配式建筑工程施工质量的特点

装配式建筑只有将PC构件、机电设备、现浇钢筋混凝土等拼装成整体后，才能发挥建筑功能，因此装配式建筑的施工质量有如下特点。

（1）采用预制PC构件拼装的建筑主体具有较高的质量可靠性。PC构件的生产过程在预制生产车间中完成，采用平面化作业方式取代了传统的立体化作业，使得施工过程中各项任务可以同时进行，相互之间不会产生干扰，从而能更好地控制施工质量。此外，采用预制构件可以将传统的先后作业顺序改变为平行作业，进一步提高了施工效率。在生产过程中，PC构件的尺寸偏差可控制在毫米级别，确保了构件的准确度和一致性，从而保证了建筑主体的整体质量可靠性。

（2）预制PC构件具有集成多项功能的优势，例如防水、保温、结构等功能可以一体化生产完成，这有助于节约安装时间并减少施工现场的质量控制点。由于PC构件在室内生产，受环境因素影响较少，因此可以忽略混凝土冻结、高温开裂等问题，从而提高了施工质量的稳定性和可靠性。

（3）装配式建筑的优势之一是多工序可以并行作业。所有的预制PC构件可以在厂房内一次性完成生产，而且不受先后顺序的限制。例如，墙、板、楼梯等构件可以同时进行平行作业，彼此之间在质量管控上互不制约和影响，可以独立完成作业。相比传统的建筑施工方式，装配式建筑的施工难度降低，质量影响因素减少，生产效率提高，因此在一定程度上能够缩短工程建设周期。

（4）在装配式建筑中，测量放线及预埋件的要求更为严格。一旦预制PC构件制作完成，其尺寸就无法变更。因此，如果楼层标高控制不准确，可能导致叠合的楼板安装不平整，甚至无法安装，从而引发质量问题。另外，如果预埋件超出了既定限度，也会导致PC构件无法安装，需要重新植入或者进行开孔处理，这会影响结构主体的整体性，同时也会增加成本并延长工期。因此，在装配式建筑的施工过程中，对测量放线和预埋件的精准要求必须严格执行，以确保施工质量和进度。

在进行装配式建筑施工项目质量管理时，需要特别重视以下几个方面：首先，对预制构件的质量检验至关重要，确保其尺寸、材料和加工工艺符合设计要求；其次，对隐蔽工程的质量检验也必不可少，要确保各种管道、电缆等隐蔽部位的施工质量达到标准要求。另外，需要合理安排生产周期，确保在保证质量的前提下尽可能缩短工期，充分利用装配式建筑施工的优势，既可以提高效率，又可以节省开支。综合考虑这些因素，可以更好地实现装配式建筑项目的质量目标和经济目标。

（二）施工质量控制的原则和基本方法

1. 施工质量控制的原则

（1）坚持质量第一

建筑工程质量是建筑工程完工价值的完美呈现，直接关系到项目的可持续发展和人们的生活质量。因此，在建筑工程项目施工时，必须始终树立“百年大计，质量第一”的理念，坚持严格的质量标准和规范，确保每一个细节都符合要求，从而为社会创造更加安全、耐久和美观的建筑环境。

（2）坚持预防为主

预防为主是指在建筑工程施工前进行前期的预判和风险评估，旨在发现可能影响建筑工程施工质量的各种因素，并在质量问题发生之前采取预防措施。相较于过去仅仅依靠对已完成项目的质量检查来确定项目是否合格的做法，现在更加倡导严格控制和积极预防相结合的方式。通过以预防为导向的方法，可以有效地识别潜在的问题，提前采取措施，确保整个工程项目的质量能够达到预期标准，从而减少施工中出现质量问题的概率，提高工程质量和施工效率。

（3）坚持质量标准

对于工程项目而言，坚持一定的质量标准至关重要，因为只有设立了衡量标准才能确立明确的目标。质量标准是评估工程项目结束后总体质量的准则。工程各个阶段的数据是施工质量控制的基础，必须严格检查每个阶段的测量数据，只有达到质量标准才能通过检查。同时，需要定时、定期地核查数据，以确保每个阶段的工程施工质量都能够达到预期的标准。

（4）坚持全面控制

坚持全面控制意味着在工程项目的各个方面都进行严格的管理和监控，确保质量、安全、进度和成本等各项指标得到有效控制和实现。这种全面控制涵盖了从项目规划、设计、采购、施工、验收到交付使用的全过程，需要充分调动各方资源，建立健全的管理体系和流程，以实现工程项目的可持续发展和成功交付。

2. 施工质量控制的基本方法

施工质量控制的基本方法涵盖了统计调查表法、分层法、排列图法、因果分析图法、散布图法、直方图法和控制图法等多种方法。其中，统计调查表法通过统计数据对施工质量进行评估和管理；分层法将施工过程分成不同层次进行控制和监督；排列图法利用图表呈现数据分布情况，帮助识别异常情况；因果分析图法通过分析不同因素之间的关系找出问题出现的根本原因；散布图法展示数据的分布情况，辅助识别趋势和异常值；直方图法将数据按照分布情况绘制成直方图进行分析；控制图法则通过设定上下限来监控数据的变化情况，及时发现和纠正问题。这些方法有助于提高管理效率和提升施工质量。

（1）统计调查表法

统计调查表法，又称为“统计分析法”，是一种质量管理方法，其流程包括首先收集与施工相关的各种质量数据，然后对这些数据进行整理和分析。这种方法具有整理方便、实用有效、简便灵活等特点。通常，统计调查表法可以与分层法结合使用，通过这种组合可以更有效地发现问题的根源，从而提出更好的改进措施。

（2）分层法

分层法，又称为“分类法”，是一种对调查数据的不同特征进行整理和归类的方法。通过将数据按照不同的特征进行划分和分类，可以使调查数据更加清晰明了、易于理解。通常，分层法可以根据施工时间、施工人员、施工设备、材料来源等标准对数据进行分层。这种方法有助于减少数据之间的差异性，使得数据之间的关系更加清晰。此外，分层法还可以通过层间分析和层内分析来快速定位质量问题的根源，为质量管理提供有效的方法。

（3）排列图法

排列图法是一种通过采集、整理施工质量问题，对其原因进行分类和罗列的方法。通过该方法，可以推断出工程质量问题的根本原因，并将影响工程质量的各种因素以图表的形式进行归类和汇总。这样做有助于更好地预防施工中可能出现的质量问题，提高工程的稳定性和可靠性。排列图法能够直观地展示质量问题及其相关因素之间的关系，为质量管理提供重要的参考依据。

（4）因果分析图法

因果分析图法是一种对施工中可能出现的潜在问题的成因进行整理和汇总的方法，旨在预防施工中的质量问题，并以数据为依据。这种方法通常被广泛应用于工程施工质量控制的过程中，特别是在安全工程领域。通过因果分析图法，可以系统地分析问题的根本原因，并采取相应的措施加以解决，以确保施工质量和安全性得到有效管理和控制。

（5）散布图法

散布图法是一种将成本数据和业务量数据在坐标图上标注并连成线的方法，旨在为工程项目的单位变动成本和固定成本的推算提供基本数据支持。通过散布图法，可以更方便地获取两个变量之间的关系，使人们更容易理解各种因素对施工整体的影响程度。

（三）装配式建筑施工质量控制要点

1. 预制构件进场检验

预制构件进场时，必须对所有构件的外观质量进行全面检查，不得存在严重缺陷，也不应有一般缺陷。所有预制构件都必须经过全数检查，如果存在粗糙面，与该粗糙面相关的尺寸允许偏差可以适当放宽。通过进场检查合格后，应在构件上张贴合格标识。

2. 吊装精度控制与校核

吊装精度控制与校核是确保预制构件安全吊装和准确安装的关键步骤。在吊装过程中，必须严格控制吊装设备的精度，包括吊装机械的稳定性、起吊点的准确性等。同时，需要对吊装方案进行校核，确保吊装方案的合理性和安全性。这涉及对吊装设备的承载能力、预制构件的重量和形状、吊装点的位置和数量等因素的全面考虑和评估。通过精密的吊装精度控制和方案校核，可以最大限度地确保预制构件的安全吊装和准确安装，从而保障施工质量和工程安全。

3. 墙板吊装施工

墙板吊装施工是装配式建筑施工中的重要环节之一。在进行墙板吊装时，首先需要确保吊装设备的稳定性和承载能力，合理选择吊装点，并进行吊装方案的设计和校核。随后，吊装人员应按照方案要求，精准地操作吊装设备，确保墙板平稳地吊装到指定位置。在吊装过程中，需要密切配合指挥员的指挥，严格遵守安全操作规程，及时发现并处理吊装过程中的问题和风险，确保施工现场的安全和秩序。完成吊装后，还需要对墙板的安装位置和垂直度进行检查和调整，确保墙板的安装质量符合设计要求。

4. 套筒灌浆施工

在拌制专用灌浆料时，首先需要进行浆料流动性检测，并留置测试块。只有通过检测且符合要求的浆料才可以进行灌浆作业。每个阶段的灌浆作业结束后，应立即清洗灌浆泵，确保设备的清洁和正常运行。同时，需要注意，如果灌浆泵内残留的灌浆料已经超过30 min（从自制浆加水开始计算），则不能继续使用，应立即废弃，以确保施工质量和安全。

在进行预制墙板灌浆施工之前，必须对操作人员进行专门培训。这种培训旨在增强操作人员对灌浆质量重要性的认识，让他们清楚地了解到灌浆操作是一项一次性、不可逆转的行为，从而在思想上充分重视这一操作行为。此外，通过对工作人员进行灌浆作业的模拟操作培训，可以规范操作流程，使操作人员熟练掌握灌浆操作的要领和控制要点，确保灌浆作业的质量和效率。

在现场存放灌浆料时，必须搭建专门的灌浆料储存仓库，并确保该仓库具备防雨和通风的功能。仓库内应设置专用的存放架，将灌浆料放置在离地一定高度的位置，以保持灌浆料的干燥和阴凉。同时，在预制墙板与现浇结构结合部分表面，必须进行清理，确保表面不含油污、浮灰、粘贴物、木屑等杂物，并且要对构件周边进行严密封堵，以防止浆料泄漏。

5. 叠合板吊装施工

预制叠合板根据吊装计划按编号依次叠放。吊装顺序尽量依次铺开，不宜间隔吊装。

板底支撑间距不得大于2 m，每根支撑之间的高差不得大于2 mm、标高差不得大于3 mm，悬挑板外端比内端支撑尽量调高2 mm。

预制板吊装完成后，可以分段进行管线预埋的施工。在保证设计管道流程的基础上，结合叠合板的规格，合理规划线盒的位置和管线的走向，以实现管线预埋的合理化。线盒应根据管网综合布置图预埋在预制板中，叠合层厚度仅有8 cm，因此在叠合层中要杜绝多层管线的交错，最多只允许两根线管交叉在一起。

叠合层混凝土浇筑完成后，应及时对其上表面进行抹面和收光作业，包括粗刮平、细抹面和精收光三个步骤。为保持混凝土的湿润状态，应及时进行洒水养护，每天洒水的频率不得低于4次，并且养护时间应不少于7天。

6. 楼梯施工质量控制要点

楼梯施工质量控制的关键要点：首先，确保楼梯设计符合相关标准和规范要求，包括尺寸、坡度、踏步间距等方面；其次，严格控制楼梯的施工工艺，包括混凝土浇筑、模板拆除、抹灰、防水处理等环节；再次，对楼梯的尺寸、水平、垂直度进行精准测量和调整，确保符合设计要求；最后，对楼梯的外观质量进行检查，包括表面光滑度、边缘平整度等方面，保证楼梯施工质量达到标准要求。

（四）装配式建筑施工质量控制措施

1. 施工前质量管理与控制

（1）项目质量控制内容

项目质量控制内容涵盖多个方面，包括但不限于对施工材料的检查和验收、施工工艺的控制、施工现场的管理、施工过程中的质量检测与监控、工程质量记录的完善与保存、隐蔽工程的验收、竣工质量验收等。通过全面、系统地实施这些控制措施，可以确保工程质量符合设计要求和标准，最终实现项目建设的质量目标。

（2）施工人员的管理与控制

在项目质量控制中，过程控制是至关重要的。项目质量控制的核心在于人的质量管理。项目质量管理强调全员参与，各个阶段的质量管理都至关重要。通过各种专项培训和技能教育，提升作业人员的素质，提高项目单项工作的质量，从而确保整体项目的质量。因此，科学有序地组织人员，提升其技能水平是保证工程质量的重中之重。

①结合工程实际，组建一个以项目经理为首的项目管理部

结合工程实际，建议组建一个以项目经理为首的项目管理部。该部门应由项目经理、技术负责人、质量管理人员、安全主管、采购人员等组成，确保项目在各个方面得到有效管理和监督。项目经理作为领导者负责项目的整体规划、组织、指导和控制，技术负责人负责技术方面的指导和支持，质量管理人员负责质量控制和保证，安全主管负责安全管理和风险控制，采购人员负责物

资采购和供应链管理。通过协作合作，这个项目管理部将有效地推动工程项目的顺利进行，确保项目的质量、进度和成本得到有效控制和管理。

②紧抓专业技术培训工作

针对装配式建筑施工经验不足的问题，可以采用“走出去，请进来”的培训模式，以最大限度地利用人才资源。例如：组织专业技术人员进行实践考察和交流学习，从市场已有的先进成功案例中学习新技术、新方法、新技能、新工艺；邀请第三方质量监督机构和政府有关部门的监督人员，对装配式工程中的关键施工工艺、质量控制节点和质量问题处理方法进行实际技术操作，以提升施工质量；还可以加强对相关技术管理人员的培训，并严密监控和管理PC构件吊装专项方案及整个吊装过程；积极与其他装配式建筑公司合作，在引进技术的同时加强现场管理人员的技术培训，并通过培训实操考试提高其技能水平。致力于在施工过程中不断引进、吸收并创新，建立自有的、完善的预制装配式建筑施工技术体系。

③做好项目前期预控工作

在项目开工前，由技术人员编写符合规范的技术书，并召集项目技术管理人员共同开展施工技术交底会。在项目施工班组人员进场之前，由项目经理或项目技术负责人组织，参与者包括技术管理人员、质检员、班组工长等，针对施工工艺、操作规程、质量规范标准、施工问题预防措施、现场安全文明施工等方面进行全面、分步骤、分流程的技术交底。在工程重要工序施工前，实施样板引路制度，提前制作施工样板，由项目技术负责人及时组织施工班组观摩学习，现场讲评，起到示范和引领作用。在施工过程中，质量员等技术人员对重要施工工序进行跟踪检查，如发现异常情况，应及时分析问题成因，并制定相应的处理措施。同时，为确保起重吊装作业的安全性和稳定性，在施工期间加强对起重吊装公司的筛选，所有特种作业技术人员必须持有效证件上岗，并进行专项技术安全交底。

（3）预制构件的管理与控制

预制构件的加工尺寸精度和预制构件的质量是重点控制对象。

①深化预制构件设计

深化预制构件设计是指在初步设计基础上进一步完善和细化构件的设计方案，包括对构件的几何形状、尺寸规格、连接方式、材料选用、加工工艺等方面的深入考虑和优化。通过深化设计，可以更好地满足建筑结构的需求，提高构件的制作精度和质量，确保其在实际施工中的可靠性和稳定性，从而为装配式建筑的施工提供可靠的技术支持。

②优化运输管控过程

优化运输管控过程是指对运输环节进行全面分析和改进，以提高效率、降低成本、减少风险为目标。这包括：优化运输路线规划，选择合适的运输工具和装备，制定有效的运输计划和时间表，加强运输过程中的监控和跟踪，确保货物安全运抵目的地。通过采用先进的技术手段和管理方法，实现对运输过程的精细化管理和持续优化，提升整体运输效能，满足装配式建筑项目的需求。

③优化构件检测验收过程

预制构件在运输到施工现场之前，需要经过严格的质量检查程序。这包括对外观和尺寸进行检查，同时检验相关的数据文件和检验报告，确保质量符合要求。对于成品如模具、外墙面砖等，需要逐一检查。质检员根据标准和经验对质量进行评定，发现问题构件及时记录并反馈给质量管控部门，以确保施工质量。构件外观质量控制要点见表7-1所列，预制构件质量检查标准见表7-2所列。

表7-1　构件外观质量控制要点

名称	现象	严重缺陷	一般缺陷
露筋	构件内筋未被混凝土包裹而外露	主筋有外露	其他钢筋有少量露筋
蜂窝	混凝土表面缺少水泥砂浆面形成石子外露	主筋部位和搁置点位置有蜂窝	其他部位有少量蜂窝
孔洞	混凝土中孔穴深度和长度均超过了保护层厚度	构件主要受力部位有孔洞	外观无孔洞
疏松	混凝土中局部不密实	构件主要受力部位有疏松	其他部位有少量疏松
裂缝	缝隙从混凝土表面延伸至混凝土内部	构件主要受力部位有影响结构性能或使用功能的裂缝	其他部位有少量不影响结构性能或使用功能的裂缝
连接部位缺陷	构件连接处混凝土缺陷及连接钢筋、连接件松动、灌浆套筒未保护	连接部位有影响结构传力性能的缺陷	连接部位有基本不影响结构传力性能的缺陷
外形缺陷	内表面缺棱掉角、棱角不直、翘曲不平等；外表面面砖黏结不牢、位置偏差、面砖嵌缝没有做到横平竖直，面砖表面翘曲不平等	清水混凝土构件有影响使用功能或装饰效果的外形缺陷	其他混凝土构件有不影响使用功能的外形缺陷
外表缺陷	构件内表面麻面、掉皮、起砂等，外表面面砖污染、预埋门窗损坏	具有重要装饰效果的清水混凝土构件、门窗框有外表缺陷	其他混凝土构件有不影响使用功能的外表缺陷，门窗框不宜有外表缺陷

表7-2 预制构件质量检查标准

项次	检测项目			允许偏差/mm	检验方法
1	规格尺寸	长度	＜12 m	±5	用尺量两端及中间部位，取其中偏差绝对值较大者
			≥12 m且＜18 m	±10	
			≥18 m	±20	
2		宽度		±5	用尺量两端及中间部位，取其中偏差绝对值较大者
3		厚度		±3	用尺量板四角和四边中部共8处，取其中偏差绝对值最大者
4	对角线差			6	在构件表面，用尺量测两对角线的长度，取其绝对值的差值
5	外形	表面平整度	上表面	4	用2 m靠尺安放在构件表面，用楔形塞尺量测靠尺与表面之间的最大缝隙
			下表面	3	
6		楼板侧向弯曲		$L/750$ 且≤20	拉线，钢尺量最大弯曲处
7		扭翘		$L/750$	四对角拉两条线，量测两线交点之间的距离，其值的2倍为扭翘值
8	预埋部件	预埋钢板	中心线位置偏差	5	用尺量测纵横两个方向的中心线位置，取其中较大值
			平面高差	−5，0	用尺紧靠在预埋件上，用楔形塞尺量测预埋件平面与混凝土面的最大缝隙
9		预埋螺栓	中心线位置偏移	2	用尺量测纵横两个方向的中心线位置，取其中较大者
			外露长度	−5，10	用尺量
10		预埋线盒、电盒	在构件平面的水平向中心位置偏差	10	用尺量
			与构件表面混凝土高差	−5，0	用尺量
11	预留孔	中心线位置偏移		5	用尺量测纵横两个方向的中心线位置，取其中较大值
		孔尺寸		±5	用尺量测纵横两个方向的中心线位置，取其中较大值
12	预留洞	中心线位置偏移		5	用尺量测纵横两个方向的中心线位置，取其中较大值
		洞口尺寸、深度		±5	用尺量测纵横两个方向的中心线位置，取其中较大值

续表

项次	检测项目		允许偏差/mm	检验方法
13	预留插筋	中心线位置偏移	3	用尺量测纵横两个方向的中心线位置，取其中较大值
		外露长度	±5	用尺量
14	吊环	中心线位置偏移	10	用尺量测纵横两个方向的中心线位置，取其中较大值
		留出高度	-10，0	用尺量
15	桁架钢筋高度		0，5	用尺量

注：L 为模具与混凝土接触面中最长边的尺寸。

④在预制构件的吊装和安装过程中，质量管控至关重要。首先，需要做好成品保护，以防止在吊装过程中发生碰撞造成构件表面损坏或棱角残缺；其次，管理人员应严格控制起吊速度，确保吊装过程平稳进行。在吊运和安装期间，必须配备司索信号工，负责指挥混凝土构件的移动、吊升、停止和安装等全过程操作，确保吊装安全可靠。当信号不明确时，禁止进行吊运和安装操作。吊装尺寸允许偏差和检验方法见表7-3所列，构件安装允许偏差见表7-4所列。

表7-3　吊装尺寸允许偏差和检验方法

项目	允许偏差/mm	检验方法
轴线位置（楼板）	5	钢尺检查
楼板标高	5	水准仪或拉线、钢尺检查
相邻两板表面高低差	2	2 m靠尺和塞尺检查

表7-4　构件安装允许偏差

检查项目	允许偏差/mm
各层现浇结构顶面标高	±5
各层顶面标高	±5
同一轴线相邻楼板高度	±3
楼板水平缝宽度	±5
楼层处外露钢筋位置偏移	±2
楼层处外露钢筋长度偏移	-2

2. 施工过程质量管理与控制

（1）施工工艺管理措施

施工工艺管理是确保施工质量和进度的重要措施之一。它包括但不限于合理规划施工流程、明确施工方法、配备适当的工艺设备和工具、提供必要的技术指导和培训、严格执行操作规程、定期进行施工工艺检查和评估、及时调整和改进施工工艺等，以确保施工过程高效、安全、质量可控。

（2）成品保护管理措施

在施工过程中，要对预制成品和已完工程的施工顺序进行统筹安排，确保各工序之间的紧密搭接，以保证工程质量。任何一个工作环节的失误或遗漏都可能带来安全隐患，因此需要制订适当的成品保护措施，避免出现质量问题。

①预制成品保护

生产车间生产的预制成品应按照规格划分区域进行分类存放，堆放整齐，并进行编号管理，以保持上下位置平行一致，防止挤压损坏。预制构件仓库之间应留有足够的空间，以防止在吊运、装卸等作业过程中相互碰撞造成损坏。预制构件存放的支撑位置和方法应根据其受力情况确定，支撑强度不得超过预制构件的承载力，以避免损坏。此外，成品堆放地应采取防霉、防污染、防锈蚀等措施，确保成品质量不受影响。

②预制构件钢筋质量保护

钢筋绑扎完成后，必须及时清理残留物和垃圾，确保施工现场的整洁；对于预制构件外露的钢筋，应采取防弯折、防锈蚀等措施，同时对外露的保温板也应采取防开裂的措施；对于外露的金属预埋件，应进行涂刷防锈漆和防腐剂等保护措施，以防止锈蚀和污染；此外，在预制构件存放区域内的2 m范围内，不得进行电焊、气焊、油漆喷涂等作业，以避免造成环境污染。

③模板成品保护

模板支模成型后，应及时清场，及时预留洞口、预埋件，不允许成型后开孔凿洞。

④混凝土成品保护

混凝土浇筑完成后，必须按照规范及时进行养护工作，确保混凝土的质量和强度。在混凝土尚未终凝之前，严禁人员在上面作业，并且不得集中堆放预制构件，以免污染混凝土表面；待混凝土终凝后，应在其表面设置临时施工设备垫板，并采取覆盖保护等措施，以确保混凝土表面平整。

⑤PC构件成品保护

预制构件厂的生产速度必须与现场施工的流水作业时间相匹配，以避免因其他因素导致工程停工而导致大量预制构件在现场堆积。构件长时间堆放会增加氧化锈蚀的风险，从而影响整体工程质量。因此，需要确保预制构件的生产计划与现场施工进度保持一致，以最大限度地减少堆积时间，保证构件质量和工程进度。

⑥装饰工程成品保护

在装饰阶段，应合理安排施工工序的搭接，特别是楼层地面和墙身暗装的管道、线盒等预埋设施应在湿装饰之前完成，以避免在后续施工过程中出现意外损坏饰面。同时，在施工过程中，必须做好保护覆盖工作，确保墙面和地面等装饰面不受损坏。这样可以有效保证装饰施工的顺利进行，最大限度地减少施工中的质量问题和安全隐患。

⑦交工前成品保护措施

为确保工程质量，项目施工班组在装饰安装完成后，未办理移交手续前，施工单位应当做好所有的建筑成品检查和保护。为此，应派专人进行日常巡检，确保建筑成品完好无损。在工程未竣工、未办理相关移交手续前，应禁止任何单位和个人使用工程设备及其他设施，以避免造成不必要的损坏或质量问题。

（3）施工安全管理措施

为确保施工安全，必须采取一系列有效的管理措施。首先，项目施工过程中，所有从业人员必须严格按照相关安全规章制度进行操作，穿戴好符合标准的安全防护用具，严禁在未经许可的情况下擅自更改、调整施工设备和工艺流程；其次，项目部门负责人应确保所有施工人员接受过相应的安全培训，并了解各种应急处理措施，提高应对突发事件的能力；再次，在施工现场应设置明显的安全警示标志，标明禁止入内、悬挂危险物品、施工区域等内容，以引导施工人员注意安全；最后，对于高空作业、吊装作业等高风险工种，应设立专门的安全监督员负责监督指导，并严格执行安全操作规程。此外，在施工过程中，必须定期进行安全检查和隐患排查，及时采取措施解决发现的安全隐患问题，确保施工现场安全生产。综上所述，通过全员参与、科学管理和严格监督，可以有效提高施工安全水平，保障施工人员的生命安全和财产安全。

（4）环境保护管理措施

为了保护环境，在项目施工过程中需要采取一系列环境保护管理措施。首先，项目部门负责人应制定环境管理方案，明确施工过程中的环境目标和责任分工，并建立环境管理责任制度；其次，施工现场应设立固定的污水处理设施和垃圾收集点，严格按照规定进行污水处理和垃圾的分类、收集、运输和处理，确保不对周边环境造成污染；再次，在施工现场应定期进行环境监测，检测空气质量、水质、噪声等环境指标，及时采取措施防止环境污染；最后，施工现场应配备必要的防护设施，减少施工对周边环境的影响，例如建立围挡、喷淋水幕等措施。此外，在施工结束后，应对施工现场进行彻底清理，恢复原貌，并进行环境修复，确保将施工过程对环境的影响降到最低。通过以上环境保护管理措施的实施，可以有效保护施工现场的周边环境，实现可持续发展的施工目标。

（5）文明施工管理措施

为了确保文明施工，项目管理部门需要采取一系列管理措施。首先，施工现场应设置明显的施工标识和警示标志，指示施工区域和安全注意事项，提高工人的安全意识；其次，施工人员应统一着装，并配备个人防护用具，如安全帽、安全鞋、手套等，确保工作人员的人身安全；再次，施工现场应保持整洁有序，垃圾应分类收集并定期清运，确保施工现场环境整洁；最后，应合理安排施工时间，避免在夜间或居民休息时间进行嘈杂作业，减少对周边居民的影响。在施工过程中，应尊重周边居民的合法权益，减少施工噪声、震动等对周边居民的干扰，保持良好的社会和谐。此外，项目管理部门应加强对施工人员的培训和教育，提高他们的文明素质和职业道德，促进文明施工的落实。通过落实以上管理措施，可以有效提升施工现场的文明程度，为社会和谐稳定作出贡献。

3. 竣工验收维护和运营

竣工验收后，项目进入了维护和运营阶段，这是确保建筑物长期安全、稳定运行的重要阶段。在此阶段，需要建立完善的维护管理机制，包括定期检查建筑物各项设施设备的运行状况，及时发现和解决存在的问题。同时，要制定详细的维护计划和预防性维护措施，保障建筑物的功能完好和使用寿命。除此之外，还需要加强对建筑物周边环境的管理和维护，确保建筑物周边的道路、绿化等设施良好的状态，提升建筑物的整体形象。在运营管理方面，需要建立健全的管理体系，包括人员管理、财务管理、安全管理等各个方面，确保建筑物的正常运营和管理。同时，要积极开展建筑物的宣传推广工作，吸引更多的用户和客户，提升建筑物的使用率和经济效益。综合而言，竣工验收后的维护和运营至关重要，需要全面、细致地管理和运营建筑物，确保其长期稳定、安全、高效地运行。

三、质量通病及防治措施

在装配式建筑施工过程中，可能会在安装质量、安装精度、灌浆施工等方面存在问题，对此，施工人员必须严加注意，采取防治措施，以保证施工整体质量。

（1）预制构件龄期达不到要求就安装，造成个别构件安装后出现质量问题。

如果预制构件的龄期未达到要求就进行安装，可能导致个别构件在安装后出现质量问题。因为预制构件在生产后需要经过一定的龄期养护，以确保混凝土的强度和稳定性。如果提前进行安装，混凝土可能还处于未完全固化的状态，这样容易导致构件变形、开裂或强度不足等质量问题，从而影响整个建筑的安全性和稳定性。因此，在安装预制构件之前，必须确保其龄期已达到规定要求，以避免安装后出现质量问题，保障建筑工程的质量和安全。

（2）安装精度差，墙板、挂板轴线偏位，墙板与墙板之间的缝隙及相邻高差大、墙板与现浇结构错缝等。

安装精度不足可能导致墙板、挂板轴线偏位，墙板之间的缝隙不均匀，以及墙板与现浇结构之间的错缝现象。这些问题可能影响建筑物的整体外观和结构稳定性，降低建筑物的质量和使用性能。因此，在安装过程中，需要严格控制安装精度，确保墙板、挂板等构件的安装位置准确，墙板之间的缝隙均匀，以及与现浇结构的连接位置正确，从而保证建筑物的整体质量和稳定性。

（3）叠合楼板及钢筋深入梁、墙尺寸不符合要求；叠合楼板之间的缝处理不好，造成后期开裂；叠合楼板安装后楼板产生小裂缝。

叠合楼板及钢筋深入梁、墙尺寸不符合要求，可能会导致施工质量不达标，影响建筑物的整体结构和稳定性。叠合楼板之间缝处理不当可能会导致后期开裂，影响建筑物的外观和使用寿命。此外，叠合楼板安装后出现小裂缝也可能会降低建筑物的整体质量和美观程度，因此在施工过程中需要严格控制尺寸和进行缝隙处理，确保施工质量符合要求，从而保证建筑物的安全性和稳定性。

（4）安装顺序不对，叠合楼梯安放困难等，而工人操作时乱撬硬安，导致钢筋偏位，构件安装精度差。

由于安装顺序不当以及叠合楼梯安放困难等问题，工人在操作时可能会采取不恰当的方法，如乱撬硬安，导致钢筋偏位和构件安装精度差。这种情况可能会严重影响建筑物的结构稳定性和整体质量，因此在施工过程中，需要合理规划安装顺序，并提供适当的操作指导，以确保构件能够正确安装并保持良好的精度。

（5）钢筋套筒灌浆连接或钢筋浆锚搭接连接的钢筋偏位，安装困难，影响连接质量。

为防止预制墙出现钢筋预留位置不准确的情况，可以采取以下防治措施：①在竖向预制墙上准确预留钢筋和孔洞的位置和尺寸；②使用定位架或格栅网等辅助措施，以提高精度，确保预留钢筋位置的准确性。对于出现个别偏位的钢筋，应及时采取有效的措施进行处理，以确保预制墙的质量和精度。

（6）墙板找平垫块不规范，灌浆不规范。

墙板找平垫块不规范以及灌浆不规范是导致施工质量问题的常见原因。为解决这些问题，施工方可以采取以下措施：首先，对墙板找平垫块的规范使用进行培训和指导，确保施工人员了解正确的使用方法，并严格按照要求进行操作；其次，对灌浆工艺进行规范化管理，包括选择合适的灌浆材料、控制灌浆厚度和均匀性、确保灌浆的密实性和完整性等方面，以提高灌浆质量和效果。通过加强对施工操作的规范管理和质量监督，可以有效减少墙板施工中出现的问题，提高工程质量和施工效率。

（7）现浇混凝土浇筑前，模板或连接处缝隙封堵不好，影响观感和连接质量。

防治措施包括两个方面：一方面，对于模板或连接处的缝隙，应在浇筑混凝土前避免使用发泡剂进行封堵，因为发泡材料容易渗入现浇结构，影响结构的完整性和质量。建议采用打胶的方式进行封堵，以确保缝隙处的密封性和可靠性。另一方面，对模板或连接处的缝隙封堵应加强质量控制与验收工作，确保封堵质量符合要求，以保证现浇结构的质量和稳定性。通过严格控制和监督封堵工作的质量，可以有效预防发泡材料渗入现浇结构，保障工程的安全性和可靠性。

（8）与预制墙板连接的现浇短肢墙模板安装不规范，影响现浇结构质量。

防治措施包括两个方面：一方面，与预制墙板连接的现浇短肢墙模板应准确定位，尺寸应符合要求，并且固定牢固，以防止在胀缩过程中产生偏位，同时确保成型后的现浇结构与预制构件之间平整且不错位。另一方面，建议采用定型钢模板或铝模板，并配备专用夹具固定，以提高混凝土的观感效果。通过采取这些措施，可以有效确保现浇结构与预制构件的连接位置准确、牢固，同时提升混凝土结构的整体美观性。

（9）模板支撑、斜撑安装与拆除不规范。

模板支撑和斜撑的安装与拆除至关重要，若不规范可能导致模板失稳、倒塌等严重后果。为此，应严格执行以下规范措施。

首先，在安装模板支撑和斜撑时，必须确保支撑点的位置准确、固定牢固，支撑材料应符合要求，承重能力足够，并采取稳定可靠的连接方式，以防支撑系统在施工过程中发生移动或松动。

其次，安装时应根据设计要求合理设置支撑的间距和数量，保证支撑系统的稳定性和均衡性，避免出现局部过载或支撑点过密的情况。

再次，在斜撑的安装中，应根据设计要求正确设置斜撑的角度和位置，确保其能够有效地支撑和约束模板系统，提高模板的整体刚度和稳定性。

最后，在拆除模板支撑和斜撑时，必须按照拆除顺序和方法进行规范拆除，避免过早拆除或不当操作导致的模板失稳或倒塌，同时要确保周围人员安全撤离，以防发生意外伤害。

通过严格执行规范的模板支撑和斜撑安装与拆除程序，可以有效降低施工风险，确保施工安全和工程质量。

（10）叠合墙板开裂，外挂板裂缝、外挂板与外挂板缝，内隔墙与周边裂缝。

叠合墙板开裂、外挂板裂缝以及外挂板与外挂板之间的裂缝，内隔墙与周边的裂缝等问题可能会影响建筑结构的稳定性和美观性，因此需要采取有效的防治措施。

首先，应在设计阶段合理设置叠合墙板的连接方式和固定结构，确保墙板之间的连接牢固，避免由于松动或不合适的连接方式导致墙板开裂。

其次，对于外挂板裂缝和外挂板与外挂板之间的缝隙问题，应该检查外挂板的固定方式和支撑结构，确保外挂板安装牢固，避免由于外挂板受力不均匀或固定不稳导致的裂缝问题。

再次，针对内隔墙与周边的裂缝，需要检查隔墙的固定和支撑结构，确保其稳固可靠，同时在施工过程中注意控制墙体的干燥收缩和温度变化对墙体的影响，避免因为墙体受力不均匀或材料质量问题导致的裂缝产生。

最后，在施工过程中应加强监管和质量控制，对出现裂缝的墙板及时采取修补措施，以确保建筑结构的稳定性和外观质量。通过合理的设计和严格的质量控制，可以有效预防和解决叠合墙板开裂等问题，保障建筑结构的安全性和稳定性。

（11）外墙渗漏。

针对预制外墙板可能出现的防水问题，应采取以下防治措施。

首先，针对预制外墙板的接缝和门窗洞口等防水薄弱部位，应综合考虑构造防水和材料防水相结合的防水做法，确保防水措施满足热工、防水、防火、环保、隔声以及建筑装饰等多方面的要求，选择耐久性好、便于制作和安装的防水材料，以提高防水效果和持久性。

其次，在预制外墙板的接缝处理中，如果采用构造防水方式，水平缝宜采用外低内高的高低缝或企口缝，竖缝宜采用双直槽缝，并在预制外墙板一字缝部位每隔三层设置排水管引水外流，以确保排水畅通，防止积水渗漏。

其次，对于采用材料防水方式处理预制外墙板接缝的情况，应选用防水性能、相容性、耐候性能和耐老化性能优良的硅酮防水密封胶作为嵌缝材料，板缝宽度不宜大于20 mm，嵌缝深度不应小于20 mm，确保嵌缝牢固密实。

最后，对外墙接缝应进行防水性能抽查，并进行淋水试验，对于发现的渗漏部位应及时进行修补，以确保外墙板的防水性能达标，保障建筑结构的安全和稳定。通过以上综合防治措施，可以有效预防和解决预制外墙板的防水问题，确保建筑结构的质量和耐久性。

第三节　装配式建筑项目安全管理

一、安全管理基础

（一）安全管理的原理和方法

1. 安全管理的原理

（1）人本原理

安全管理工作的实施离不开人的参与和推动。人作为安全管理的发起者和客体，在整个安全管理体系中起着至关重要的作用。安全管理不仅要关注安全措施的制定和执行，更要将人的安全意识和行为纳入考虑范围，将人的因素视为安全管理的主要内容之一。通过调动人的积极性，提高他们对安全的认识和重视程度，加强安全培训和教育，使每个人都能成为安全管理的参与者和推动者，共同营造安全、健康的工作环境。

（2）预防原理

安全管理必须事先通过独立、有效的管理和技术措施，规避风险，防范风险。

（3）动态控制原理

在施工过程中，外部条件的变化可能对安全管理提出新的挑战和需求。因此，持续调整安全管理策略至关重要，可以确保在有限的时间内实现安全目标并保质保量地完成工程任务。动态控制包括但不限于根据天气变化、工地环境变化、人员调整等因素灵活应对，及时更新安全预防措施和操作规程，加强安全培训和监督管理，以保障施工过程中的安全生产。随着工程的不断推进和外部条件的变化，安全管理策略也需要不断优化和完善，以适应实际施工需要，最大限度地降低事故风险，保障工程的顺利进行。

（4）强制原理

第一，制定和执行严格的安全操作规程和标准，确保每位工作人员都清楚了解自己的责任和义务，并遵守相关的安全操作规定；第二，进行必要的安全培训，包括安全操作流程、应急处理措施等内容，提高工作人员的安全意识和应对突发情况的能力；第三，建立有效的安全监督机制，对施工现场的安全情况进行定期检查和评估，及时发现和纠正存在的安全隐患和问题；第四，进行全面的安全检查和评估，对施工现场的各项安全措施和设施进行定期检查，确保施工过程的安全性和稳定性；第五，建立健全的安全奖惩制度，对遵守安全规定和措施的人员给予奖励，对违反安全规定和行为的人员进行相应的惩罚，形成良好的安全氛围。通过以上措施的强制性实施，可以有效地提高施工现场的安全管理水平，降低事故发生的风险，保障工程的安全顺利进行。

（5）安全风险原理

对识别出来的安全风险进行划分和等级分类，并展开相应的管理是确保工程安全的重要举措。这一过程通常包括以下几个步骤：首先，对可能存在的安全风险进行全面的识别和评估，包括施工现场的环境、设施、人员等方面；其次，将识别出来的安全风险按照其严重程度和影响范围进行分类和划分，通常可以分为高、中、低三个等级；再次，针对不同等级的安全风险，采取相应的管理措施和应对策略，以降低或避免工程的安全风险；最后，建立健全的安全管理体系和应急响应机制，加强对高风险区域和环节的监控和管理，确保施工过程中的安全性和稳定性。通过对安全风险的划分和管理，可以及时识别和应对潜在的安全隐患，最大限度地降低工程发生事故的可能性，保障施工人员的生命安全和工程的顺利进行。

（6）安全经济学原理

要重视对工程安全管理的资本注入，通过最低的成本获得最大的安全回报。

2. 安全管理的方法

（1）法律管理

我国和有关机构要持续优化与设立建筑法律制度等，做好宏观调控工作。

（2）经济管理

安全管理需要将经济管理视为前提，根据安全经济学原理和价值工程原理，注重对安全管理的经济投入。通过经济管理手段，如成本效益分析、资源优化配置等，促使安全管理目标的达成。这意味着在制定安全管理策略时，要兼顾经济效益和安全性，确保在保障安全的前提下尽可能降低成本，并通过经济手段激励和约束各方遵守安全规定和各项标准，以实现安全管理的经济性、有效性和可持续性。

（3）文化管理

针对安全生产环节，仅仅依靠科学技术是难以从根本上完全消除安全风险的。因此，必须将其他管理方式与文化管理有效融合。除了技术手段外，文化管理在提升员工安全意识、塑造安全文化方面具有重要作用。通过建立积极的安全文化氛围，强调安全责任和安全意识，促使员工自觉遵守安全规章制度，形成全员参与、共同维护安全的局面。这种综合管理模式可以更全面地管理和控制安全风险，确保安全生产目标的实现。

（4）科技管理

当将安全技术的优化与创新作为核心时，关键在于技术必须与时俱进，不断适应安全管理工作在各个环节的需求。这包括不断提升安全监测、预警、应急处置等技术手段的精度和效率，以及引入新的安全管理工具和系统，如智能监控、数据分析、人工智能等，以更好地识别、评估和应对安全风险。通过技术的优化与创新，可以提高安全管理的水平和效能，进一步确保人员和财产的安全。

（二）安全管理的“五种关系”“六项原则”

1. 安全管理的“五种关系”

（1）安全与危险是对立存在的。安全与危险是客观而动态的，没有绝对的安全，也没有绝对的危险。大多数情况下可以采取多种措施，避免危险的发生。

（2）安全与生产是相互关联、统一的。在生产过程中，如果人员、材料、工具或生产环境存在安全隐患，生产活动将受到不同程度的影响甚至受阻。因此，保障生产安全是确保生产持续进行的基础。若因安全问题而停止生产，那么安全的重要性将变得毫无意义。在生产活动中，缺乏安全保障会导致生产无法顺利进行，甚至可能对工人的人身安全和国家的财产安全造成严重威胁。只有确保生产过程安全，才能实现稳定生产、健康发展。因此，安全与生产的统一是保障生产活动安全进行、促进经济持续发展的关键所在。

（3）安全与质量是相互包含、相辅相成的。一般而言，质量第一和安全第一并不矛盾，因为它们共同构成了生产活动的核心要素。质量第一强调的是产品或工程成果的质量，其中也包含了安全工作的质量，即确保产品或工程的安全性。而安全第一则更注重生产过程中的安全，包括确保工人在操作过程中的安全，这也间接影响到产品或工程的质量。实际上，安全与质量相辅相成，相互促进，生产活动中忽略了其中任何一方面，都可能对项目的正常进展造成不利影响。因此，将安全和质量视作同等重要的因素，并在项目管理中综合考虑，对于保障生产的顺利进行和提高产品或工程的整体质量至关重要。

（4）安全与速度之间存在相互作用，它们的关系在某种程度上呈现负相关。合理提高施工速度通常不会直接影响安全水平，但是如果只关注速度而忽视了安全，采取蛮干、乱干或抱有侥幸心理的做法，就会极大地增加安全风险。在这种情况下，一旦发生事故，不仅无法实现预期的加快工作进度的目标，反而会导致严重的时间延误和生产中断。因此，要实现安全与高效双赢，必须在加快施工速度的同时，始终将安全放在首要位置，采取科学合理的安全管理措施，确保施工过程中的安全可控。

（5）安全与效益之间相辅相成。尽管安全工作的投入可能在短期内并不会带来直接的经济收益，甚至会在一定程度上减少利润，但它直接改善了生产环境，间接激发了工人的积极性和劳动热情。这不仅可以提高项目的安全水平，还可以促进项目的质量提升和速度加快。因此，安全与效益是相辅相成的关系，安全工作的稳步推进不仅提升了项目的安全性，也对项目的经济效益起到了积极的推动作用。

2. 安全管理的“六项原则”

（1）生产和安全要兼顾

虽然安全和生产有时候可能会出现矛盾，但从安全和生产管理的共同目标来看，它们具有高度的一致性。因此，生产管理应当首先注重安全管理。只有在确保安全的前提下，生产才能够顺利进行，并最终完成项目。安全管理不仅是保护员工生命安全和身体健康的责任，也是保障项目顺利进行的重要保障。因此，应当将安全放在生产管理的首要位置，通过科学合理的安全管理措施，确保项目的正常进行和完工，实现生产和安全的统一和协调。

在生产管理中，安全管理不仅确定了各级领导的安全管理职责，还规定了所有与生产相关的组织和个人的安全管理职责。因此，所有与生产相关的组织和个人都应当承担相应的责任，确保安全生产责任制层层下移和落实，充分体现安全和生产的统一性。只有通过每个人的努力，将安全意识融入生产的各个环节，才能够有效地保障工作场所的安全，促进生产活动的顺利进行。

（2）注重安全管理的目的

注重安全管理的目的在于保障人员的生命安全和身体健康，确保生产过程的安全稳定，防范事故风险，减少生产中可能出现的损失，提高生产效率和质量，最终实现企业可持续发展的目标。通过有效的安全管理，可以营造一个安全、稳定、和谐的工作环境，激发员工的工作积极性和创造力，为企业的长远发展奠定坚实的基础。

（3）坚持以预防为主的思路

坚持以预防为主的思路是安全管理的基本原则之一。这意味着在生产过程中，要提前识别和评估可能存在的安全风险和隐患，通过采取预防性的措施，及时消除和减少事故发生的可能性。以预防为主的思路强调在工作前的计划阶段就应该考虑安全因素，并采取相应的措施，如加强培训教育、健全安全管理制度、完善设备设施、提高操作规范等，以确保工作的安全进行，最大程度地保障人员的生命安全和身体健康，维护生产过程的稳定和顺利进行。

（4）强化安全动态管理

强化安全动态管理意味着不仅要在事故发生前采取预防措施，还要在生产过程中及时识别、监测和应对安全风险，以确保生产活动的安全进行。这需要建立健全的安全监测体系，通过定期的安全检查、隐患排查和风险评估，及时发现和解决存在的安全问题，同时采取有效的措施对员工进行安全培训和教育，提高员工的安全意识和操作技能。通过动态管理，能够及时了解生产现场的安全状况，做出相应的调整和改进，有效地预防和减少安全事故的发生，实现安全生产的持续改进和提升。

（5）强调控制

强调控制意味着对各项安全风险进行有效的控制和管理，以确保生产活动的安全进行。这需要建立完善的安全管理体系，包括规范的安全操作流程、严格的安全标准和制度、科学的安全培训和教育等。通过对各项安全控制措施的落实和执行，能够有效地降低事故发生的概率，保障员工的生命财产安全，实现生产活动的安全稳定进行。

（6）在管理中发展、提高

在管理中不断发展和提高是非常有必要的，因为随着时代的发展和需求的变化，管理理念和方法也在不断演进，这需要管理者和组织者不断学习、创新和改进，以适应不断变化的环境和挑战。通过持续学习和改进，管理者能够不断提升自己的管理水平和能力，更好地应对各种挑战，实现组织的持续发展和成功。

二、施工安全管理

（一）建筑施工安全管理的概念和特点

建筑施工安全管理可以理解为针对建筑行业施工过程中的安全风险进行管理和控制的系统性工作。其核心在于风险管理，即通过识别、评估和控制施工过程中存在的安全风险，以预防事故的发生和最小化事故的影响。这一过程涵盖了对施工环境、作业工艺、人员素质等方面的全面管理，旨在保障施工现场的安全与稳定。建筑施工安全管理工作的重点在于及时发现和解决安全隐患，提高施工人员的安全意识和技能，从而有效降低事故发生的可能性，确保施工工程的顺利进行和施工人员的生命安全。

施工安全管理的内容涵盖了多个方面：第一，需要全面了解建设工程项目的概况、设计文件和施工环境等信息，以便准确辨识施工过程中可能存在的危险源，并据此制定针对性的安全专项方案；第二，需要制定每个岗位的安全履职制度，包括管理人员和作业人员在内，确保各级别、各单位和每一个工种的人员都能严格执行安全规定；第三，还要完善针对具体项目的各工种安全操作规程，并监督工人在作业时严格遵守；第四，各参建单位应组建专职的安全管理机构和人员，监督各自安全体系的运行，并与上下级安全管理部门保持沟通，确保施工过程中安全管理措施的有效落实；第五，需要将安全绩效纳入个人绩效考核体系，采取奖惩措施，以激励全员参与安全生产工作，确保施工安全可控可持续。

装配式建筑施工安全管理具有两个显著特点：首先是复杂性，这源于建筑施工项目的独特性，每个项目的地理位置、外部环境和施工内容都各有不同，难以复制。特别是对于装配式建筑项目而言，作为一种新兴建造方式，其复杂性远远超过传统施工项目。其次是独特性，装配式建筑施工采用了与传统现浇式施工不同的工序和工艺，导致其安全管理无法简单地借鉴传统模式。正是由于这种独特性，装配式建筑施工对安全管理提出了全新的要求，需要针对其特点制定相应的管理策略和措施。

（二）装配式建筑施工安全影响因素分析

装配式建筑施工安全因素主要包括：人员因素，物料、设备因素，技术因素，环境因素，管理因素。

1. 人员因素

人员因素主要包括技术水平、行为习惯和安全意识等方面。其中，安全意识是最为关键的因素。施工人员可能因不熟悉最新的技术规范、自身能力不足、身体状况欠佳或管理经验不足等原因导致安全事故的发生。这些事故发生的根本原因是缺乏牢固的安全意识。安全事故会直接影响人的生命和财产，因此，加强人员因素的管理至关重要。施工管理方针对施工人员的健康状况、专业技术水平、安全意识、现场管理人员配置以及安全防护用具的佩戴等方面，采取相应的管理措施以确保施工安全。

（1）施工人员的健康状况

施工人员的健康状况对装配式建筑施工安全至关重要。健康状况良好的施工人员可以提高工作效率，减少意外事故的发生。因此，施工管理方应加强对施工人员健康的关注和管理，包括定期体检、提供健康教育、合理安排工作时间和休息间隔、提供良好的工作环境等，以保障施工人员的身体健康和工作安全。

（2）施工人员的专业技术水平

施工人员的专业技术水平直接影响着装配式建筑施工的质量和安全。管理者应该注重施工人员的培训和技能提升，确保他们具备必要的专业知识和技能，能够熟练操作施工设备，正确使用安全防护装备，以及应对各种施工场景下可能出现的突发情况。同时，建立健全的技术交流和培训机制，鼓励施工人员不断学习和提高专业技术水平，以提升整个团队的施工水平和安全意识。

（3）施工人员的安全意识

施工人员的安全意识是保障装配式建筑施工安全的重要因素。通过加强安全教育培训，提高施工人员对安全管理的认识和理解，使他们形成正确的安全观念和行为习惯。管理者应建立健全的安全管理制度和奖惩机制，激励施工人员积极参与安全管理，自觉遵守安全规章制度，主动发现和纠正安全隐患，以确保施工过程中的安全生产。同时，要不断加强安全文化建设，营造良好的安全氛围，使每个施工人员都能够时刻牢记安全第一的理念，共同维护施工现场的安全与稳定。

（4）现场安全管理人员的配置

在装配式建筑施工现场，必须合理配置专职的安全管理人员。这些人员应具备丰富的安全管理经验和专业知识，能够全面负责施工现场的安全管理工作。他们的职责包括监督施工过程中的安全操作，指导施工人员正确使用安全防护装备，定期进行安全检查和隐患排查，及时制定并执行应急预案。同时，安全管理人员还应与其他施工管理人员密切配合，共同推动施工现场的安全管理工作，确保施工过程安全有序地进行。

（5）施工人员安全防护用具的佩戴

施工现场人员安全防护用具的佩戴是确保施工人员人身安全的重要措施之一。在装配式建筑施工中，工人必须佩戴符合要求的安全防护用具，如安全帽、安全鞋、防护手套、防护眼镜等。安全帽能够有效保护头部免受坠落物的伤害，安全鞋能够提供足部支撑和具有防滑功能，防护手套和眼镜能够保护手部和眼部免受化学品、尘土等的侵害。管理人员应严格监督工人佩戴安全防护用具，并定期检查其使用情况，以确保施工现场的安全防护措施得到有效执行。

2. 物料、设备因素

在装配式建筑施工中，物料和设备的安全管理至关重要。预制构件作为主要物料，其质量、堆放、临时支撑体系、吊点位置和连接强度等方面的管理都直接影响着施工安全。另外，吊装机械设备的选择、检查和保养也是关键因素。因此，必须严格管理预制构件的质量，合理堆放并搭建稳固的支撑体系，确保吊点位置合适且连接强度符合要求。同时，对吊装机械设备进行认真选择、定期检查和保养，以确保其安全可靠地运行。

（1）预制构件的质量

预制构件的质量是装配式建筑施工安全的基础。质量问题可能导致构件在运输、吊装、安装等过程中出现裂缝、断裂等安全隐患，严重影响施工进度和工程质量。因此，必须严格控制预制构件的生产工艺、原材料选用、加工制造过程，确保构件质量达到设计要求，并通过严格的质量检查和测试程序进行验证。

（2）预制构件的堆放

预制构件的堆放管理直接关系到施工现场的安全。合理的堆放可以确保构件不受损坏，并且避免堆垛倒塌引发的安全事故。因此，在堆放预制构件时，需要根据构件的尺寸、重量和特性进行分类、标识和整齐堆放，确保堆放平稳、稳固，同时要留出足够的通道和安全间隔，防止堆垛间的相互干扰和碰撞。

（3）预制构件的临时支撑体系

预制构件吊装完成后的临时支撑体系至关重要，它直接关系到施工现场的安全。针对不同部位的构件，必须选择合适的临时支撑体系，确保其具备足够的承载力，能够稳固地支撑起构件的重量，防止发生倒塌事故。如针对预制剪力墙、预制梁等构件，应采取相应的支撑措施，确保施工过程中的安全稳定。

（4）预制构件吊点的位置和连接强度

预制构件吊点的位置和连接强度是确保吊装安全的关键因素。吊点位置应根据构件设计要求和实际情况确定，确保吊装时构件受力均匀、稳定。同时，连接强度也必须符合设计要求，吊点和构件之间的连接必须牢固可靠，以确保在吊装过程中不发生脱落或断裂现象，从而保障施工现场的安全。

（5）吊装机械设备的选择

选择适当的吊装机械设备对于保障装配式建筑施工安全至关重要。在选择吊装机械设备时，需要考虑预制构件的重量、形状、尺寸以及吊装高度等因素，确保吊装机械设备的额定承载能力和工作范围能够满足施工需求。同时，还需考虑施工现场的实际情况，如地形、环境条件等，选择适用的吊装机械设备，并确保其操作人员具备相应的技术和经验，以保障施工过程安全顺利地进行。

（6）吊装机械设备的检查和保养

吊装机械设备的检查和保养是确保施工安全的重要环节。在使用前，需要对吊装机械设备进行全面的检查，包括各部件的连接、固定情况，润滑油是否充足，操作系统是否正常等。在施工过程中，要定期对吊装机械设备进行保养维护，及时清理杂物，保证设备的稳定性和可靠性。同时，操作人员应接受专业培训，掌握正确的操作技能，提高施工安全水平。

3. 技术因素

本书主要从预制构件吊装技术、高处作业防护技术、预制构件连接点技术以及预制构件准确定位技术等方面对技术因素进行分析，这些技术因素直接影响着装配式建筑施工的安全。针对这些技术问题，需要采取相应的管理措施，包括加强技术培训，确保施工人员熟练掌握各项技术操作要点；严格执行高处作业安全规范，提供必要的安全防护设施和培训；加强对预制构件连接点和准确定位技术的质量监控，确保连接稳固、定位准确，以防止意外事件的发生。

（1）预制构件吊装技术

预制构件吊装技术是装配式建筑施工中至关重要的一环，涉及吊装计划的制定、吊装方案的设计、吊装设备的选择和使用、吊装过程中的监督和控制等方面。在实践中，应确保吊装方案合理、吊装设备符合标准，并且进行充分的安全培训和操作指导，以保障施工过程中的吊装安全和效率。

（2）高处作业防护技术

高处作业防护技术在装配式建筑施工中具有重要意义，主要涉及高处作业人员的安全防护措施。这包括但不限于正确使用安全带和安全网、设置安全护栏和防护网、搭设安全防护平台等，以减少高处作业人员坠落的风险，确保他们在施工过程中的安全。同时，必须加强对高处作业人员的安全培训，提高其安全意识和操作技能，以降低事故发生的可能性。

（3）预制构件连接点技术

预制构件连接点技术是指在装配式建筑施工中，确保预制构件之间连接牢固、稳定的技术方法和措施。这涉及连接点的设计、选材、施工工艺和质量检验等方面。良好的连接点技术可以有效防止构件之间的松动、脱落或断裂，保证整体结构的稳固性和安全性。因此，在施工中需要严格按照设计要求和相关标准进行连接点的设计和施工，并加强对连接点质量的监控和检测，确保连接点技术达到预期的安全标准。

（4）预制构件准确定位技术

预制构件准确定位技术是指在装配式建筑施工中，确保预制构件在安装过程中精确地定位到指定位置的技术方法和措施。这涉及准确定位的设计、施工工艺、测量方法和质量控制等方面。良好的准确定位技术可以确保构件的位置和方向与设计要求完全一致，从而保证整体结构的准确性和稳定性。因此，在施工中需要采用精密的测量工具和技术手段，配合严格的施工工艺和质量检验，以确保预制构件能够准确地定位到指定位置，从而确保施工安全和工程质量。

4. 环境因素

环境因素在装配式建筑施工中具有重要的影响，它包括内、外部环境因素，通过对人和物的间接影响而影响施工安全。在管理方面，外部政策环境是宏观因素，不易通过管理来改变，因此需要合理适应。内部环境包括预制构件的运输、存放、吊装环境以及施工现场整体环境，需要采取有效管理措施，确保施工安全。

（1）预制构件的运输环境

预制构件的运输环境对装配式建筑施工安全至关重要。在运输过程中，需要确保道路畅通，避免交通拥堵和路面破损；同时，要注意天气情况，避免恶劣天气对运输造成影响。此外，运输车辆的选择和装载方式也需要符合安全标准，确保预制构件在运输过程中稳固可靠，避免倾倒和损坏。

（2）预制构件的存放环境

预制构件的存放环境对其质量和安全至关重要。存放环境应保持通风良好、干燥清洁，避免受潮、污染或滋生霉菌。预制构件应按规格分类存放、整齐堆放，避免相互挤压和损坏。同时，存放区域应有足够的空间，防止吊运、装卸等作业时相互碰撞造成损坏。对于外露部分的钢筋等金属材料，应做好防锈蚀和防折断的措施，确保构件质量和安全。

（3）预制构件的吊装环境

预制构件吊装环境的安全性直接影响着吊装作业的顺利进行和施工安全。吊装环境应保持平整、无障碍、坚固稳定，确保吊装机械设备能够稳固地站立和运行。同时，吊装现场应有足够的操作空间，以确保吊装作业人员和设备的安全操作。施工现场应设置明显的警示标志和隔离带，确保人员和设备远离危险区域。在吊装过程中，应严格按照操作规程进行操作，确保吊装作业的安全可控。

（4）施工现场的整体环境

施工现场整体环境的安全性对于装配式建筑施工至关重要。应确保施工现场的通道畅通，避免杂物堆积和障碍物存在，以确保人员和设备的通行安全。同时，应及时清理施工现场的积水和泥泞，保持地面干燥和平整，防止人员滑倒和设备失稳。施工现场的周边环境也需要考虑，应设置良好的围栏和隔离措施，确保施工现场与周边环境的安全分隔。另外，对于恶劣天气和突发事件，应建立相应的安全预案和紧急应对措施，保障施工现场的安全、稳定。

（5）外部政策环境

外部政策环境在装配式建筑施工安全管理中也起着重要的作用。政府的相关政策、法规和标准对于施工行业的安全管理有着明确的规范和要求，包括建筑施工许可、安全生产许可、施工现场管理等方面。因此，施工单位需要严格遵守相关法律法规和标准，合法取得施工许可和安全生产许可，并落实相关安全管理制度和措施。同时，政府部门也应加强对施工现场的监督检查，及时发现和纠正安全隐患，确保施工过程的安全、稳定。政府的政策支持和监管作用能够为装配式建筑施工提供良好的外部环境，促进安全管理工作的开展和施工质量的提升。

5. 管理因素

装配式建筑施工的安全管理涉及多个方面，包括人员、物料、技术和环境等因素。由于该领域的发展尚处于初级阶段，项目各方在管理经验和规范标准方面可能存在欠缺，导致安全管理不到位，增加了施工安全事故发生的风险。因此，良好的安全管理需要建立严格的制度，并投入相应的费用。本书从安全措施费的投入、事故预防及应急管理、一线人员的安全管理参与程度、相关政策标准的执行情况、安全生产责任的落实情况、安全监督检查的频率以及现场安全警示标志的设置等方面提出了相关管理措施，以确保装配式建筑施工的安全。

（1）安全措施费的投入

确保装配式建筑施工安全的关键之一是充足的安全措施费的投入。这包括但不限于购买安全设备和防护用具、培训工人的安全意识、实施安全标准和规程、进行安全检查和评估、建立应急预案等方面的费用支出。只有充分投入安全措施费，才能有效地预防事故的发生，保障工人的生命安全和财产安全。

（2）事故预防及应急管理

事故预防及应急管理是装配式建筑施工安全管理的重要组成部分。预防事故的关键在于提前识别潜在的风险因素，采取有效的措施加以控制和消除。同时，建立健全的应急管理体系也是至关重要的，包括制定详细的应急预案、组建专业的救援队伍、配备必要的救援设备、定期进行应急演练等。这样可以在事故发生时迅速响应、有效处理，最大限度地减少损失，保障工程和人员安全。

（3）一线人员的安全管理参与程度

一线人员的安全管理参与程度至关重要，他们直接参与施工活动，了解现场的实际情况，对发现和解决安全隐患具有独特的优势。因此，应鼓励并要求一线人员积极参与安全管理，包括制定安全操作规程、严格执行安全措施、定期开展安全培训和教育、参与安全检查和事故调查等，使安全管理工作真正落实到每个人的行动中。

（4）相关政策标准的执行情况

相关政策标准的执行情况直接关系到装配式建筑施工安全管理的效果。应确保施工现场严格执行国家和地方相关的安全生产法律法规、标准和规范，包括但不限于建筑安全生产法规、装配式建筑施工标准、安全操作规程等。各参与方要加强对政策标准的学习和理解，切实落实到实际工作中，确保安全管理工作符合法律法规的要求，从而保障施工现场的安全生产。

（5）安全生产责任的落实情况

安全生产责任的落实情况是确保装配式建筑施工安全的关键。各参与方应明确各自的安全生产责任，包括业主、施工单位、监理单位、施工现场管理人员以及施工人员等，要切实承担起各自的责任，做到履行岗位安全管理职责、提供必要的安全培训和教育、严格执行安全操作规程、积极参与安全检查和隐患整改等，共同推动安全生产责任的全面落实，确保施工现场的安全生产。

（6）安全监督检查的频率

安全监督检查的频率应该根据施工项目的特点和工程进度来确定，通常应该定期进行，包括日常的现场巡查和定期的安全检查。日常巡查可以每日进行，以确保施工现场的安全秩序和隐患的及时发现和处理；定期的安全检查可以按照工程进度和重要节点进行，如每周、每月或每季度进行一次全面的安全检查，以确保施工活动的安全性和合规性。检查频率的设定应该充分考虑到施工环境的复杂性和安全风险的变化，以保证安全监督检查的有效性和及时性。

（7）现场安全警示标志的设置

在施工现场，设置安全警示标志是非常重要的措施之一，它可以提醒工人和来往人员注意施工现场的安全情况，防止意外事故的发生。安全警示标志的设置应包括施工区域的边界标识、危险区域的警示标志、禁止通行区域的标志、安全注意事项的提示标志等内容。这些标志应根据施工现场的实际情况合理设置，确保信息传达清晰明了，以提高施工现场的安全性和管理效率。

三、装配式建筑施工安全隐患及预防措施

（一）装配式建筑施工安全隐患

1. 预制构件运输安全隐患分析

预制构件在运输过程中可能面临多种安全隐患。首先，运输车辆的选择和质量可能存在问题，如车辆过载、车辆老化、驾驶员技术不过关等，都会增加运输事故的风险；其次，路况和天气因素也是影响运输安全的关键因素，如恶劣的天气条件、道路状况不佳或施工路段拥堵等情况都可能导致运输事故的发生。此外，预制构件本身的安全固定和包装问题也可能引发运输事故，如固定不牢固、包装不严密等。因此，在运输过程中，需要严格控制车辆质量、提前规划运输路线、加强驾驶员培训、做好预制构件的固定和包装，以杜绝运输安全隐患，确保预制构件安全运抵目的地。

2. 预制构件现场存放安全隐患分析

预制构件现场存放可能存在多种安全隐患。首先，存放区域的选择可能不当，如地基不稳、斜坡区域、交通要道等位置，容易导致构件倾倒或滑动；其次，构件的堆放方式可能存在问题，如堆放高度过高、不规整、支撑不牢固等，增加了倾倒或坍塌的风险。另外，现场作业人员可能存在安全意识不强、操作不规范等问题，容易导致人为因素引发的安全事故。为降低这些安全隐患，需要选择平坦、坚固的存放区域，合理安排构件堆放方式，加强现场人员的安全培训和管理，严格执行安全操作规程，确保预制构件的安全存放。

3. 预制构件吊装作业安全隐患分析

预制构件吊装作业存在多种安全隐患。首先，吊装过程中可能存在吊点设置不稳固、吊具损坏、吊索磨损等问题，导致吊装设备失稳或断裂；其次，吊装现场可能存在操作不当、信号不清晰、配重计算不准确等人为因素，增加了吊装事故的风险。另外，吊装过程中可能受到天气、风力等外部环境的影响，加剧了吊装安全隐患。为降低这些安全隐患，需要严格按照设计要求设置吊点、检查吊具和吊索的完好情况，加强吊装现场的管理和监督，确保操作规范、信号清晰，同时密切关注天气变化，确保吊装作业安全进行。

4. 支护作业安全隐患分析

支护作业存在多种安全隐患。首先，支护结构可能存在设计不合理、材料质量不达标等问题，导致支护结构的稳定性不足，容易发生倒塌或失效；其次，支护作业现场可能存在作业空间狭窄、地质条件复杂等情况，增加了作业难度和风险。另外，可能存在支护作业人员操作不当、设备故障等因素，进一步加剧了安全隐患。为降低这些安全隐患，需要严格按照设计要求进行支护结构的施工，确保材料质量和施工质量，加强现场管理和监督，提高作业人员的安全意识，配备必要的安全防护设备，制定详细的作业方案和应急预案，并定期进行安全检查和培训。

5. 高处作业安全隐患分析

高处作业存在多种安全隐患。首先，工作人员可能因为没有正确使用安全防护设备，比如安全带、安全网等，或者操作不慎而发生坠落事故；其次，高处作业现场可能存在施工平台不稳定、防护栏杆缺失、脚手架搭设不规范等问题，增加了工作人员的跌落风险。此外，气候因素也会对高处作业造成影响，如强风、雨雪等恶劣天气可能导致作业人员失足滑倒。为降低这些安全隐患，需要加强对高处作业人员的培训和管理，确保他们正确使用安全防护设备，并建立严格的作业操作规程。同时，加强现场巡查和监督，确保施工平台的稳定和安全，及时处理存在的安全隐患，以保障工作人员的生命安全。

6. 施工用电安全隐患分析

施工用电存在诸多安全隐患。首先，不当使用电器设备可能导致电气触电事故，特别是在湿润环境或使用老化电器时风险更大；其次，电线绝缘老化、插头插座松动、电缆短路等问题可能引发火灾。另外，施工现场通常存在大量设备，电线布局混乱、过载使用插座、违规使用延长线等情况也增加了安全隐患。为降低这些风险，需要建立严格的用电管理制度，确保电器设备的合理使用和定期检查维护。同时，加强对施工人员的安全教育培训，提高他们对电气安全的认识，避免发生事故。加强现场巡查和监督，及时发现并处理存在的安全隐患，确保施工用电的安全稳定。

（二）装配式建筑施工隐患预防措施

1. 做好预制构件运输前的准备工作

在进行预制构件运输前，需要做好充分的准备工作。首先，要对运输路线进行详细的规划和评估，确保路况畅通、无障碍，并选择合适的运输工具和设备；其次，对预制构件进行严格的包装和固定，确保其在运输过程中不受损坏或位移；再次，需要安排专业人员进行运输操作，确保操作规范、安全可靠；最后，要提前与相关部门协调，确保运输过程中的交通管制和路权问题，以及必要的安全保障措施得到落实。此外，在运输过程中要随时监测货物状态，确保安全运抵目的地。通过这些准备工作，可以最大限度地降低预制构件运输过程中的安全风险，保障人员和货物的安全。

2. 预制构件现场存放防范建议

为确保预制构件现场存放安全，建议采取以下防范措施：首先，要在存放地划定明确的标志和区域，确保存放的预制构件处于固定的区域内；其次，要对存放区域进行平整处理，确保地面平整、无坑洼、无杂物；再次，要定期清理存放区域周围的杂草和垃圾，防止火灾和其他意外发生；最后，要根据预制构件的种类和尺寸，选择合适的存放方式和支撑设施，确保构件稳固地存放在指定位置。此外，要对存放区域进行安全巡查和监测，及时发现并处理可能存在的安全隐患，确保现场存放的预制构件安全可靠。通过这些防范措施，可以有效降低预制构件现场存放的安全风险，保障工作人员和设施的安全。

3. 制定并规范落实吊装作业方案

为确保吊装作业安全，应制定并规范落实详细的吊装作业方案。首先，要对吊装的具体工程项目进行全面评估，包括预制构件的类型、重量、尺寸等因素，以确定合适的吊装方案；其次，要制定详细的吊装作业流程和操作规程，包括吊装设备的选择、吊装点的确定、吊装过程中的安全措施等内容；再次，要明确各个工作岗位的责任和权限，确保各项工作有序进行；最后在制定方案时，还应考虑各种可能出现的风险和应对措施，以应对突发情况并保障吊装作业的顺利进行。此外，要确保吊装作业方案落实到位，应进行必要的培训和演练，确保各个操作人员都熟悉并能够严格执行吊装作业方案，以最大限度地降低吊装作业的安全风险。

4. 做好支护作业安全措施

在装配式建筑预制构件施工过程中，支护作业至关重要，可通过搭设临时安全支撑来防止预制构件倾斜。在使用之前，需要仔细检查各种支撑架的规格型号、间距和数量，确保符合要求。为了保证临时支撑体系的质量，需要对使用的材料进行严格验收，包括直径、壁厚等参数的检查。此外，还需对支撑体系的设置方法和承载能力进行校核和测算，钢管支撑应进行试压试验以确保符合使用要求。在安装预制墙板等竖向构件时，应增设斜向支撑以加强稳定性，防止预制墙板底部向外滑动。安装搭设预制楼板等水平构件，必须严格按照支护方案进行操作，并在完成后进行检查和验收。在拆除临时支撑前，拆除人员必须严格按照规范执行，并做好记录，以防止拆除过程中发生混乱。

5. 加强高处作业的安全管理

加强高处作业的安全管理是确保施工现场安全的关键措施之一。首先，必须建立完善的高处作业管理制度和规范，包括高处作业操作规程、安全技术措施和应急处置程序等；其次，要对从事高处作业的人员进行专业培训和岗前培训，提高其安全意识和技能水平，确保他们能够正确使用安全防护设备和工具。此外，应加强对高处作业现场的监督和检查，及时发现和纠正存在的安全隐患，并加强对高处作业人员的日常管理和督促，确保他们切实执行安全操作规程，做到安全第一。

6. 严格执行施工用电规范

严格执行施工用电规范是确保施工现场电气安全的重要措施。首先，必须按照规范要求进行电气系统的设计和布置，确保电路合理、稳定、安全；其次，施工现场应配备符合安全标准的电气设备和用具，定期进行检查和维护，及时发现和排除安全隐患。此外，施工人员必须严格按照规范操作，禁止私拉乱接电线，禁止在有电的情况下进行维修和操作。同时，应加强对施工现场电气安全知识的培训和宣传，提高施工人员的安全意识，确保他们能够正确使用电气设备，减少电气事故的发生。

7. 提高施工人员技术

在装配式建筑施工中，施工人员的素质和技术水平对工程质量至关重要。因此，施工企业和单位需提高对施工人员的要求，并通过培训提升其技术水平。随着科技的发展，先进的施工技术被广泛应用，管理人员也应不断培训施工人员，使其熟练掌握各项技术，提高施工安全管理水平。在进行培训时，不仅需要学术性的讲解，还应结合实际案例进行实操训练，以丰富施工人员的操作经验，并提升其整体能力和技术水平。培训结束后，施工企业应组织专人对培训效果进行评估，建立奖惩制度，以激励施工人员的积极性。

除了培训，对施工人员的监督和考核也至关重要。及时发现并指导解决工作中的仪器操作和技术问题，能够提高装配式建筑施工的水平和质量。

参 考 文 献

［1］戚甘红，杜国平，陈建强．数字装配式建筑系列丛书中国建筑工法楼研究［M］．武汉：华中科学技术大学出版社，2023.

［2］李宏图．装配式建筑施工技术［M］．郑州：黄河水利出版社，2022.

［3］卢军燕，宋宵，司斌．装配式建筑BIM工程管理［M］．长春：吉林科学技术出版社，2022.

［4］常春光，孔凡文，毕天平．装配式建筑施工安全风险涌现机制与动态智能诊控方法研究［M］．沈阳：东北大学出版社，2022.

［5］胡群华，刘彪，罗来华．高层建筑结构设计与施工［M］．武汉：华中科技大学出版社，2022.

［6］别金全，赵民佶，高海燕．建筑工程施工与混凝土应用［M］．长春：吉林科学技术出版社，2022.

［7］祁顺彬．建筑施工组织设计［M］．2版．北京：北京理工大学出版社，2022.

［8］王昂，张辉，刘智绪．装配式建筑概论［M］．武汉：华中科技大学出版社，2021.

［9］刘美霞，陈伟，沈士德．装配式建筑概论［M］．北京：北京理工大学出版社，2021.

［10］任媛，杨飞．装配式建筑概论［M］．北京：北京理工大学出版社，2021.

［11］刘红，何世伟．装配式建筑构件制作与安装［M］．北京：北京工业大学出版社，2021.

［12］王鑫，王奇龙．装配式建筑构件制作与安装［M］．重庆：重庆大学出版社，2021.

［13］赵维树．装配式建筑的综合效益研究［M］．合肥：中国科学技术大学出版社，2021.

［14］肖光朋．装配式建筑工程计量与计价［M］．北京：机械工业出版社，2021.

［15］李晓娟．装配式建筑碳排放核算及节能减排策略［M］．厦门：厦门大学出版社，2021.
［16］田春鹏．装配式混凝土建筑概论［M］．武汉：华中科技大学出版社，2021.
［17］蒋明慧，邓林，颜有光．装配式混凝土建筑构造与识图［M］．北京：北京理工大学出版社，2021.
［18］徐翔宇，侯蕾，曾欢．装配式混凝土建筑设计与施工［M］．长沙：湖南大学出版社，2021.
［19］刘学军，詹雷颖，班志鹏．装配式建筑概论［M］．重庆：重庆大学出版社，2020.
［20］庞业涛．装配式建筑项目管理［M］．成都：西南交通大学出版社，2020.
［21］何培斌，李秋娜，李益．装配式建筑设计与构造［M］．北京：北京理工大学出版社，2020.
［22］吴大江．基于BIM技术的装配式建筑一体化集成应用［M］．南京：东南大学出版社，2020.
［23］姜锡伟．装配式建筑混凝土预制构件生产与管理［M］．成都：西南交通大学出版社，2020.
［24］张莹莹．装配式建筑全生命周期中结构构件追踪定位技术［M］．南京：东南大学出版社，2020.
［25］王炳洪．装配式混凝土建筑［M］．北京：机械工业出版社，2020.
［26］陈鹏，叶财华，姜荣斌．装配式混凝土建筑识图与构造［M］．北京：机械工业出版社，2020.
［27］王鑫．装配式混凝土建筑深化设计［M］．重庆：重庆大学出版社，2020.
［28］郑朝灿，吴承卉．装配式建筑概论［M］．杭州：浙江工商大学出版社，2019.
［29］赵富荣，李天平，马晓鹏．装配式建筑概论［M］．哈尔滨：哈尔滨工程大学出版社，2019.
［30］李浪花，程俊．装配式建筑工程监理实务［M］．成都：西南交通大学出版社，2019.
［31］廖艳林．基于BIM技术的装配式建筑研究［M］．北京：中国纺织出版社，2019.
［32］甘其利，陈万清．装配式建筑工程质量检测［M］．成都：西南交通大学出版社，2019.

[33] 王颖佳，付盛忠，王靖. 装配式建筑构件吊装技术［M］. 成都：西南交通大学出版社，2019.
[34] 何春柳，张勇一. 装配式建筑装饰材料与应用［M］. 成都：西南交通大学出版社，2019.
[35] 孙俊霞，王丽梅. 装配式建筑混凝土结构施工技术［M］. 成都：西南交通大学出版社，2019.
[36] 李建国，吴晓明，吴海涛. 装配式建筑技术与绿色建筑设计研究［M］. 成都：四川大学出版社，2019.
[37] 崔艳清，夏洪波，钟元. 装配式建筑装饰施工与施工组织管理［M］. 成都：西南交通大学出版社，2019.
[38] 王颖佳，黄小亚. 装配式建筑施工组织设计和项目管理［M］. 成都：西南交通大学出版社，2019.
[39] 杨正宏. 装配式建筑用预制混凝土构件生产与应用技术［M］. 上海：同济大学出版社，2019.
[40] 张博为. 建筑的工业化思维装配式建筑职业经理人的入门课［M］. 北京：机械工业出版社，2019.